EUL VERLAG

IT-Integration bei M&A-Projekten - Der prozessorientierte Ansatz

Dissertation

zur Erlangung des Grades eines Doktors der Wirtschaftswissenschaften
der Rechts- und Wirtschaftswissenschaftlichen Fakultät der Universität Bayreuth

Vorgelegt von
Carsten Märkisch
aus Wolfsburg

Dekan: Prof. Dr. Karl-Georg Loritz
Erstberichterstatter: Prof. Dr. Reinhard Meckl
Zweitberichterstatter: Prof. Dr. Torsten Eymann
Tag der mündlichen Prüfung: 20. August 2008

Dr. Carsten Märkisch

IT-Integration bei M&A-Projekten

Der prozessorientierte Ansatz

Mit einem Geleitwort von Prof. Dr. Reinhard Meckl,
Universität Bayreuth

EUL VERLAG

Bibliographische Information der Deutschen Bibliothek

Die Deutsche Bibliothek verzeichnet diese Publikation in der Deutschen Nationalbibliothek; detaillierte bibliographische Daten sind im Internet über <http://dnb.ddb.de> abrufbar.

Dissertation, Universität Bayreuth, 2008

ISBN 978-3-89936-757-7
1. Auflage Dezember 2008

JOSEF EUL VERLAG GmbH
Brandsberg 6
D-53797 Lohmar
Tel.: +49 (0) 22 05 / 90 10 6-6
Fax: +49 (0) 22 05 / 90 10 6-88
http://www.eul-verlag.de
info@eul-verlag.de

Bei der Herstellung unserer Bücher möchten wir die Umwelt schonen. Dieses Buch ist daher auf säurefreiem, 100% chlorfrei gebleichtem, alterungsbeständigem Papier nach DIN 6738 gedruckt.

Meinen Eltern

Geleitwort

Bei der Integration eines gekauften Unternehmens liegt ein wesentlicher Bereich in der Zusammenführung der IT-Plattformen. Dieses Teilgebiet ist hoch relevant, da alle Wertschöpfungsstufen, von Einkauf bis zum Vertrieb, von der Finanzierung bis zur Personalwirtschaft in modern geführten und strukturierten Unternehmen in ihrer Effizienz wesentlich durch eine adäquate IT-Basis beeinflusst werden. Ein erfolgreiches Post Merger Integration Management muss deshalb die zwei „IT-Welten" der beteiligten Unternehmen so zusammenführen, dass sowohl Synergien realisiert werden, als auch die Ablauforganisation effizient funktioniert. Der Lösung dieses Problems stellt sich die vorliegende Arbeit. Ziel der Arbeit ist es, eine Konzeption zur wertsteigernden Zusammenführung der IT-Basis bei Unternehmensakquisitionen zu liefern.

M&A-Transaktionen werden dazu, wie in der Literatur durchaus üblich, als Prozess aufgefasst. Der Verfasser definiert im Rahmen eines übergeordneten M&A-Prozesses einen eigenen Teilprozess zur IT-Integration. Dieser Teilprozess umfasst und strukturiert die Managementmaßnahmen zur Harmonisierung der IT-Landschaften. Er befasst sich notwendigerweise dabei sowohl mit Fragen der technischen als auch personellen Ausgestaltung des Integrationsmanagements in diesem Feld.

Der entwickelte Teilprozess zur IT-Integration stellt eine wichtige Ergänzung bzw. Detaillierung des Prozessansatzes bei M&A-Transaktionen dar. Verantwortliche Führungskräfte für eine Post Merger Integration können wichtige Hinweise und Erkenntnisse aus der Arbeit beziehen, die zu einer Erhöhung der Erfolgswahrscheinlichkeit eines solchen Projekts führen können.

Bayreuth, im Dezember 2008 — Prof. Dr. Reinhard Meckl

Vorwort

Die vorliegende Arbeit ist während meiner Tätigkeit für die Unternehmensberatung Accenture entstanden und wurde im Dezember 2007 an der Rechts- und Wirtschaftswissenschaftlichen Fakultät der Universität Bayreuth als Dissertation eingereicht. Sie ist durch meinen Doktorvater Prof. Dr. Reinhard Meckl vom Lehrstuhl für Internationales Management betreut worden. Ihm gilt daher mein besonderer Dank für die vertrauensvolle Zusammenarbeit und seine fachlichen Anregungen.

Danken möchte ich ebenfalls Prof. Dr. Torsten Eymann für die Erstellung des Zweitgutachtens. Gleichsam möchte ich mich bei meinen Kollegen von Accenture für Ihre wertvollen Fachbeiträge und die Gewährung des für die Arbeit notwendigen Freiraums bedanken.

Zu großem Dank verpflichtet bin ich zudem Nicole Sodeik, Anja Lepik, Lars Fischer und Joachim Wölm für die fachlichen Diskussionen, die organisatorische Unterstützung und ihre Freundschaft, die sie mir gezeigt haben.

München, im November 2008 Carsten Märkisch

Inhaltsübersicht

Inhaltsverzeichnis

Abbildungsverzeichnis

Abkürzungsverzeichnis

AWS	Anwendungssysteme
Bd.	Band
bzw.	beziehungsweise
CAPM	Capital Asset Pricing Modell
DCF	Discounted Cash Flow
d.h.	das heißt
EBIT	Earnings before interest and taxes
EBITDA	Earnings before interest, taxes, depreciation and amortization
EDV	Elektronische Datenverarbeitung
EVA	Economic Value Added
F&E	Forschung und Entwicklung
F.A.Z.	Frankfurter Allgemeine Zeitung
GuV-Rechnung	Gewinn- und Verlustrechnung
Hrsg.	Herausgeber
HW	Hardware
IT	Informationstechnologie
KGV	Kurs-Gewinn-Verhältnis
km	Kilometer
k.o.	knock out
LAN	Local Area Network
M&A	Mergers & Acquisitions
MDF	Migrierte Daten und Funktionen

MIS	Management-Informationssysteme
PC	Personal Computer
ROI	Return on Investment
RZ	Rechenzentrum
S.	Seite
SSW	Dezentrale Systemsoftware
u.a.	unter anderem
vgl.	vergleiche
WAN	Wide Area Network
XML	Extensible Markup Language
z.B.	zum Beispiel

1 Einführung

1.1 Ausgangssituation und Problemstellung

Unternehmenszusammenschlüsse bzw. -übernahmen stellen ein weltweit zu beobachtendes Wirtschaftsphänomen unserer Zeit dar. Aus gesamtwirtschaftlicher Sicht entsprechen solche „Mergers & Acquisitions“ (M&A) der Reallokation von Ressourcen über einen Markt, auf dem Unternehmen gekauft und verkauft werden. Betriebswirtschaftlich stellen M&A einen wichtigen Erfolgsfaktor zur Verbesserung der Wettbewerbsposition und zur Steigerung des Werts des einzelnen Unternehmens dar (vgl. Lucks/Meckl 2002, 5).

Dafür liegen eine Reihe überzeugender Gründe vor. So sehen sich nahezu alle Unternehmen bereits seit den vergangenen Jahren einer teilweise erheblichen Verschärfung der Wettbewerbsintensität ausgesetzt, deren Hauptursache häufig in der Globalisierung von Märkten zu sehen ist, und die die internationale Expansion von Unternehmen vereinfacht und erfordert. Getrieben ist diese Tendenz insbesondere von einer zunehmenden Konvergenz technischer Normen, Bedürfnisstrukturen und Konsumgewohnheiten zwischen den Industrieländern, die es Unternehmen ermöglicht, standardisierte Produkte in kostengünstiger Massenproduktion weltweit anzubieten.

Als Wegbereiter sind vor allem in den abgelaufenen Jahren aber auch die Deregulierung und Liberalisierung wichtiger Infrastrukturmärkte und der durch die WTO vorangetriebene Abbau von Handelsbeschränkungen zu sehen. Die aufgrund dieser Entwicklungen gesunken Eintrittsbarrieren in bisher national geschützte Märkte führen zu verstärktem Preiswettbewerb und einem erhöhten Konsolidierungsdruck, der sich in gehäuften M&A niederschlägt (vgl. Lucks/Meckl 2002, 6).

Trotz der Globalisierungstendenz bestehen nach wie vor zwischen vielen Ländern große Unterschiede im Hinblick auf wirtschaftliche, rechtliche, politische und kulturelle Rahmenbedingungen, die eine weitgehende Anpassung an lokale Gegebenheiten notwendig machen, was vom einzelnen Unternehmen durch den Aufbau einer regionalen Marktpräsenz gesichert werden kann (vgl. Schaper-Rinkel 1998, 64-67). Hierin liegt ein weiterer Grund für die Bedeutung von Mergers & Acquistions für die Unternehmensführung, weil eine Erfolg versprechende und im Vergleich zur Eigengründung relativ schnelle Eintrittstrategie in regionale Märkte im Erwerb eines geeigneten Unternehmens besteht, das bereits im Zielland tätig ist.

Die Notwendigkeit eines schnellen Eintritts in unterschiedliche nationale Märkte ist jedoch nicht nur aufgrund der gegebenen Globalisierungstendenzen zu sehen. Ein weiterer Treiber besteht im schnellen technologischen Wandel und in der Verkürzung der Produktlebenszyklen in vielen Branchen (vgl. Lucks/Meckl 2002, 7). Insbesondere in Hochtechnologiebranchen ist der Forschungs- und Entwicklungsaufwand enorm und führt zu einer deutlichen Verlagerung der Kostenstruktur von variablen zu fixen Kosten. Diese Tendenzen erfordern einen schnellen und gleichzeitigen Eintritt in viele Märkte mit möglichst hohem Absatzpotenzial, um unter Ausnutzung von Skaleneffekten die fixen Kosten im Laufe des Produktlebenszyklus amortisieren zu können.

Der Markteintritt mittels M&A erlaubt eine deutliche Beschleunigung der Erschließung eines Marktes, weil Vertriebssysteme, Kontakte zu Kunden, geeignetes Personal und intime Marktkenntnisse bereits im zu erwerbenden Unternehmen vorhanden sind. Außerdem können über M&A einerseits Entwicklungskosten und –risiken besser verteilt werden. Andererseits bieten sie die Möglichkeit, technologische Ressourcen für das eigene Unternehmen zu erwerben, um die Innovationsfähigkeit zu steigern.

Neben den Volumeneffekten zur Verbesserung der Kostenposition und dem schnellen Zugang zu Technologien, bestehen noch eine Reihe weiterer Hebel eines M&A-Projekts zur Wertsteigerung des eigenen Unternehmens, als einem grundlegenden Ziel der Unternehmensführung (vgl. zum Wertsteigerungsziel des Unternehmens auch Abschnitt 3.2.7). So kann durch M&A eine generelle Verbesserung der Wettbewerbsposition realisiert werden, wenn es gelingt,

- das Geschäftsportfolio des Unternehmens dahin gehend zu verändern, dass durch Zukauf bzw. Verkauf mehr Geschäftsfelder mit einem hohen Marktanteil in Wachstumsmärkten im Portfolio enthalten sind, und Geschäftsfelder in schrumpfenden Märkten aufgegeben werden.
- die Marktmacht durch eine Vergrößerung des Marktanteils gegenüber Zulieferern und Kunden zu erhöhen,

- Umsatz- und Ertragssteigerungen durch Nutzung von Ressourcen des akquirierten Unternehmens zu erreichen (z.B. Marketing, Vertriebsnetzwerke),
- die Finanzierungsmöglichkeiten durch Zugang zu zusätzlichen Ressourcen zu erhöhen (vgl. Lucks/Meckl 2002, 9).

Als eines der wichtigsten Motive für M&A gilt jedoch die Ausschöpfung von Synergiepotenzialen, indem eigene Ressourcen und Fähigkeiten mit den akquirierten Ressourcen und Fähigkeiten wertsteigernd kombiniert werden (vgl. ausführlich zu Synergien Abschnitt 3.2.2 und 6.3.2). Letztlich kann eine Wertsteigerung auch erreicht werden, wenn es gelingt, eventuell im zu erwerbenden Unternehmen bestehende Managementdefizite durch den Einsatz der eigenen Managementkapazitäten und -erfahrungen zu beseitigen, und Führungsentscheidungen sowie die Führungsstruktur zu verbessern.

Zusammenfassend lässt sich somit konstatieren, dass es gesamtwirtschaftliche und vor allem überzeugende einzelwirtschaftliche Gründe gibt, dass M&A eine erfolgreiche Strategie der Unternehmensentwicklung sein müsste (vgl. zu weiteren, insbesondere an den Eigeninteressen des Managements orientierten Gründen für M&A z.B. Lucks/Meckl 2002, 9-10). In der Praxis stellt jedoch der Kauf oder die Verschmelzung von Unternehmen eine strategische Variante mit einem hohen Risiko und einer hohen Misserfolgsquote dar, wobei es in der Vergangenheit in der Mehrzahl der Fälle nicht gelungen ist, eine M&A-Transaktion soweit zu beherrschen, dass der Transaktionserfolg eine Wahrscheinlichkeit von deutlich über 50% besessen hat (vgl. Lucks/Meckl 2002, 10-14; vgl. auch Rigall/Röper 2007, 57).

Ein entscheidender Hebel zur Erhöhung der Erfolgsaussichten eines M&A-Projekts liegt jedoch in der erfolgreichen Zusammenführung der Informationsverarbeitungsressourcen beider an einer Transaktion beteiligten Unternehmen - der so genannten IT-Integration. In welchem Ausmaß dieser Hebel erfolgswirksam eingesetzt werden kann, hängt grundlegend davon ab, in wie weit IT-Systeme im Einzelfall die betrieblichen Wertschöpfungsketten beider Transaktionspartner durchdringen und dementsprechend als zu integrierende Unternehmensressource berücksichtigt werden müssen. Insbesondere in IT-intensiven Branchen wie beispielsweise dem Bankenwesen, in denen die betrieblichen Wertschöpfungsprozesse stark durch die IT getrieben werden, besitzt der Erfolg der Integration der IT-Ressourcen einen wesentlichen Einfluss auf den Erfolg des gesamten M&A-Projekts (vgl. Kromer 2001, 174).

Dieser Erfolgszusammenhang zwischen IT-Integration und M&A-Projekt beruht im Besonderen auf drei Aspekten. So ist die betriebliche Informationsverarbeitung ein Bereich, in dem durch die Zusammenlegung der Ressourcen üblicherweise in großem Ausmaß Kosteneinsparungen erwartet werden, die den oben erwähnten Synergiepotenzialen entsprechen und somit zu einer Wertsteigerung des Unternehmens beitragen (vgl. Holzwart 2000, 56). Zum Anderen erlangt die Verknüpfung der IT-Ressourcen für den Gesamterfolg dadurch Relevanz, dass sie für eine Vielzahl von Synergiepotenzialen in den weiteren Unternehmensbereichen ein notwendiges Instrument der Realisierung darstellt (vgl. Bowen 2000, 41). Schätzungen gehen davon aus, dass 30% bis 50% des gesamten Synergiepotenzials einer M&A-Transaktion erst nach erfolgter Verknüpfung der IT-Ressourcen beider Unternehmen realisiert werden kann (vgl. Berensmann/Spang 1998, 35).

Letztlich hat eine erfolgreiche Durchführung der IT-Integration auch insofern einen Einfluss auf den M&A-Erfolg, als dass eine mangelhafte Integration mit Fehlern in der Verknüpfung der Hard- und Softwareressourcen ein Gefährdungspotenzial für den „normalen" Geschäftsbetrieb darstellt und negative wirtschaftliche Konsequenzen mit der Gefahr der Wertminderung des Unternehmens nach sich zieht (vgl. Hoffman 1998, 1).

Angesichts dieser Bedeutung der IT-Integration für das gesamte M&A-Projekt ist die Frage nach der Erfolgswahrscheinlichkeit von IT-Integrationsprojekten bei M&A relevant. Jedoch zeichnen entsprechende empirische Untersuchungen zur Erfolgsträchtigkeit von IT-Integrationsprojekten bei M&A ein uneindeutiges Bild. So berichtet Forrester Research, dass es im Rahmen von 33 untersuchten M&A-Transaktionen in 90% der Fälle gelang, durch die IT-Integration eine Einsparung von IT-Kosten zu realisieren (vgl. Kromer 2001, 53).

Kromer berichtet ebenfalls von relativ hohen Erfolgsaussichten (vgl. 2001, 164-170). Beispielsweise gelang es in 71% der untersuchten Transaktionen, IT-Kosten durch die IT-Integration einzusparen. Einschränkend stellt er aber fest, dass sowohl der Zeit- als auch der Ressourcenbedarf des IT-Integrationsprozesses häufig unterschätzt wurden, und die fachliche Unterstützung durch die IT-Systeme während des Integrationsprozesses oftmals zumindest zeitweise eingeschränkt war.

Zu grundsätzlich gegensätzlichen Erkenntnissen kommt eine Studie aus der Fachzeitschrift InformationWeek, die feststellt, dass bei 180 untersuchten M&A-Transaktionen in 78% der Fälle keine Verminderung der IT-Budgets in Prozent vom Umsatz erreicht wurde und somit keine Kosteneinsparungen realisiert werden konnten (vgl. Kromer 2001, 53). Zu ähnlich negativen Ergebnissen kommt eine Studie der Bathwick Group, nach der 50% der 137 befragten IT-Verantwortlichen angaben, keine Einsparung von IT-Kosten bei M&A erreicht zu haben (vgl. Ranger 2001). Außerdem gaben hier 90% der Befragten an, aufgrund der engen zeitlichen Vorgaben für den IT-Integrationsprozess aus fachseitiger Sicht kritische IT-Lösungen angestrebt zu haben.

In einer Studie von PriceWaterhouseCoopers aus dem Jahr 1999 wurde bei der Untersuchung von 150 Transaktionen zudem festgestellt, dass in immerhin 70% der Fälle Schwierigkeiten bei der Integration der IT-Systeme das größte Hindernis im Integrationsprozess darstellten, die in der Hälfte der Fälle zu Verzögerungen des Geschäftsbetriebs und zu Umsatzeinbußen geführt haben (vgl. N.N. 2000). Zwar sind die Studien hinsichtlich Definition der Erfolgsgröße, des Erhebungsumfangs und der Auswertungsmethode nur schwer vergleichbar. Sie geben jedoch ausreichend Anhaltspunkte, um feststellen zu können, dass die IT-Integration bei M&A offensichtlich eine Maßnahme mit gesteigertem Risikopotenzial ist.

1.2 Kenntnisstand von Forschung und Praxis

1.2.1 Kenntnisstand zur Erfolgssteigerung der IT-Integration bei M&A

Angesichts der Bedeutung, die die IT-Integration bei M&A für den Gesamterfolg eines M&A-Projekts besitzt, und ihres Risikopotenzials, ist die Frage relevant, in wie weit die Erfolg versprechende Gestaltung der IT-Integration bei M&A-Projekten in der Literatur erörtert ist. Grundsätzlich ist dabei festzustellen, dass M&A-Projekte im Vergleich zur „normalen" Geschäftsführung ganz andere Fähigkeiten erfordern, die im Wesentlichen im Bereich des Diskontinuitätenmanagements, also dem Management des Wandels angesiedelt sind (vgl. Lucks/Meckl 2002, 11-12). Aus diesem Grund erweisen sich Publikationen zur Planung und Umsetzung einer integrierten IT-Infrastruktur, die für die Stabilisierung eines bestehenden Geschäfts entwickelt wurden, vor dem Hintergrund des instabilen Umfelds von M&A nur als bedingt zielführend (vgl. zur allgemeinen IT-Integration Abschnitt 2.2.2).

Vor diesem Hintergrund liegen in der Literatur inzwischen eine Vielzahl von Publikationen vor, die sich mit den Risken und Erfolgsfaktoren der IT-Integration bei M&A beschäftigen. Dabei berufen sich die Autoren auf statistische Erhebungen, Befragungen einzelner Manager, Plausibilitätsüberlegungen oder auch auf persönliche Erfahrungen, die sie aus der Betreuung von IT-Integrationsprojekten bei M&A als Berater bzw. als Verantwortliche gewonnen haben. Im Folgenden soll anhand dieser Publikationen auf grundsätzliche Erkenntnisse und Erfolgsfaktoren zur IT-Integrationsgestaltung bei M&A hingewiesen werden.

IT-Integrationsart und -geschwindigkeit

Grundsätzlich gilt, dass die Verantwortlichen der IT-Integration bei M&A bei der Gestaltung der Art und Weise der IT-Integration nicht vollkommen frei sind, sondern in Abstimmung mit dem übergeordneten M&A-Projekt vorzugehen haben (vgl. z.B. Kubilus 1991, 38 oder Reed 1998, 38). Die Abstimmung sollte sich dabei sowohl auf die Ziele der IT-Integration, wie auch auf die fachliche und zeitliche Abstimmung des IT-Integrationsprozesses mit dem M&A-Gesamtprozess erstrecken (vgl. Kromer 2001, 70-71; Müller 2002, 85). Insbesondere für die fachliche Abstimmung bietet sich die Implementierung einer Projektorganisation an, die die Zusammenarbeit des IT-Bereichs mit den weiteren Unternehmensbereichen im Rahmen des M&A-Projekts sicherstellt (vgl. z.B. Berensmann/Spang 1998, 36; Müller 2002, 85).

Aus zeitlicher Perspektive stellt sich einerseits die Frage nach der Reihenfolge von Prozess- und IT-Integration. So ist es theoretisch möglich, zunächst die IT-Systeme zu integrieren und anschließend die durch die IT-Systeme unterstützten Unternehmensprozesse dementsprechend anzupassen, was üblicherweise ein rasches Integrationsvorgehen ermöglicht (vgl. Kromer 2001, 72). Genauso besteht die Option, zunächst die Prozesse und anschließend nach Maßgabe der Prozessintegration die IT-Systeme zu integrieren, was die Abdeckung fachlicher Anforderungen erleichtert (vgl. Hesselink 1999). Letztlich bietet sich die Möglichkeit, IT-Systeme und Unternehmensprozesse simultan zu integrieren, was eine wesentliche Voraussetzung einer wechselseitigen Abstimmung zwischen IT- und Fachbereichen bildet (vgl. Holzwart 2000, 56).

Daneben stellt sich aus zeitlicher Perspektive noch die Frage nach der optimalen IT-Integrationsgeschwindigkeit, wobei üblicherweise ein rasches Vorgehen empfohlen wird, um etwa durch die IT-Integration entstehende Unsicherheiten schnell abzubauen und die Wertschaffung zu beschleunigen (vgl. Kelch 1999; Penzel 1999, 107).

IT-Strategie

Bei der Frage, inwieweit die IT-Integration bei M&A IT-strategische Planungen erfordert, liegen in der Literatur unterschiedliche Meinungen vor. Einerseits wird auf die erfolgssteigernde Wirkung der Erarbeitung einer gemeinsamen IT-Strategie im Rahmen der IT-Integration hingewiesen, was aber andererseits durch das oben empfohlene rasche Integrationsvorgehen üblicherweise in der Praxis zumindest nicht vollumfänglich möglich sein wird (vgl. Müller 2002, 85; Kromer 2001, 58-59; Buhl 1999, 163).

IT-Ressourcen

Grundsätzlich wird die IT-Integration bei M&A aufgrund der Vielzahl an üblicherweise vorliegenden IT-Ressourcen und ihrer unmittelbaren Verknüpfung mit den betrieblichen Leistungserstellungsprozessen als hoch-komplexe und riskante Aufgabe angesehen (vgl. Lauritzen 2000, 19). Als eine konkrete Maßnahme mit sehr großer Kosteneinsparungswirkung wird dabei üblicherweise die möglichst weitgehende Zusammenlegung der Rechenzentren der an einem M&A-Projekt beteiligten Unternehmen empfohlen (vgl. z.B. Ball 1988, 13; Windfuhr 1993, 519-521). Ähnlich wird für die beteiligten IT-Netzwerke beider Unternehmen argumentiert (vgl. Berensmann/Spang 1998, 36).

Mit Blick auf die Anwenderseite wird die Frage der Integration der Anwendungssysteme besonders intensiv diskutiert. Hier spielen im Wesentlichen zwei grundlegende Aspekte eine Rolle (vgl. Kromer 2001, 68). So ist zunächst zu klären, welche Verbindungsintensität zwischen den Anwendungslandschaften beider beteiligten Unternehmen im Sinne eines anzustrebenden Integrationsgrads herzustellen ist. Dabei wird empfohlen, dass je einheitlicher die Produkt-Markt-Segmente beider Unternehmen sind, ein höherer Integrationsgrad der Anwendungssysteme herzustellen ist (vgl. Berensmann/Spang 1998, 36).

Im Rahmen der Realisierung dieses Integrationsgrads stellt sich die Frage, welche der beteiligten Anwendungssysteme künftig zum Einsatz kommen und welche Systeme gegebenenfalls aufgegeben werden. Bei einem hohen anzustrebenden Integrationsgrad und deutlichen Größenunterschieden beider Unternehmen wird dabei üblicherweise eine weitgehende Übernahme der Anwendungssysteme des größeren Unternehmens als vorteilhaft erachtet (vgl. Komus/Reiter 2000, 36).

Insgesamt herrscht zwar bezüglich des Bedeutungsgehalts dieser grundlegenden Fragestellungen für den Erfolg einer IT-Integration eine weitgehende Einigkeit in der aktuellen Literatur. Hinsichtlich ihrer konkreten Wirkungszusammenhänge und den daraus abgeleiteten Handlungsempfehlungen bestehen hier jedoch zum Teil erhebliche Unterschiede.

Darüber hinaus fehlt zumeist eine ganzheitliche Betrachtung der IT-Integration bei M&A von der Planung über die Umsetzung bis zur Kontrolle unter besonderer Berücksichtigung sowohl der zentralen Entscheidungssituationen im IT-Integrationsprozess als auch der notwendigen Abstimmung mit dem Gesamt-M&A-Projekt (vgl. z.B. Giacomazzi et al. 1997). Dabei liegen sehr wohl allgemeinere wissenschaftliche Konzepte vor, die ohne einen speziellen Fokus auf die IT-Integration zu werfen eine solche ganzheitliche Betrachtungsweise des M&A-Projekts zum Ziel haben (vgl. z.B. Clemente/Greenspan 1998, Pritchet/Robinson/Clarkson 1997, Reed Lajoux 1998 oder Clever 1993). Dieser Kenntnisstand soll im folgenden Abschnitt näher betrachtet werden.

1.2.2 Kenntnisstand zur Erfolgssteigerung bei M&A

Ein M&A-Projekt kann als eine logische Abfolge notwendiger inhaltlicher Tätigkeiten verstanden werden, die in ihrer Gesamtheit zu einer ökonomisch und rechtlich abgeschlossenen Transaktion führen (vgl. für einen tiefergehenden Nachweis des Prozesscharakters von M&A-Projekten Abschnitt 3.1.2 und insbesondere Abbildung 2). Basierend sowohl auf praktischen Erfahrungen als auch auf konzeptionell-theoretischen Überlegungen konstatieren Lucks/Meckl, dass dementsprechend eine konsequente Prozessorientierung bei der Abarbeitung eines M&A-Projekts die Basis einer erfolgversprechenden M&A-Konzeption darstellt (vgl. ähnlich Lucks/Meckl 2002, 18). Die Vorteilhaftigkeit eines prozessorientierten Grundkonzepts wird im Einzelnen insbesondere durch die folgenden Punkte gestützt (vgl. ähnlich Lucks/Meckl 2002, 18-19; vgl. für eine detaillierte Beurteilung anderer M&A-Konzeptionen Abschnitt 3.1.3):

- *Konzeptionelle Ordnung und inhaltliche Transparenz*: Die Prozess-Sicht ermöglicht eine vollständige und logische Ordnung der einzelnen Teilschritte des M&A-Projekts. Die dadurch gewonnene Übersichtlichkeit über die beteiligten Gruppen und die zeitliche Anordnung der Tätigkeiten, ermöglicht die punktgenaue Einordnung der notwendigen Maßnahmen in den M&A-Prozess.

- *Ausnutzung von „iterativen Schleifen“:* Ein Prozess darf nicht als starre Abarbeitung einzelner Prozess-Schritte gesehen werden. Stattdessen erfordern neue, im Projektverlauf auftretende Erkenntnisse und Informationen gegebenenfalls den erneuten Durchlauf einiger Prozess-Stufen. Die Prozess-Strukturierung erleichtert ein solches iteratives Vorgehen zugunsten eines verbesserten Gesamtprozessergebnisses.

- *Beachtung von Interdependenzen:* Die beiden oben erläuterten Vorteile der Prozess-Sicht Übersichtlichkeit und Iterationsfähigkeit führen dazu, dass es leichter gelingt, die zahlreichen Interdependenzen der Einzelmaßnahmen und des gesamten M&A-Projektes zu berücksichtigen und erfolgswirksam zu steuern.

- *Förderung von Lernprozessen:* Durch die Festlegung und Einrichtung einer M&A-Prozessorganisation stehen die verantwortlichen Ansprechpartner und Teams fest. Erfahrungen, die vor allem durch die übergreifende Zusammenarbeit zwischen den Teams und einzelnen inhaltlichen Aktivitäten gemacht werden, können durch die Gesamtprozessverantwortlichen dokumentiert und damit für Folgeprojekte erhalten werden.

- *Verbesserung der Steuerungsmöglichkeiten und Identifikation kritischer Punkte:* Durch die eindeutige Festlegung eines Prozessinhalts wird letztlich auch die Initiierung, die inhaltliche Nachvollziehbarkeit und vor allem die laufende Kontrolle eines aktuellen Projekts wesentlich leichter möglich. Dies ist insbesondere gegenüber einer reinen funktionellen Organisation oder einer Matrixorganisation ein Vorteil.

Zusammenfassend ist festzustellen, dass die Prozess-Sicht ein großes Potenzial besitzt, eine deutliche Verbesserung der Erfolgsquote von M&A-Projekten zu erreichen. Basierend auf dieser Feststellung haben Lucks/Meckl die M&A-Aktivitäten nach Maßgabe ihrer Ählichkeit in drei Kern- und 4 Unterstützungsprozessen zusammengefasst, wobei jeder dieser Teilprozesse einen wichtigen inhaltlichen und instrumentellen Bereich abdeckt, so dass sämtliche zur Abwicklung des Gesamtprozesses notwendigen Einzelmaßnahmen abgedeckt sein sollen (vgl. zur Gliederungssystematik, der Hierarchisierung und zu den Teilprozessinhalten Abschnitt 3.1.2):

- Kernprozesse:
  - Strategieplanungsprozess
  - Strukturentwicklungs- und -durchsetzungsprozess
  - Personalveränderungsprozess
- Unterstützungsprozesse:
  - Informationsbeschaffungsprozess
  - Bewertungsprozess
  - Kommunikationsprozess
  - Controllingprozess

Aufgrund einer Vielzahl von Wechselwirkungen zwischen den Einzelmaßnahmen können diese Teilprozesse jedoch nicht auf eine Art getrennt ablaufen, wie die obige Auflistung dies suggeriert (vgl. Lucks/Meckl 2002, 226). Für den M&A-Prozess ist es vielmehr erfolgsentscheidend, diese Wechselwirkungen durch ein gezieltes Management zu steuern (vgl. zur Koordination der Teilprozesse Abschnitt 7).

Mit ihrer Konzeption streben Lucks/Meckl eine ganzheitliche Betrachtung von M&A-Projekten an. Entsprechend der Kernprozesse identifizieren sie dabei mit der Unternehmensstrategie, der Unternehmensstruktur und der Mitarbeiterschaft der beteiligten Unternehmen drei Integrationsbereiche. Für die Maßnahmen zur Integration der beteiligten IT-Infrastrukturen ist kein eigener Teilprozess vorgesehen. Dies scheint zwei Gründe zu haben. Zunächst sind IT-Integrationsmaßnahmen generell nur ansatzweise im Konzept von Lucks/Meckl beschrieben (vgl. z.B. Lucks/Meckl 2002, 167 zur IT-Due Diligence oder 125 zur Harmonisierung/Vernetzung der Infornationstechnologie). Der Detaillierungsgrad bei der Betrachtung der IT-Integrationsmaßnahmen im Prozessmodell von Lucks/Meckl ist dabei zu grob, um insbesondere die im vorangegangenen Abschnitt beschriebenen Erkenntnisse und offenen Forschungsfelder der IT-Integration zu berücksichtigen.

Darüber hinaus scheint im M&A-Prozessmodell kein eigener IT-Integrationsprozess vorgesehen zu sein, da der Strukturentwicklungs- und -durchsetzungsprozess als Träger der Haupt-IT-Integrationsaktivitäten vorgesehen wurde (vgl. Lucks/Meckl 2002, 125 zur Harmonisierung/Vernetzung der Infornationstechnologie). Eine wesentliche Aufgabe dieses Prozesses liegt während der Integrationsphase in der Umsetzung einer gemeinsamen Aufbau- und Ablauforganisation beider beteiligter Unternehmen. Legt man hier jedoch zu Grunde, dass die Zusammenfassung von Einzelaktivitäten in einem Teilprozess wie oben beschrieben nach Maßgabe der Gleichartigkeit der Aktivitäten vorzunehmen ist, erscheint eine Unterbringung der oftmals rein technischen IT-Integrationsmaßnahmen im Strukturentwicklungs- und –durchsetzungsprozess bereits angesichts der im vorangegangenen Abschnitt genannten hochspezifischen Fragestellungen konzeptionell fragwürdig.

Zusammenfassend kann festgestellt werden, dass das M&A-Prozessmodell von Lucks/Meckl angesichts seiner Vorteile konzeptionell in der Lage ist, das in Abschnitt 1.2 identifizierte Manko der fehlenden Ganzheitlichkeit vieler IT-spezifischer Publikationen zum Thema IT-Integration bei M&A zu beheben. Allerdings wird der Detaillierungsgrad der Beschreibung der IT-Integrationsmaßnahmen im M&A-Prozessmodell von Lucks/Meckl kaum der in Abschnitt 1.1 identifizierten großen Bedeutung dieses Integrationsbereiches für den Gesamterfolg eines M&A-Projekts gerecht. Zudem wird die Unterbringung der IT-Integrationsmaßnahmen in den vorliegenden Teilprozessen und insbesondere dem Strukturentwicklungs- und -durchsetzungsprozess nicht der Spezifität dieser Aufgaben gerecht.

1.3 Zielsetzung und Aufbau der Arbeit

Angesichts der in Abschnitt 1.1 beschriebenen Erfolgsrelevanz und der in Aschnitt 1.2 identifizierten Risiken sowie ungelösten Probleme in der Umsetzung von IT-Integrationsprojekten bei M&A erscheint es notwendig, die bestehende M&A-Prozesskonzeption von Lucks/Meckl um die Aspekte der IT-Integration zu erweitern. Dahinter steht zum Einen die Überzeugung, dass nur bei Berücksichtigung der Fragestellungen der IT-Integration die volle Komplexität und Vielschichtigkeit eines M&A-Projekts tiefgehend erfasst werden kann. Zum anderen stellt die bestehende Grundkonzeption des M&A-Modells von Lucks/Meckl jedoch in sich die notwendigen Instrumente einer ganzheitlichen Betrachtung der IT-Integration bei M&A bereit.

Bei angemessener Berücksichtigung der IT-Integration ermöglicht das Prozessmodell von Lucks/Meckl folglich die interdependente Optimierung der Gesamtheit der einzelnen Wertschöpfungsstufen des M&A-Projekts, so dass eine deutliche Verbesserung der Erfolgsquote von M&A-Projekten tatsächlich erreichbar werden kann. Die vorliegende Arbeit hat zum Ziel, das prozessorientierte M&A-Konzept von Lucks/Meckl um den bislang nicht berücksichtigten Themenbereich der IT-Integration zu vervollständigen. Aus den Erläuterungen zur Spezifität der IT-Integrationsaufgaben ergibt sich dabei, dass zu diesem Zweck die Einrichtung eines weiteren Teilprozesses notwendig erscheint, der Träger der IT-Integrationsmaßnahmen sein soll.

Die Frage, die sich dabei zunächst stellt, ist, ob dieser „IT-Integrationsprozess" einen Kern- oder einen Unterstützungsprozess darstellt. Das entsprechende Entscheidungskriterium liegt in der Frage, ob die Inhalte des betreffenden Prozesses zwingend für den M&A-Prozess durchzuführen sind, oder ob sie ohne zwingend notwendig zu sein durch Unterstützung der Kernprozesse „lediglich" einen Beitrag zur Erfolgswahrscheinlichkeit des M&A-Projekts leisten (vgl. Lucks/Meckl 2002, 57). Für die rechtliche Durchführung einer M&A-Transaktion ist die IT-Integration nicht notwendig. Wie in Abschnitt 1.1 beschrieben wurde, würde ein Verzicht auf die IT-Integration jedoch einer Reihe von Risiken und Ineffizienzen Vorschub leisten. Auf die dementsprechende Erfolgsrelevanz der IT-Integration wurde in diesem Zusammenhang hingewiesen. Folglich ist es das Ziel dieser Arbeit, den Themenbereich der IT-Integration im Rahmen eines zusätzlichen IT-Integrationsprozesses in das Modell von

Lucks/Meckl zu integrieren, der hierarchisch als Unterstützungsprozess angesiedelt werden soll (vgl. Abschnitt 5.1).

Entsprechend dieses Zieles wurde folgende Vorgehensweise für die vorliegende Arbeit gewählt.

Nach der Klärung der strategischen Hintergründe von M&A und der Bedeutung, die die IT-Integration in dieser Frage besitzt, werden anschließend in Kapitel 2 die begrifflichen Grundlagen der IT-Integration bei M&A-Projekten abgeklärt, so dass am Ende des Kapitels der Untersuchungsgegenstand dieser Arbeit hinreichend eingegrenzt werden kann.

Anschließend wird im Kapitel 3 auf die Prozess-Sichtweise eingegangen. Ausgehend von den allgemeinen, konzeptionellen Grundlagen der Prozessorganisation wird wird das von Lucks/Meckl konzipierte Schema des M&A-Prozesses vorgestellt. Anschließend soll dessen Vorteilhaftigkeit gegenüber alternativen Formen der M&A-Durchführung diskutiert werden. Im folgenden Abschnitt wird der M&A-Gesamtprozess in die sieben bekannten Teilprozesse aufgeteilt. Die Teilprozesse werden kurz erläutert, so dass am Ende von Kapitel 3 das Grundverständnis für das bestehende M&A-Prozessmodell von Lucks/Meckl geschaffen ist.

Mit den bisherigen Ausführungen dieses Abschnitts wurde ein in Abschnitt 1.2 identifiziertes offenes Problem der IT-Integration noch nicht adressiert. Dabei handelt es sich um die Frage, welche konkreten Wirkungszusammenhänge zwischen den bekannten grundlegenden Fragestellungen der IT-Integration bestehen und welche Handlungsanleitungen daraus abgeleitet werden können. Eine erste Detaillierung der inhaltlichen Ausgestaltung von Handlungsempfehlungen soll nun in Kapitel 4 vorgenommen werden. Dazu werden die wesentlichen Entscheidungen, die im Rahmen der IT-Integration bei M&A zu treffen sind, genauer untersucht, und ein entscheidungstheoretisches Modell entwickelt, dass die Entscheidungsfindung strukturiert und auf eine objektive Grundlage stellt. Dieses Entscheidungsmodell wird später in die Konzeption zum IT-Integrationsprozess integriert.

Analog zur Strukturierung von Kapitel 3 nach Gesamt- und Teilprozessebene soll aber zunächst in Kapitel 5 der IT-Integrationsprozess grundlegend in den Kontext des M&A-Gesamtprozesses eingeordnet werden. Kapitel 6 bildet anschließend den

Schwerpunkt der Arbeit, indem für die Beschreibung der IT-Integrationsaktivitäten konsequent die Sichtweise des IT-Integrationsprozesses eingenommen wird. Der IT-Integrationsprozess wird hier ausführlich bezüglich seiner IT-spezifischen Zielsetzungen, den IT-Integrationsinhalten, den verwendeten Instrumenten und der primär beteiligten Gruppen beschrieben. Diejenigen IT-Integrationsaktivitäten, die zentrale Entscheidungspunkte der IT-Integration darstellen, werden dabei durch das in Kapitel 4 entwickelte Entscheidungsmodell strukturiert. Die in diesem Kapitel gegebenen, stärker informationstechnisch orientierten Empfehlungen zu Einzelfragen der IT-Integration bei M&A resultieren dabei im Wesentlichen aus Einzelfallberichten oder punktuellen Veröffentlichungen zu den entsprechenden Themen. Schwerpunktmäßig wird dabei die Sicht eines kaufenden Unternehmens eingenommen.

Bei der Beschreibung der Vorteile des Prozessansatzes bei M&A wurde auf die Möglichkeit der verbesserten Berücksichtigung von Interdependenzen und Lerneffekten hingewiesen. Um diesen Vorteil vollständig Rechnung zu tragen, wird in Kapitel 7 detailliert die Koordination der Teilprozesse geschildert und eine zusammenfassende Darstellung des Gesamtprozesses gegeben. Ein besonderes Augenmerk wird dabei auf die Koordinationsnotwendigkeiten des IT-Integrationsprozesses gelegt.

In Kapitel 8 wird abschließend eher aufbauorganisatorisch zunächst die Frage erörtert, welche der notwendigen IT-Integrationsaktivitäten bei M&A besser unternehmensextern bezogen als unternehmensintern durchgeführt werden sollten. Abschließend wird eine effiziente Einordnung der IT-Projektorganisation in die M&A-Organisation erörtert.

2 Begriffliche Grundlegung

2.1 Mergers & Acquisitions

2.1.1 Definition und Inhalte wesentlicher Begriffe

Für den englischen Begriff Mergers & Acquisitions hat sich eine allgemein gültige Definition in der Literatur noch nicht durchgesetzt. Im weiteren Sinne werden mit dem Begriff alle Vorgänge beschrieben, die mit dem Erwerb oder der Veräußerung von Unternehmen oder Unternehmensteilen zusammenhängen, so dass es zu einer Änderung der Eigentumsverhältnisse am Eigenkapital kommt (vgl. Lucks/Meckl 2002, 23). Im Deutschen spricht man bei Mergers & Acquisitions von Unternehmenstransaktion, -zusammenschluss, -übernahme, -erwerb bzw. -verkauf. Die direkte sprachliche Übersetzung lautet Fusionen und Akquisitionen.

Eine Abgrenzung beider Begriffe kann anhand des Eingriffs in die Selbstständigkeit der Transaktionspartner vorgenommen werden. Eine Fusion (Merger) ist demnach der Zusammenschluss zweier oder mehrerer bis dahin rechtlich und wirtschaftlich unabhängiger Unternehmen, wobei mindestens ein Unternehmen seine rechtliche Selbstständigkeit verliert (vgl. Coenenberg/Jacoby 2000, 177). Unter Akquisition wird der Erwerb von Unternehmen bzw. Unternehmensteilen verstanden, der entweder durch Übertragung von Gesellschaftsanteilen oder durch Übertragung aller oder bestimmter Wirtschaftsgüter und Verbindlichkeiten eines Unternehmens oder durch Kombination beider Alternativen erfolgt (vgl. Lucks/Meckl 2002, 24). Dies schränkt zumeist die wirtschaftliche Selbstständigkeit ein, während die rechtliche Selbstständigkeit beider Unternehmen dabei durchaus bestehen bleiben kann (vgl. Coenenberg/Jacoby 2000, 177).

Aus Managementsicht handelt es sich bei M&A um eine strategische Maßnahme, die durch den Übergang von Leitungs- und Kontrollbefugnissen einen Einfluss auf die Unternehmenspolitik des erworbenen Unternehmens ermöglicht. Bei Beteiligungen, die ohne diese strategische Absicht erfolgen, handelt es sich demgegenüber um eine reine Finanzinvestition. Sie werden in der vorliegenden Arbeit nicht zu den M&A-Aktivitäten gezählt.

2.1.2 Formen und Transaktionstypen

Eine weitergehende Differenzierung von M&A bietet sich aus betriebswirtschaftlicher Sicht anhand der Gliederungskriterien *Strategische Ausrichtung* und *Bindungsintensität* an. Nach der strategischen Ausrichtung, die sich aus den Zielen ableitet, können horizontale, vertikale und konglomerate M&A-Projekte unterschieden werden. Der Begriff „horizontal“ kennzeichnet solche Transaktionen, deren Partner sich in einem eng verwandten Geschäft der gleichen Wertschöpfungsstufe befinden und untereinander im Wettbewerb stehen. Als „vertikal“ gelten Transaktionen, wenn die Beteiligten zwar in der gleichen Branche aber auf unterschiedlichen Wertschöpfungsstufen tätig sind, so dass durch einen Zusammenschluss die Wertschöpfungstiefe steigt. Besteht keine Übereinstimmung von Branche und Wertschöpfungsstufe liegt eine konglomerate Transaktion vor.

Die Bindungsintensität gibt den Grad der Abhängigkeit des erworbenen Unternehmens vom Käuferunternehmen an und hängt maßgeblich von der Höhe der Kapitalbeteiligung des Käuferunternehmens ab. Bei der Höhe der Kapitalbeteiligung kann zwischen einer Minderheits-, paritätischen - oder Mehrheitsbeteiligung bzw. dem vollständigen Erwerb unterschieden werden (vgl. Lucks/Meckl 2002, 26). Minderheitsbeteiligungen unter 50% der Anteile erlauben keinen beherrschenden Einfluss auf die unternehmerischen Aktivitäten des Beteiligungsunternehmens. Allerdings sichert das Erreichen der Sperrminorität, die in Deutschland bei 25% des Kapitals liegt, insofern einen Einfluss, als dass grundlegende Beschlüsse beispielsweise bezüglich Satzungsänderungen oder Kapitalerhöhungen verhindert werden können. Ein beherrschender Einfluss wird jedoch erst ab einer Mehrheitsbeteiligung über 50% möglich. Dieser Fall wird als Akquisition im engeren Sinne bezeichnet (vgl. zu Joint Ventures als Spezialfall bei M&A Lucks/Meckl 2002, 27-29).

2.2 IT-Integration

2.2.1 Integration als Konzept der M&A-Forschung

In Kapitel 2.1 wurde der Begriff „Mergers & Acquisitions“ definiert und inhaltlich abgegrenzt. Bislang ist aber keine Definition und Eingrenzung des Begriffs „IT-Integration“ vorgenommen worden. Im weitesten Sinne stand der Integrationsbegriff bislang zur Kennzeichnung der Verschmelzung bzw. Harmonisierung der IT-Infrastrukturen der an einer Transaktion beteiligten Unternehmen. Dieses bislang implizit mitgeführte Verständnis soll nun theoretisch fundiert in eine Definition gefasst werden. Allgemein lässt sich der Begriff Integration dabei aus dem lateinischen „integer“ (ganz, unversehrt, vollständig), „integratio“ (Wiederherstellung eines Ganzen) oder „integrare“ (vervollständigen) ableiten.

Der Integrationsbegriff findet jedoch in einer Vielzahl wissenschaftlicher Disziplinen Anwendung und ist dementsprechend für die vorliegende Arbeit zu konkretisieren. Im Integrationsverständnis, wie es einerseits in der M&A-Forschung und andererseits in der Wirtschaftsinformatik vorliegt, an deren Schnittstelle die vorliegende Arbeit operiert, lassen sich dabei grundlegende Differenzen feststellen.

Aufgrund dieser Differenzen wird in diesem Abschnitt zunächst ein Begriffsverständnis von Integration in der M&A-Forschung entwickelt. Im folgenden Abschnitt wird der Integrationsbegriff der Wirtschaftsinformatik konkretisiert. Beide Terminologien bilden dann die Grundlage für die Entwicklung einer problemadäquaten Definition für den Begriff der IT-Integration bei M&A in Abschnitt 2.3.

Zunächst soll der Integrationsbegriff bei M&A erläutert werden. Der Ausdruck Integration wird in der allgemeinen betriebswirtschaftlichen Literatur verwandt, um einen Vorgang zur Verknüpfung vormals separater Entitäten zu einer größeren, sinnhaften Einheit zu beschreiben (vgl. Kromer 2001, 26). Dieser Begriff wird im Kontext von M&A nicht einheitlich verwandt, sondern zur Beschreibung zweier unterschiedlicher Konzeptionen genutzt. So wird mit Integration üblicherweise eine bestimmte Phase des M&A-Prozesses bezeichnet. In anderen Fällen wird der Begriff demgegenüber mit einem prozessorientierten Verständnis genutzt, wobei phasenübergreifend sämtliche Aktivitäten der Gestaltung der Zusammenarbeit der an einer Transaktion beteiligten Unternehmen unter Integration subsumiert werden. Beide Begriffsverständnisse bei M&A sollen nun vorgestellt und voneinander abgegrenzt werden.

Integration als Phase eines M&A-Projekts

Die Praxis zeigt, dass M&A in der Regel durch eine enorme Komplexität charakterisiert sind. Um diese Komplexität beherrschen zu können, hat es sich als hilfreich erwiesen, eine solche Transaktion als Projekt zu betrachten, dessen Ablauf sich in Phasen einteilen lässt. Die Darstellung als Phasenmodell hilft in der Strukturierung des Projektablaufs und fördert das Verständnis der einzelnen Projektschritte (siehe auch Abbildung 2). Die Integrationsphase bildet die letzte Phase im M&A-Prozess.

Nach einem solchen phasenorientierten Verständnis beinhaltet Integration sämtliche Aktivitäten, die notwendig sind, um nach dem Vertragsabschluß der Transaktion die in den vorherigen Phasen geschaffenen Pläne umzusetzen und die avisierten Synergiepotenziale zu erschließen. Mit dem Abschluss sämtlicher Integrationsmaßnahmen und der vollzogenen Realisierung der Synergiepotenziale auf sämtlichen Zielebenen gilt die Transaktion als beendet.

Phasenmodelle suggerieren allerdings eine streng chronologische Abfolge des M&A-Prozesses. Ein streng chronologisches Vorgehen wird aber in der Regel so nicht möglich sein. Viel eher sind iterative Schritte kennzeichnend für M&A-Transaktionen (vgl. Abschnitt 1.2.2). Zudem vermittelt der phasenorientierte Integrationsbegriff von M&A, dass die Integration der beiden beteiligten Unternehmen erst mit der Vertragsunterzeichnung beginne. Die Integration bei M&A erfordert jedoch auch eine Vielzahl von Planungs- und Vorbereitungsaktivitäten, die in den früheren Phasen des M&A-Prozesses zu beginnen sind, um einerseits frühzeitig nach Vertragsabschluss die Umsetzungsmaßnahmen der Integration beginnen zu können.

Andererseits ist vor Vertragsunterzeichnung zumindest eine grobe Integrationsplanung bereits zum Zeitpunkt der Unternehmensbewertung notwendig, um daraus potenzielle Synergien aus der Zusammenführung beider Unternehmen schätzen und eine darauf basierende Bewertung des Kaufobjekts durchführen zu können (vgl. Eccles/Lanes/Wilson 2000, 83 und Abschnitt 3.2.5).

Folglich kann in dem Maße, wie eine frühzeitige Planung der Integration als Erfolgsfaktor für die Transaktion gilt, eine phasenorientierte, die Integration an das Ende des

M&A-Prozesses stellende Begriffsprägung die Zusammenführung der beiden Unternehmen nur ungenügend charakterisieren.

Integration als Prozess

Bei der prozessorientierten Begriffsprägung werden Integrationsaktivitäten nicht zeitlich als Projektphase sondern inhaltlich nach ihrer Art abgegrenzt und als Aktivitätenfolge zu einem Prozess der Integration zusammengefasst, der Planungsaufgaben im Vorfeld des Vertragsabschlusses genauso berücksichtigt, wie die Umsetzungsmaßnahmen in der Integrationsphase (vgl. Kromer 2001, 29). Integration bezeichnet demzufolge

- den Prozess
- des Transfers und/oder der Nutzungsänderung von materiellen und/oder immateriellen Ressourcen der an einer M&A-Transaktion beteiligten Unternehmen
- mit dem Ziel, Synergiepotenziale zu erschließen.

(vgl. Gerpott 1993, 114-119; vgl. zu anderen prozessorientierten Begriffsdefinitionen z.B. Hase 1996, Seite 14-19). Die in der Definition aufgeführten Einzelaspekte sollen im Folgenden für ein fundierteres Begriffsverständnis erläutert werden.

Entsprechend dem prozessorientierten Grundverständnis beschreibt Integration bei M&A eine logische Abfolge notwendiger inhaltlicher Tätigkeiten, die in ihrer Gesamtheit zu einer ökonomisch und rechtlich abgeschlossenen Transaktion führen (vgl. Abschnitt 1.2.2). Integration umfasst dabei sowohl dem formalen Vollzug einer Transaktion vorgelagerte Planungsaktivitäten als auch diesem nachgelagerte Realisierungsmaßnahmen (vgl. Gerpott 1993, 127). Auf diese Weise stellt Integration eine Aktivitätenfolge dar, die sich über alle Phasen des M&A-Prozesses erstrecken kann. Die hier vorliegende Begriffsfestlegung trifft dabei keine Aussagen bezüglich des anzustrebenden Integrationsgrads als Ausmaß des geplanten Verknüpfungszustands beider beteiligter Unternehmen. Damit bleibt ein weites Spektrum an Verbindungsintensitäten eingeschlossen, dass von der punktuellen Verknüpfung bis zur vollständigen Verschmelzung sämtlicher Bereiche der beteiligten Unternehmen reichen kann.

Die Objekte der Integration sind Unternehmensressourcen. Ressourcen stellen ganz allgemein der Verfügungsmacht eines Unternehmens unterliegende Möglichkeiten zur wiederholten Leistungserstellung dar (vgl. Gerpott 1993, 85). Dabei ist zwischen materiellen Ressourcen (z.B. Betriebsmittel, Werkstoffe oder Mitarbeiter) und immateriellen Ressourcen (z.B. funktionsspezifisches Know-How oder General Management-Fähigkeiten) zu unterscheiden. Eine wichtige Basis der Wertsteigerung durch M&A bildet der Transfer beziehungsweise die Veränderung der Nutzung von materiellen Ressourcen vor allem durch die Elimination von Ressourcenduplizitäten oder der Realisierung von Skaleneffekten. Integrationsmaßnahmen mit Ausrichtung auf materielle Ressourcen reichen aber in der Regel nicht aus, um die angestrebten Wertschöpfungspotenziale zu realisieren (vgl. Kromer 2001, 30). Immaterielle Ressourcen sind dementsprechend ebenfalls Objekt des Transfers und der veränderten Nutzung. So setzt die wertsteigernde Nutzungsveränderung materieller Ressourcen häufig die Kenntnis von technischen, markt-orientierten und organisatorischen Zusammenhängen der ursprünglichen Verwendung voraus (vgl. Gerpott 1993, 89). Durch eine Integration realisierte Nutzungsveränderungen von Ressourcen können dabei sowohl das Ergebnis geplanter als auch sich spontan zwischen den Mitarbeitern entwickelnder Aktivitäten sein (vgl. Gerpott 1993, 118).

Das Hauptziel der Integration liegt in der nachhaltigen Realisierung von Synergiepotenzialen (vgl. Gerpott 1993, 115; vgl. im Detail Abschnitt 5.2). Die durch den Vollzug einer Transaktion geschaffene Ausgangsposition stellt lediglich die Möglichkeit zu einer nachhaltigen Wertsteigerung dar. Der Zweck der Integration ist es, durch eine geeignete Änderung der Ressourcennutzung beziehungsweise durch Ressourcentransfers echte ökonomische Vorteile zu realisieren (vgl. im Detail ebenfalls Abschnitt 5.2). Daraus ergibt sich, dass Integration eine unabdingbare Voraussetzung zur Realisierung von Synergiepotenzialen bei M&A ist (vgl. Ziegler 1997, 3).

2.2.2 Integration als Konzept der Wirtschaftsinformatik

Wie in Abschnitt 2.2.1 gezeigt wurde, umfasst der Integrationsbegriff der M&A-Forschung potenziell alle Arten von materiellen und immateriellen Unternehmensressourcen. Im Rahmen der vorliegenden Arbeit ist aber nicht die Gesamtheit der Ressourcen der beteiligten Unternehmen, sondern lediglich deren jeweilige IT-Infrastruktur als Gesamtheit der Informationsverarbeitungsressourcen Gegenstand der Betrachtung. Zudem stellt Integration nicht nur in der M&A-Forschung sondern auch in der Wirtschaftsinformatik ein zentrales Konzept dar. Aus diesem Grund setzt die Auseinandersetzung mit der IT-Integration bei M&A ein fundiertes Verständnis der Integrationsansätze der Wirtschaftsinformatik voraus. In der Wirtschaftsinformatik ist Integration allgemein als Verknüpfung von Menschen, Aufgaben und Technik zu einem Ganzen zu verstehen (vgl. Mertens et al. 2001, 82). Integration kennzeichnet demzufolge einen

- Zustand der Verknüpfung von betrieblichen Funktionen, Anwendungssystemen und/oder Daten
- in vertikaler und/oder horizontaler Richtung
- von inner- und/oder zwischenbetrieblicher Reichweite

(vgl. Kromer 2001, 32-38 und Mertens 1997, 1-5; zu weiteren Begriffsdefinitionen vgl. u.a. Fank 2001, Seite 89-91).

Entsprechend der Zustandsorientierung beschreibt Integration hier einen Status der Verbindung oder Zusammenführung. Dabei wird keine Aussage über die Intensität bzw. den Grad der Verbindung getroffen. Sowohl der nach Vollendung eines Integrationsvorgangs resultierende Endzustand als auch eventuelle Zwischenlösungen werden als Integrationszustand bezeichnet (vgl. Kromer 2001, 34). Die wesentlichen Komponenten dieses Integrationsbegriffs sind in Abbildung 1 illustriert und werden im Folgenden erläutert.

Betriebliche Funktionen, Anwendungssysteme und Daten bilden die Objekte der Integration (für andere Kategorisierungen vgl. z.B. Mertens 1997, 1-3). Dabei gibt der Integrationszustand an, in wie weit Anwendungssysteme und Daten in der Lage sind, die betrieblichen Funktionen abzubilden. Der Integrationsgrad der Funktionen kennzeichnet demnach die (Informations-)Verkettung betrieblicher Aufgaben. In Bezug auf die betrieblichen Aufgaben können dabei aufgabenträgerorientierte von prozessorientierten Begriffsprägungen unterschieden werden.

Der aufgabenträgerorientierten Begriffsprägung nach kennzeichnet Funktionsintegration die Bündelung von Tätigkeiten bzw. Arbeitsinhalten an einem Arbeitsplatz (vgl. Kromer 2001, 35). Prozessorientierte Definitionen verstehen demgegenüber in der Regel unter Funktionsintegration die Verknüpfung von betrieblichen Geschäftsprozessen (vgl. auch Abschnitt 3.1.1). Die informationstechnische Abbildung der betrieblichen Funktionen wird über die Anwendungssystem- und Datenintegration in Form von Software-Elementen realisiert (vgl. Mertens 1997, 3).

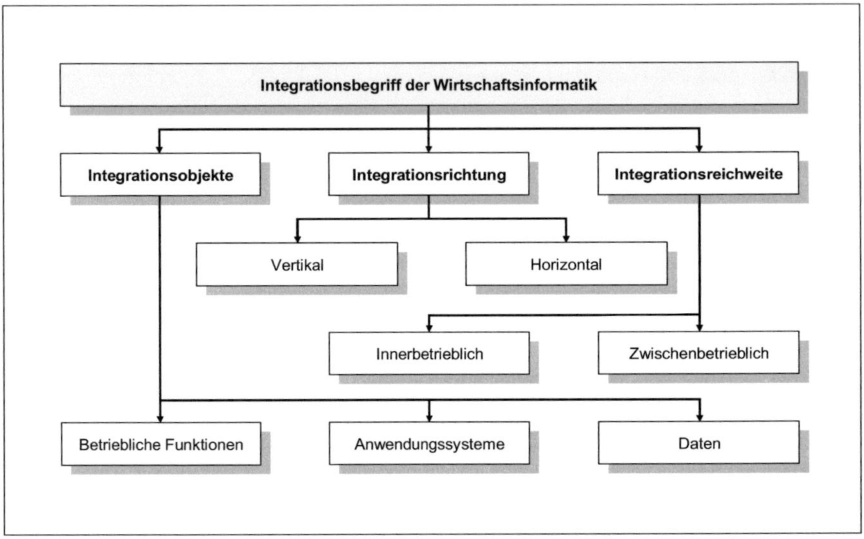

Abbildung 1: Integrationsbegriff der Wirtschaftsinformatik (vgl. ähnlich Mertens 1997, 2)

Der Integrationsgrad von Anwendungssystemen kennzeichnet die Abstimmung von Programmen bzw. Programmbausteinen eines oder mehrerer Anwendungssysteme. Es lassen sich dabei zwei Dimensionen von Anwendungssystemintegration unterscheiden. Zum Einen beschreibt sie die arbeitsteilige Integration einzelner Detailfunktionen (Module), so dass sie in mehreren Anwendungssystemen wiederverwendbar einsetzbar sind. Zum anderen kennzeichnet Anwendungssystemintegration die Abstimmung einzelner Software-Bausteine dahingehend, dass die einzelnen Anwendungssysteme effektiv zu einem integrierten Gesamtsystem kombiniert werden können (vgl. Kromer 2001, 36). Daraus ergibt sich für die Anwendungssystemintegration implizit ebenfalls die Notwendigkeit einer Verbindung zwischen den Anwendungen zum Datenaustausch.

Datenintegration kennzeichnet die Bereitstellung einheitlicher Daten für unterschiedliche Anwendungssysteme. In der einfachsten Form übergeben Teilsysteme mit nach wie vor getrennten Datenbeständen Daten automatisch oder manuell an andere Teilsysteme, so dass das datenempfangende Programm die vom liefernden Teilsystem abgesandten Daten ordnungsgemäß interpretieren kann (vgl. Mertens 1997, 1). Bei einem höheren Grad an Integration werden Daten innerhalb eines gemeinsamen Datenbestandes für unterschiedliche Anwendungen zur Verfügung gestellt (vgl. Mertens 1997, 1).

Unabhängig von den Integrationsobjekten lassen sich die beiden Integrationsrichtungen horizontal und vertikal unterscheiden (vgl. Scheer 1998, 6). Horizontale Integration beschreibt die Überbrückung aufbauorganisatorisch vorgegebener Grenzen und zielt dabei auf die Verknüpfung von Anwendungssystemen entlang der betrieblichen Wertschöpfungskette ab. Vertikale Integration kennzeichnet im Gegensatz dazu die Überbrückung unterschiedlicher Detaillierungs- und Verdichtungsgrade von Informationsinhalten (vgl. Kromer 2001, 37). Hierunter ist die Weiterverwertung von Daten aus den operativen Informationssystemen in einem unternehmensweiten Management-Informationssystem als oberster Ebene der betrieblichen Informationspyramide zu verstehen (vgl. Scheer 1998, 6).

Die letzte Begriffskomponente ist die Integrationsreichweite. Hier kann die innerbetriebliche von der zwischenbetrieblichen Integration unterschieden werden (vgl. Mertens et al. 2001, 84). Innerbetriebliche Integration kennzeichnet den Verknüpfungszustand der Integrationsobjekte innerhalb eines Unternehmens. Zwischenbetriebliche Integration kennzeichnet die Nutzung der Daten eines Unternehmens in mindestens einem weiteren Unternehmen, was eine unternehmensübergreifende Abstimmung der Anwendungssysteme und Daten erfordert (vgl. Scheer 2002, 25; für weitergehende Differenzierungen vgl. Mertens 1997, 5).

2.3 Abgrenzung des Untersuchungsgegenstandes

Die vorliegende Arbeit befindet sich thematisch an der Schnittstelle zweier wissenschaftlicher Disziplinen. Ihr wesentliches Ziel ist es, unter Berücksichtigung transaktionsindividueller Umweltfaktoren ein Prozessmodell zur Integration der IT-Infrastrukturen beider beteiligter Unternehmen bei M&A zu entwickeln. Das grundlegende Erkenntnisziel liegt dabei in den Fragestellungen zur Planung, Umsetzung und Kontrolle einer effizienten Integration von Unternehmensressourcen bei M&A.

Demzufolge ist diese Arbeit der M&A-Forschung zuzuordnen. Da jedoch lediglich solche Fragestellungen aus der M&A-Forschung identifiziert und diskutiert werden sollen, die einen Bezug zu betrieblichen IT-Ressourcen aufweisen, kann diese Arbeit ebenso in die Disziplin der Wirtschaftsinformatik eingeordnet werden. Dieser interdisziplinäre Charakter der Arbeit hat zur Folge, dass weder der Integrationsbegriff der M&A-Forschung noch jener der Wirtschaftsinformatik für die vorliegende Problemstellung in Gänze geeignet erscheinen. Im Folgenden soll deshalb ein eigenes Begriffsverständnis gefunden werden. Dazu soll das allgemeine Begriffsverständnis von Integration in der M&A-Forschung auf die spezifische Ressourcenkategorie IT-Infrastruktur eingeschränkt werden. Zusätzlich soll der zustandsorientierte Integrationsbegriff der Wirtschaftsinformatik als Output-Komponente des IT-Integrationsprozesses bei der Begriffsfestlegung berücksichtigt werden. IT-Integration bei M&A-Projekten kennzeichnet demnach

- den Prozess
- des Transfers und/oder der veränderten Nutzung der Informationsverarbeitungsressourcen
  - Hardware und Systemsoftware,
  - Anwendungssysteme und Daten,
  - IT-Organisation und -Mitarbeiter
- zur Realisierung des fachseitig erforderlichen Zustands der Verknüpfung der betrieblichen Funktionen der an einer Transaktion beteiligten Unternehmen
- mit dem Ziel, Synergiepotenziale zu erschließen

(vgl. bezüglich der Informationsverarbeitungsressourcen Kromer 2001, 38 und Abschnitt 4.1).

Die vier Komponenten der Begriffsfestlegung sollen nun weiter erläutert werden. So soll im Folgenden eine prozessorientierte Konzeption von IT-Integration zur Anwendung kommen. Das bedeutet, dass IT-Integration eine Abfolge von Aufgaben zur Zusammenführung mit sachlogischer und zeitlicher Folgestruktur kennzeichnet. IT-Integration umfasst dabei sowohl dem formalen Vollzug der Transaktion vorgelagerte Vorbereitungs- und Planungsaktivitäten als auch diesem Zeitpunkt nachgelagerte Umsetzungsmaßnahmen, und kann sich auf diese Weise über den gesamten M&A-Prozess erstrecken. Diese Definition trägt dem Erkenntnisinteresse Rechnung, die Zielfindung, Planung, Realisierung und Kontrolle der Veränderung der Ausstattung und Nutzung von IT-Ressourcen in den beteiligten Unternehmen zu beschreiben.

Gegenstand der IT-Integration sind nach dieser Definition betriebliche Informationsverarbeitungsressourcen. IT-Integration beschreibt dabei, in welcher Form solche Ressourcen der an einer Transaktion beteiligten Unternehmen verzahnt werden. Die Zusammenführung kann dabei durch Transfers und/oder Nutzungsveränderungen materieller und immaterieller IT-Ressourcen erfolgen. Im Rahmen der vorliegenden Arbeit werden die Ressourcen Hardware, Systemsoftware, Anwendungssystem, Daten, IT-Organisation und IT-Mitarbeiter betrachtet. Eine weitergehende Detaillierung dieser IT-Ressourcen findet sich in Abschnitt 4.1.

Das zustandsorientierte Begriffsverständnis von Integration aus der Wirtschaftsinformatik findet durch die Berücksichtigung der betrieblichen Funktionen Eingang in die Begriffsfestlegung von IT-Integration bei M&A. Dies geschieht, indem die inhaltliche Ausgestaltung des Transfers bzw. der Nutzungsänderung von IT-Ressourcen unter die Bedingung gestellt wird, dass die entsprechenden Maßnahmen der Herstellung eines adäquaten Zustands der Verknüpfung der betrieblichen Funktionen der an einer Transaktion beteiligten Unternehmen zu dienen haben.

Als IT-Integration sollen in der vorliegenden Arbeit weiterhin lediglich solche Verknüpfungen von IT-Ressourcen bezeichnet werden, die mit dem Ziel der Erschließung von Synergiepotenzialen realisiert werden. Diese Definition schließt neben Synergiepotenzialen, die in der IT-Infrastruktur selbst gegeben sind, auch

Synergiepotenziale in anderen betrieblichen Funktionsbereichen ein, sofern diese durch die Nutzungsänderung oder den Transfer von IT-Ressourcen realisiert werden. Dagegen ist die ausschließlich zum Zweck einer isolierten, unternehmensindividuellen Optimierung realisierte Nutzungsveränderung von IT-Ressourcen in dieser Arbeit nicht als IT-Integration anzusehen.

3 Der M&A-Prozess

3.1 Grundlagen des M&A-Prozesses

3.1.1 Grundlagen der Prozessorganisation

In Abschnitt 1.1 wurde auf die Bedeutung hingewiesen, die die IT-Integration für den Gesamterfolg eines M&A-Projekts besitzt. Um diesen erfolgswirksamen Einfluss näher bestimmen und handlungsleitend beschreiben zu können, wurde in Abschnitt 1.3 auf die konsequente Prozessorganisation als Erfolg versprechende Konzeption von M&A-Projekten verwiesen. Bevor jedoch der M&A-Prozess dargestellt werden kann, ist zunächst ein tieferes Verständnis über die prozessorientierte Gestaltung von solchen Projekten zu gewinnen. Dabei ist zu berücksichtigen, dass die Prozessorientierung als Organisationstheorie primär aus dem Bereich der Gestaltung der Unternehmensorganisation stammt. Nun folgend sollen daher einleitend die Grundlagen der Prozessorganisation dargestellt werden. Im Anschluss wird die Verwendbarkeit der geschilderten Konzepte auf M&A-Projekte erörtert.

Ein Prozess in einem Unternehmen lässt sich als eine inhaltlich abgeschlossene, zeitliche und sachlogische Abfolge von Aktivitäten definieren, die zur Erreichung eines für das Unternehmen relevanten Ziels notwendig sind (vgl. Becker/Kugeler/Rosemann 2000, 4; Kosiol 1962, 32). Die Gesamtheit aller Prozesse bildet die Ablauforganisation eines Unternehmens (vgl. Lucks/Meckl 2002, 51; Bea/Göbel 1999, 286). Demgegenüber bildet die Aufbauorganisation die Gliederung der Unternehmung in Teilsysteme wie beispielsweise Divisionen oder Abteilungen ab, innerhalb derer die Prozesse ablaufen (vgl. Krüger 1993, 119-120).

Prozessbezogene Organisationseinheiten

In Wissenschaft und Praxis der Organisationsgestaltung gewann im vergangenen Jahrzehnt die Prozessorientierung durch das von Hammer und Champy (1993) vorgestellte „Business Process Reengineering“ an Bedeutung (vgl. auch Töpfer 1996, 5). Die grundlegende Idee des Business Process Reengineering besteht in der fundamentalen Neuorganisation eines Unternehmens durch eine konsequente Orientierung an den Leistungserstellungs- und Verwaltungsabläufen (vgl. Lucks/Meckl 2002, 52). Dabei sind die entsprechenden Organisationseinheiten so zu entwickeln, dass möglichst alle Aufgaben, die zur Durchführung eines Prozesses notwendig sind, in einer auf diesem Prozess fokussierten Organisationseinheit zusammengefasst werden. Durch Konzentration der Aufgabenträger eines Prozesses an einem Ort lassen sich Kommunikationsbeziehungen zur Leistungserstellung vereinfachen und die Zahl der Aufgabenträger pro Vorgang reduzieren, wodurch die Effizienz der zur Leistungserstellung erforderlichen Kommunikationsbeziehungen steigt (vgl. Steffens 1998, 22).

Die Basis einer Verbesserung der Ablauforganisation ist dabei die Identifikation verschiedener „Hierarchieebenen“ von Prozessen (vgl. Lucks/Meckl 2002, 52). Zunächst kann dabei gemäß Porters „Wertkette“ (vgl. 1989, 59-61) zwischen Kern- und Unterstützungsprozessen unterschieden werden. Kernprozesse sind für die Wettbewerbsfähigkeit des Unternehmens als erfolgskritisch anzusehen (vgl. genauer z.B. Krüger 1993, 121-122). Unterstützungsprozesse erleichtern die zeit- und inhaltsgerechte Erfüllung der Ziele und Effizienzkennzahlen der Kernprozesse. Daneben lassen sich die Prozesse auch ihrem Inhalt nach in Entscheidungs-, Leistungserstellungs- und Informationsprozesse einteilen (vgl. Meckl 2000, 38).

Im Idealfall sollte nur eine Verantwortungsinstanz für die Gestaltung und den Ablauf eines gesamten Einzelgeschäftsprozesses verantwortlich sein (vgl. Steffens 1998, 23; Harrington 1991, 49). Beim Entwurf eines Prozesses muss immer der gesamte Geschäftsprozess fokussiert werden, so dass nicht nur Teilabschnitte des Prozesses optimal geformt werden, sondern der Gesamtprozess sein Optimum erreicht (vgl. Gaitanides 1983, 65; Steffens 1998, 25). Bei der Gestaltung eines Prozesses müssen dementsprechend die Schnittstellen innerhalb des Gesamtprozesses, die durch die Verknüpfung der Teilabschnitte des Prozesses entstehen, berücksichtigt werden (vgl. Steffens 1998, 26).

Prozesskoordination

Innerhalb einer betrieblichen Prozessorganisation laufen eine Vielzahl interdependenter Prozesse ab. Zum Einen muss daher eine zielgerichtete Koordination der Interaktionen zwischen den Einzelprozessen sichergestellt werden (vgl. Lucks/Meckl 2002, 53 und 288-301). Zum Anderen muss der Austausch in den Schnittstellen zwischen den Prozessen durch ein Schnittstellenmanagement koordiniert werden (vgl. Brockhoff/Hauschildt 1993, 398-403; Meckl 1996, 84-87).

Betonte Delegation und Abflachung der Hierarchie

Durch die Zusammenfassung von Aufgaben in einer Prozessorganisation erhöht sich das Aufgabenspektrum der beteiligten Mitarbeiter. Daher sind die Kompetenzen dieser Mitarbeiter zu erhöhen (vgl. Steffens 1998, 24; Ulrich 1980, 433; Hammer/Champy 1994, 86). Entscheidungen werden in einer Prozessorganisation seltener an vorgesetzte Stellen weitergereicht. Dies führt zu verkürzten Entscheidungswegen und flacheren Hierarchien (vgl. Steffens 1998, 24).

Prozessorientierte Führung und Motivation der Mitarbeiter

Aufgrund der Delegation und Abflachung von Hierarchien sind die Führungskonzepte so zu ändern, dass die Distanz zwischen Vorgesetzten und Mitarbeitern abgebaut wird (vgl. Steffens 1998, 27). Der Vorgesetzte muss insbesondere in der Lage sein, gemeinsam mit seinen Mitarbeitern eine Problemlösung zu erarbeiten und diese bei der Umsetzung der Lösung zu unterstützen (vgl. Hammer/Champy 1994, 86). Die Mitarbeiter müssen hingegen zunehmend in der Lage sein, im Team zu arbeiten und übergreifend zu denken. Diese benötigten Eigenschaften für Vorgesetzte und Mitarbeiter müssen durch prozessorientierte Anreizkonzepte, die die Verantwortlichkeit des Mitarbeiters und des Vorgesetzten für den Gesamtprozess unterstreichen, gefördert werden (vgl. Steffens 1998, 27-28).

Prozessorientierte Steuerungs- und Kontrollsysteme

Mit dem Übergang von der verrichtungsorientierten zur geschäftsprozessbezogenen Organisation müssen die Steuerungs- und Kontrollsysteme eines Unternehmens auf geschäftsprozessorientierte Informationsbereitstellung ausgerichtet werden. Die Steuerungs- und Kontrollsysteme des Unternehmens sollen dabei eine ganzheitliche Betrachtung der Prozessleistung in den Parametern Qualität, Durchlaufzeit und Prozesskosten erlauben (vgl. Gaitanides et al. 1994, 58) und die Weiterentwicklung der Prozesse ermöglichen (vgl. Österle/Saxer/Hüttenhain 1994, 466; vgl. allgemein zu Prozess-Controlling Heilmann 1996).

3.1.2 Struktur des M&A-Prozesses

Wie in der betrieblichen Organisation ist auch im Rahmen eines M&A-Projekts eine Vielzahl von inhaltlich unterschiedlichen Aufgaben abzuarbeiten, die in einem teilweise komplizierten Geflecht von Input-Output-Beziehungen zueinander stehen und aufeinander aufbauen, so dass auch hier eine Prozessbetrachtung gerechtfertigt erscheint (vgl. Lucks/Meckl 2002, 54; Meckl 2005, 455). Die wichtigsten inhaltlichen Schritte eines M&A-Projekts und eine Einordnung dieser einzelnen Aufgaben in eine grobe Prozessstruktur ist in Abbildung 2 dargestellt.

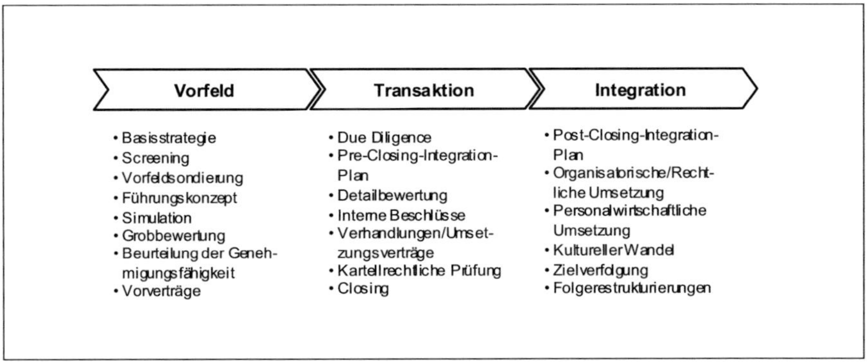

Abbildung 2: Einzelaufgaben und Phaseneinteilung eines M&A-Projekts (vgl. Lucks/Meckl 2002, 54)

Eine genauere Unterteilung des M&A-Prozesses in seine Teilprozesse anhand der Gleichartigkeit der zu erfüllenden Aufgaben und der dazu notwendigen Kompetenzen, die in ihrer Gesamtheit ebenfalls alle wichtigen Aktivitäten des M&A-Prozesses abdecken, ist in Abbildung 3 vorgenommen worden. Zur Verbesserung der Übersichtlichkeit und Steuerungsmöglichkeit wurden die Teilprozesse dabei in Kernprozesse und Unterstützungsprozesse hierarchisiert. Das Hauptaugenmerk bei der Steigerung der Erfolgsträchtigkeit eines M&A-Projekts sollte dabei auf den Kernprozessen liegen (vgl. Lucks/Meckl 2002, 55).

Das Ziel des logisch und zeitlich ersten Kernprozesses „Strategieplanung M&A“ ist zunächst die Überprüfung der grundsätzlichen Sinnhaftigkeit von externem Wachstum durch M&A im Vergleich zu endogenem Wachstum oder Kooperationsformen ohne Eigenkapitalbeteiligung. Der zweite Kernprozess ist der „Strukturentwicklungs- und -durchsetzungsprozess“ (Strukturprozess). Sein Ziel liegt in der Festlegung und Abwicklung der Deal-Struktur der M&A-Transaktion. Die wesentlichen Komponenten dieses Teilprozesses wie etwa die Erstellung und Verhandlung der Verträge oder die Entwicklung der Geschäftspläne liegen damit zwar in der Transaktionsphase, die Maßnahmenentwicklung der Integrationsphase zählt aber genauso zum Strukturprozess. Das Ziel des dritten Kernprozesses „Personalveränderungsprozess“ liegt in der effizienten Behandlung aller Fragen, die mit dem Faktor Personal im M&A-Gesamtprozess zu tun haben. Die wesentlichen Aufgaben und Maßnahmen beziehen sich auf die Umwälzungen im Personalbereich in der Integrationsphase.

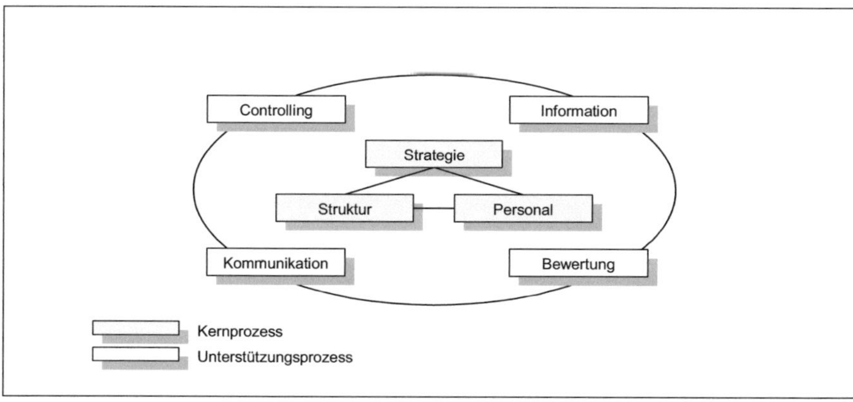

Abbildung 3: Die Teilprozesse des M&A (vgl. Lucks/Meckl 2002, 56)

Wie ein Blick auf Abbildung 3 zeigt, decken die drei Kernprozesse nicht alle Aktivitäten des M&A-Prozesses ab (z.B. Due Diligence). Eine Reihe von Aktivitäten ist zwar für den M&A-Prozess nicht zwingend erforderlich, leistet aber einen Beitrag zur Erhöhung der Erfolgswahrscheinlichkeit, indem sie die Kernprozesse informatorisch oder instrumentell unterstützen. Sie werden in Unterstützungsprozessen zusammengefasst.

Der erste Unterstützungsprozess ist „Information“, dessen Ziel es ist, die Kompetenzträger der Kernprozesse zum richtigen Zeitpunkt mit den nötigen Projektinformationen zu versorgen. Eine Prozessbetrachtung ist gerechtfertigt, weil die Informationsversorgung während des gesamten M&A-Prozesses zu erfolgen hat, wobei sich die Informationsversorgung üblicherweise im Projektverlauf in Bezug auf Quantität und Qualität verbessert. Der Schwerpunkt dieses Prozesses liegt aber in der Transaktionsphase in der Maßnahme „Due Diligence“.

Um Sicherzustellen, dass durch ein M&A-Projekt eine Wertsteigerung im Unternehmen zu erwarten ist, ist es die Aufgabe des Unterstützungsprozesses „Bewertung“ zur Ermittlung der Kaufpreisobergrenze den Wert des zu kaufenden Unternehmens einschließlich der erwarteten Netto-Synergien zu ermitteln.

Im Rahmen eines M&A-Projekts fallen vielfältige Kommunikationsnotwendigkeiten an. Das Ziel des dritten Unterstützungsprozesses „Kommunikation“ ist daher eine adäquate inhaltliche und zeitliche Bereitstellung von Informationen gegenüber beteiligten Interessengruppen. Am Ende der Transaktionsphase handelt es sich dabei vor allem um unternehmensexterne Gruppen. In der Integrationsphase lässt sich die Wertsteigerung durch die Kommunikation mit den eigenen - und den Mitarbeitern des erworbenen Unternehmens sichern.

Die Komplexität eines M&A-Projekts macht darüber hinaus ein Controlling notwendig. Wie das klassische Controlling sollte auch ein M&A-Controlling eine Prämissen-, Fortschritts-, und Konsistenzkontrolle enthalten, und bei Abweichungen durch die Initiierung korrigierender Maßnahmen den Erfolg des M&A-Projekts sichern. Da sich diese Maßnahmen über die gesamte Projektdauer erstrecken, erscheint ein „Controllingprozess“ als vierter Unterstützungsprozess notwendig.

Zur genaueren Beschreibung der einzelnen Teilprozesse ist es notwendig, schwerpunktmäßig die M&A-Aktivitäten aus Abbildung 2 den Teilprozessen zuzuordnen. In Abbildung 4 wird eine solche Zuordnung vorgenommen. Die Einzelaufgaben werden in der Grafik den Teilprozessen in der Art zugeordnet, dass ein Quadrat (■) verdeutlicht, dass der jeweilige Teilprozess für die zugeordnete Aufgabe eine Treiberfunktion besitzt. Ein Punkt (•) ordnet solche Aktivitäten den Teilprozessen zu, die einen weniger starken Einfluss besitzen.

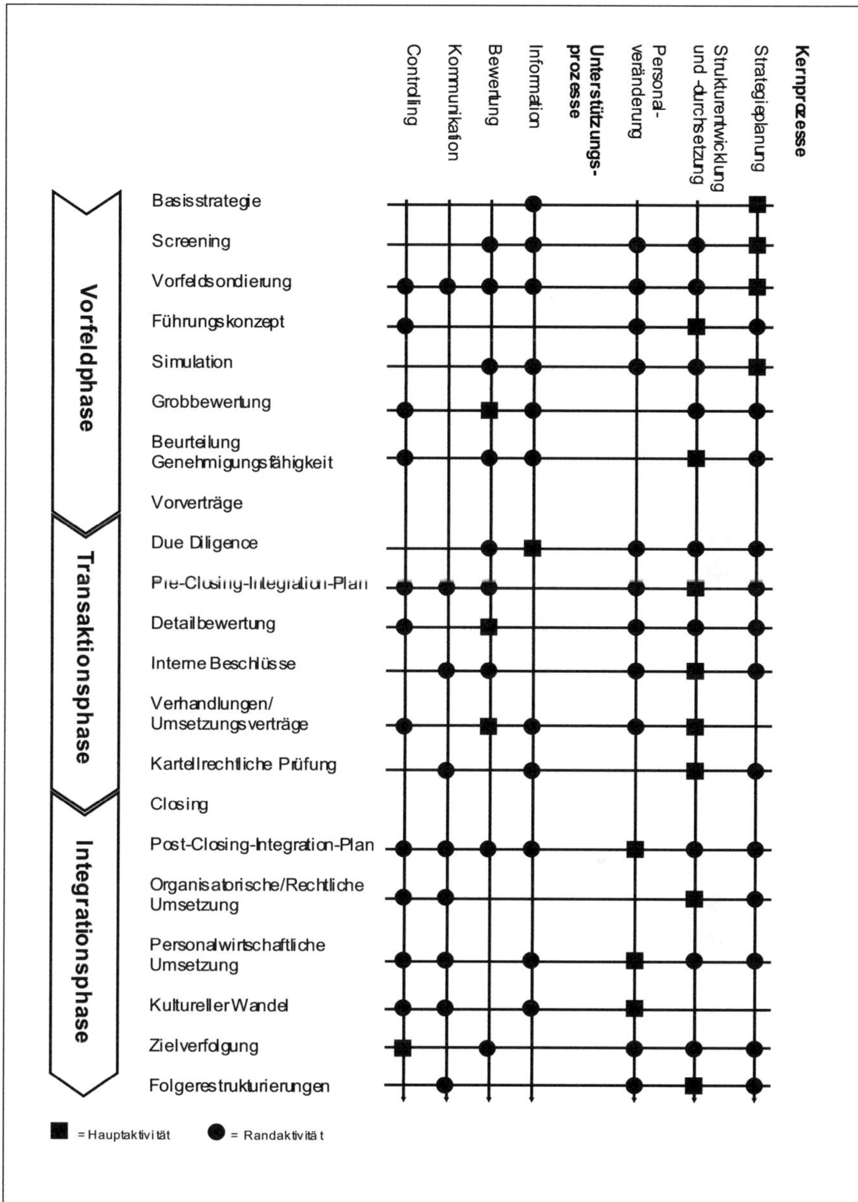

Abbildung 4: Teilprozesse und Einzelaufgaben im M&A-Prozess (vgl. Lucks/Meckl 2002, 59)

Wie die horizontalen Verbindungslinien in Abbildung 4 andeuten, kommt im Rahmen einer M&A-Prozessorganisation aufgrund der starken Wechselwirkungen zwischen den einzelnen Aufgaben auch der Verknüpfung der einzelnen Teilprozesse große Bedeutung zu. Deshalb wird diesem Thema später ein eigener Abschnitt gewidmet (siehe Abschnitt 7).

3.1.3 Bewertung alternativer M&A-Organisationsmodelle

Im Folgenden sollen als alternative Konzeptionen zur Prozess-Sicht kurz das Funktions- und das Matrixmodell vorgestellt werden. Das als Funktionsmodell bezeichnete Grundkonzept der M&A-Organisation leitet sich dabei aus dem funktionalen Organisationsmodell für Gesamtunternehmen ab, so dass sich seine organisatorischen Elemente aus den M&A-relevanten Funktionen rekrutieren (vgl. Lucks/Meckl 2002, 63):

- Ausschließlich bei M&A tätige Spezialisten
- M&A-unspezifischen Fachfunktionen (z.B. Unternehmensstrategie, Finanzen, Controlling, etc.)
- Operativen Fachfunktionen aus betroffenen Geschäftsbereichen (z.B. Einkauf, FuE, Fertigung, Vertrieb, etc.)

Die Funktionsträger werden zu unterschiedlichen Zeitpunkten im Ablauf des M&A-Projekts eingeschaltet und arbeiten dann ihre Aufgaben parallel und unter dem Gesichtspunkt ihrer jeweilgen Fachfunktion ab. Die Leitungsebene übernimmt die Aufgabe, die einzelnen Fachbeiträge einer Gesamtlösung zuzuführen.

Im Rahmen der Matrix-Organisation arbeiten zwei organisatorische Dimensionen zur Lösung einer Aufgabe zusammen (vgl. Krüger 1993, 95-100). Hier bietet es sich an, die erste Dimension aus den oben dargestellten spezifischen sowie unspezifischen M&A-Funktionen und die zweite Dimension aus den operativen Fachfunktionen zu bilden (vgl. Lucks/Meckl 2002, 66). Eine solche Gliederung der Dimensionen macht insofern Sinn, weil hierdurch der gegenseitige Kontrollgedanke der Matrixorganisation umgesetzt wäre. So erfolgt der M&A-Ablauf über die Knotenpunkte der Matrix, wobei jeder Knotenpunkt zwischen den beiden Dimensionen eine Abstimmung verlangt (siehe Abbildung 5).

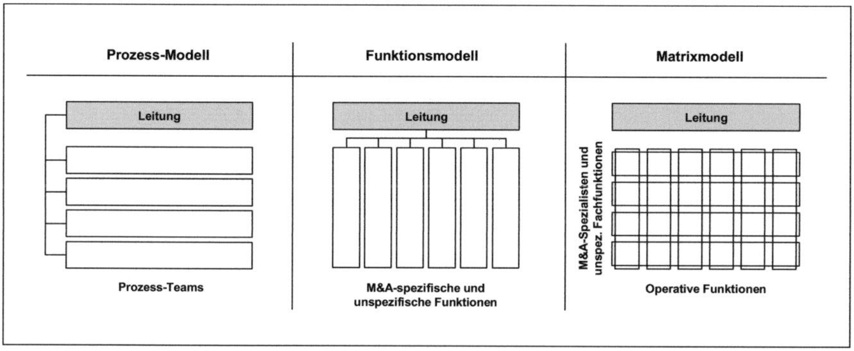

Abbildung 5: Alternative M&A-Organisationsmodelle (vgl. Lucks/Meckl 2002, 61)

Um zu einer relativen Bewertung im Vergleich zum Prozessmodell zu kommen, wurden die Modelle anhand von einzelnen Erfolgskriterien für M&A-Projekte bewertet. Die Resultate einer entsprechenden Bewertung sind in Abbildung 6 dargestellt.

Als Ergebnis aus der Bewertung der verschiedenen Organisationsmodelle ist zu konstatieren, dass die konsequente Prozess-Sichtweise anderen gängigen Abwicklungskonzeptionen überlegen ist (vgl. Lucks/Meckl 2002, 72). Insbesondere die Möglichkeit von Lernprozessen, die Komplexitätsreduktion und die Flexibilität lassen die Prozessorientierung als überlegen erscheinen. Zudem sichert die Durchgängigkeit aller Teilprozesse die Gesamtoptimierung des M&A-Projekts. Die parallele Abarbeitung der Teilprozesse führt bei einer strikten Prozessführung zu Vorteilen bei der Interaktion der Projektbeteiligten und sichert zudem eine Zeitersparnis.

M&A-Erfolgskriterien	Prozess-Modell	Funktionsmodell	Matrixmodell
Gesamtziel-orientierung	• Sichergestellt durch Zielorientierung der einzelnen Teams aufgrund einer „durchgestochenen" Verantwortung	• Fokussierung auf die einzelnen Funktionen kann hinderlich für die Gesamtzielorientierung sein.	• Schwierig durchsetzbar aufgrund der Vielzahl an beteiligten Stellen und Abstimmungswege
Komplexitäts-reduktion	• Unterstützt durch Aufspaltung des Gesamtprozesses in Teilprozesse und deren Hierarchisierung • Risiko einer gesteigerter Komplexität durch Unterschiedlichkeit der Prozess-Struktur und der Makrostruktur des Unternehmens	• Kaum geeignet, da die einzeln optimierten funktionellen Lösungen aufeinander abzustimmen sind, was ein hoch-komplexes organisatorisches und führungstechnischen Problem darstellt.	• Hoch-komplexe Organisationsform aufgrund der häufigen und vielschichtigen Abstimmungs-prozesse
Grad der fachlichen Zielerreichung	• Unter dem vorrangigen Ziel der Prozessoptimierung kann die fachliche Zielerreichung leiden. Durchgängige Beteiligung der Fachdisziplinen gleicht diesen Nachteil aus. • Verhinderung der Durchsetzung eines Fachteams auf Kosten der Gesamtoptimierung	• Gut gewährleistet durch Ausrichtung der Organisationseinheiten auf Optimierung ihrer jeweiligen Teilaufgabe	• Schwer zu gewährleisten, da die vielfältigen Abstimmungsschleifen oft Kompromisse erfordern
Lerneffekte	• Quer-Transfer von Wissen durch dauerhafte Beziehungen zwischen den Prozessteams und Mischbesetzungen gut gewährleistet	• Findet praktisch nur innerhalb der jeweiligen Einzelfunktion statt	• Einfach zu gewährleisten , da Erfahrungsübertragung inhärenter Bestandteil der Organisationsform ist
Flexibilität	• Gut gewährleistet, da das Modell aufgrund der Durchgängigkeit speziell auf kritische Pfade ausgelegt werden kann	• Sehr eingeschränkt, da Anpassungen an eine Änderung der funktions-übergreifenden Rahmenbedingungen praktisch erst auf Gesamt-leitungsebene stattfinden	• Durch die kommunikationsfördernde Struktur können unerwartet auftretende Umweltänderungen gut in das M&A-Projekt eingearbeitet werden

Abbildung 6: Bewertung alternativer M&A-Organisationsmodelle (vgl. zu den Erfolgskriterien Lucks/ Meckl 2002, 60-68)

3.1.4 Effiziente Strukturierung des M&A-Prozesses

Durch die Unterteilung des M&A-Prozesses in mehrere Teilprozesse konnte eine Komplexitätsreduktion der oftmals sehr unübersichtlichen M&A-Projekte erreicht werden (vgl. Lucks/Meckl 2002, 68). Um die Erfolgsaussichten einer M&A-Transaktion weiter zu erhöhen, müssen zusätzlich Effizienzkriterien der Teilprozesse definiert werden, die als Referenzpunkte der inhaltlichen und strukturellen Gestaltung zu Grunde gelegt werden. Das korrekte, aber nur schwer messbare Effizienzkriterium läge hier im Wertbeitrag des M&A-Projekts bezogen auf den Ressourceneinsatz. Aufgrund der mangelnden Messbarkeit des Wertbeitrags sind jedoch Sekundärkriterien heranzuziehen, die eine möglichst enge Beziehung zum Wertbeitrag besitzen (vgl. Lucks/Meckl 2002, 69-70).

So hängt der Wertbeitrag eines M&A-Projekts zum einen von der Qualität der Entscheidungen ab, wie sie zum Beispiel bei der Auswahl eines geeigneten Akquisitionskandidaten oder bei der Festlegung einer geeigneten Unternehmensstruktur zu treffen sind. Die Qualität der Entscheidungen im M&A-Prozess hängt ihrerseits davon ab, dass

- geeignete Instrumente zur Informationsbeschaffung und Problemanalyse vorliegen,
- geeignete Entscheidungsverfahren zum Einsatz kommen,
- alle für eine Entscheidung wichtigen Interdependenzen durch ein geeignetes Schnittstellenmanagement berücksichtigt werden,
- Einzelaufgaben logisch und chronologisch richtig abgearbeitet werden
- und flexibel auf Umweltveränderungen reagiert wird (vgl. Lucks/Meckl 2002, 69).

Negative Auswirkungen auf die Wertschaffung besitzt zudem ein etwaiger Projektverzug aufgrund von Verzögerungen in einem oder mehreren Teilprozessen. Als zweites Effizienzkriterium bietet sich dementsprechend die für die Entscheidungsfindung und Abarbeitung der Einzelaufgaben benötigte Zeit an. Diese Teilprozessdurchlaufzeit wird ihrerseits von folgenden Einflussfaktoren bestimmt (vgl. Lucks/Meckl 2002, 69):

- Dauer der Abarbeitung der Einzelaufgaben,
- benötigte Zeit für die Abstimmung zwischen den Prozess-Stufen,
- Dauer und Anzahl der notwendigen Iterationsschleifen im Prozess,
- Dauer der prozessexternen Abstimmung.

Der Ressourceneinsatz als Aufwandsseite wird durch die Kosten der Transaktion gebildet. Hierzu zählen Personal- und Sachausgaben, die direkt dem M&A-Prozess zuzurechnen sind. Darüber hinaus sind Opportunitätskosten zu berücksichtigen, die beispielsweise entstehen, wenn Mitglieder des operativen Managements aufgrund ihrer Tätigkeit für das M&A-Projekt ganz oder teilweise nicht mehr dem operativen Geschäft zur Verfügung stehen.

Zwei M&A-spezifische Kriterien müssen zusätzlich berücksichtigt werden (vgl. Lucks/Meckl 2002, 70-71). Aufgrund des Alles-oder-Nichts-Charakters von M&A, bei dem ein Projekt entweder durchgeführt oder ohne Ergebnis abgebrochen wird, kommt es darauf an, das Projekt gegebenenfalls an der richtigen Stelle abbrechen zu können, wobei beim Vorliegen von Misserfolgsindikatoren, über die vorab Einigkeit bestehen sollte, möglichst frühzeitig ein Abbruch herbeizuführen ist. Die Abbruchsoption ist daher so lange wie möglich offen zu halten. Ein letztes Kriterium für die Effizienz des M&A-Prozesses besteht in der Durchlässigkeit zwischen den Kern- und Unterstützungsprozessen, die trotz ihres jeweiligen Schwerpunkts auch interdependent auf die übrigen Teilprozesse Einfluss nehmen sollen, damit die Ergebnisse des einen Teilprozesses Auswirkungen in den anderen Teilprozessen anstoßen können.

3.2 Die Teilprozesse des M&A

3.2.1 Der Strategieplanungsprozess

Einordnung und Ziele

Der erste Kernprozess eines M&A-Projekts ist der Strategieplanungsprozess, der die grundlegenden Fragen zur Sinnhaftigkeit eines M&A-Projekts beantworten soll, und somit seinen Schwerpunkt in der Vorfeldphase hat. Die hier relevanten Fragen beziehen sich darauf, ob externes Wachstum durch M&A in der gegebenen Situation im Vergleich zu internem Wachstum oder einer unternehmensübergreifenden Zusammenarbeit ohne Kapitalbeteiligung die beste Alternative zum Erreichen des übergeordneten Unternehmensziels der Wertsteigerung ist (vgl. Lucks/Meckl 2002, 74).

Der Strategieplanungsprozess in der Vorfeldphase

Abbildung 4 zeigt die inhaltlichen Aktivitäten des Strategieplanungsprozesses. Die erste Hauptaktivität innerhalb des Strategieplanungsprozesses ist die Entwicklung und Anwendung einer *Basisstrategie*, die zum Einen die Frage beantworten soll, ob M&A diejenige Handlungsalternative darstellt, mit der sich die strategischen Unternehmensziele mit der größten Wahrscheinlichkeit erreichen lassen, und zum Anderen einen Aufschluss darüber geben soll, welche konkreten Ziele mit einer solchen Transaktion verfolgt werden.

Zu diesem Zweck müssen die Alternativen zur Erfüllung der strategischen Unternehmensziele bekannt sein. Abbildung 7 gibt hier einen Überblick. Für das einzelne

Geschäftsfeld stehen demnach die zwei Grundoptionen Wachstum oder Rückzug offen.

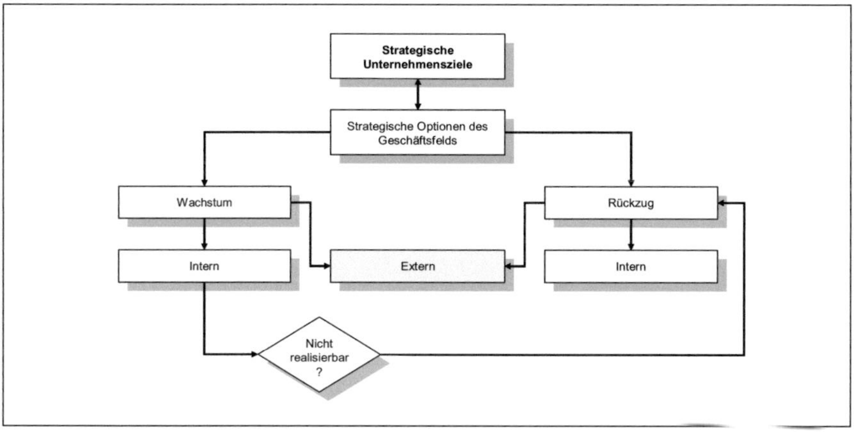

Abbildung 7: Strategische Grundsatzoptionen (vgl. Lucks/Meckl 2002, 77)

Die Wachstumsalternative ist generell dann zu empfehlen, wenn die Geschäftseinheit in einem attraktiven und schnell wachsenden Markt liegt, und eine realistische Chance zu einer Erfolg versprechenden Positionierung in diesem Markt gegeben ist. Die Rückzugsvariante ist zu empfehlen, wenn kein dauerhafter Wettbewerbsvorteil in dem Geschäftsfeld zu erwarten ist. Hier bieten Portfoliokonzepte eine Möglichkeit, solche Kriterien zu prüfen (vgl. dazu Hungenberg 2001, 369-399).

Ein interner Rückzug bedeutet, dass die Aktivitäten eingestellt werden. Der externe Rückzug bezeichnet die Veräußerung der betreffenden Geschäftsbereiche. Auch bei der Wachstumsalternative stehen zwei Möglichkeiten offen. Während internes Wachstum durch die üblicherweise zeitaufwendige Bereitstellung eigener Kapital- und Personalressourcen angestrebt wird, lassen sich im Fall des externen Wachstums durch Zukäufe sprunghaft Marktanteile gewinnen. Sollte Wachstum weder intern noch extern möglich sein, bleibt entsprechend Abbildung 7 nur noch die Rückzugsoption.

Bezüglich der konkreten strategischen Ziele einer M&A-Transaktion lassen sich für ein Geschäftsfeld drei Zielkategorien identifizieren (vgl. für einen Überblick über M&A-Ziele Sautter 1989, 130-278). Das Ziel Portfoliooptimierung ist durch den Zukauf eines Geschäftsfelds erreichbar. Internationalisierung in attraktive Märkte ist als Ziel durch regional orientierte Zukäufe zu verfolgen. Als dritte Zielkategorie können durch M&A auch möglicherweise bestehende technologische Lücken geschlossen werden. Das anzustrebende Akquisitionsziel sollte jedoch in jedem Fall aus einer Stärken-/Schwächenanalyse des eigenen Unternehmens abgeleitet werden (vgl. zur Vorgehensweise Kohlöffel 2000, 146).

Die zweite Hauptaktivität des Strategieplanungsprozesses ist das *Screening*, deren Ergebnis eine Rangordnung von möglichen Akquisitionskandidaten nach ihrer Eignung als Übernahmeobjekt ist. Beim Screening ist der erste Schritt die Erstellung einer Liste sämtlicher möglicher Kandidaten ohne weitergehende Einschränkungen. Aus dieser Liste wird im Anschluss die Rangordnung unter den Gesichtspunkten „Strategic -, Cultural - und Financial Fit" gebildet. Dazu wird zunächst der *Strategic Fit* zwischen Akquisiteur und Akquisitionsobjekt geprüft. Dieser Fit hängt unmittelbar von den strategischen Zielen ab. Sind die Ziele beispielsweise regional ausgerichtet, würden sich solche Akquisitionskandidaten als vorteilhaft erweisen, deren Umsatzpotenzial sich in den anvisierten Zielmärkten konzentriert.

Der nächste Schritt im Screening besteht in der Prüfung der Vereinbarkeit der beiden Unternehmenskulturen im Rahmen des *Cultural Fit* (vgl. zur Unternehmenskultur z.B. Schreyögg 1990; Drumm 1991; vgl. zum Einbezug verschiedener Sozio-Kulturen bei internationalen M&A z.B. Lucks/Meckl 2001, 84-85; vgl. zu soziokulturellen Unterschieden generell Hofstede 1991). Der letzte Schritt im Screening ist die Prüfung des *Financial Fit*. Dabei geht es vor allem um die Prognose des künftigen Kaufpreises und die zur Finanzierung notwendige Fremdkapitalaufnahme, sowie die daraus resultierenden Belastungen für das Unternehmensergebnis.

Im Rahmen der folgenden Hauptaktivität *Vorfeldsondierung* ist der in der Screening-Rangliste an Platz eins gesetzte Kandidat als erstes zu kontaktieren und sein grundsätzliches Interesse an einer Zusammenarbeit zu erforschen (vgl. Lucks/Meckl 2002, 86).

Die erste Randaktivität des Strategieplanungsprozesses ist die Entwicklung eines *Führungskonzepts*. Der Treiber dieser Maßnahme ist der Strukturentwicklungs- und -durchsetzungsprozess. Die Aufgabe des Strategieplanungsprozesses ist es daher lediglich, die Sicherstellung und Nachvollziehbarkeit der strategischen Ziele im Führungskonzept zu gewährleisten.

Die Hauptaktivität *Simulation* verfolgt im Anschluss das Ziel, den Ergebnisbeitrag, den die durch die Transaktion hinzugewonnene und in die eigenen Aktivitäten integrierte Einheit liefern wird, zu schätzen. Zur Simulation wird zum Einen auf die Datenbasis des Screening und der Vorfeldsondierung zurückgegriffen. Zum Anderen wird der organisatorische Rahmen des Führungskonzepts zur Modellierung herangezogen. Die Simulation an sich besteht aus zwei Komponenten (siehe Abbildung 8).

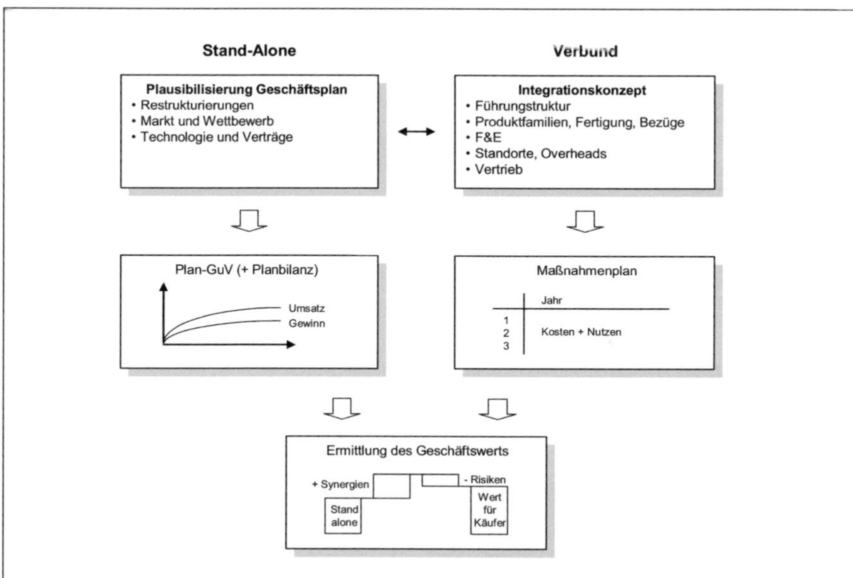

Abbildung 8: Simulation der integrierten Einheit (vgl. Lucks/Meckl 2002, 89)

In der ersten Komponente wird der Kandidat als unabhängiges Unternehmen angenommen und auf diese Weise über eine Cash-Flow-Modellierung, Plan-GuV und

Planbilanz sein Stand-Alone-Wert ermittelt. In der zweiten Komponente der Simulation wird die Verbundsituation abgebildet. Dazu werden die durch die Akquisition zusätzlich oder substitutiv anfallenden Maßnahmen und die daraus resultierenden Konsequenzen für den Cash-Flow quantifiziert. Dazu muss bereits zumindest ein grobes Integrationskonzept vorliegen, das die wichtigsten Maßnahmen zur Synergierealisierung wie etwa die Gestaltung des künftigen Produktprogramms, das Standortportfolio in den Bereichen Produktion und Vertrieb und die zukünftige Verwaltungsstruktur festlegt (vgl. Lucks/Meckl 2002, 90).

Beide Komponenten der Simulation werden in der Aktivität *Grobbewertung* zusammengeführt, indem durch Diskontierung der beiden ermittelten Zahlungsströme ein Unternehmenswert aus Käufersicht ermittelt wird. Treiber dieser Aktivität ist jedoch der Bewertungsprozess. Die Funktion des Strategieprozesses ist folglich für die Grobbewertung lediglich von informatorischer Art. Ähnliches gilt für die Randaktivität *Beurteilung der Genehmigungsfähigkeit*. Durch die Daten der Simulation kann hier insbesondere geschätzt werden, ob die integrierte Einheit in ihrem Markt eine beherrschende Stellung einnehmen würde, und folglich eine Kollision mit dem Kartellrecht entstünde. Die Vorfeldphase endet mit der Unterzeichnung eines Letter of Intent (vgl. Lucks/Meckl 2002, 91).

Der Strategieplanungsprozess in der Transaktionsphase

In der Transaktionsphase fallen für den Strategieplanungsprozess lediglich Randaktivitäten an, wie Abbildung 4 veranschaulicht. Permanentes Ziel ist dabei die Sicherstellung der Strategiekonformität. Insbesondere in der Transaktionsphase, in der vertraglich kaum bindende Regelungen gelten, kann die Kompromissbereitschaft der Handelnden immer wieder zu Strukturen und Festlegungen führen, die den originären strategischen Zielen zuwiderlaufen. Dies betrifft in besonderem Maß die Aktivitäten *Pre-Closing-Integration-Plan, Interne Beschlüsse* und *Verhandlungen/Umsetzungsverträge*.

Daneben gilt es in den übrigen Randaktivitäten *Due Diligence*, *Detailbewertung* und *kartellrechtliche Prüfung* eine saubere Informationsbereitstellung und -verarbeitung zu praktizieren. So liefert beispielsweise die Simulation den Ausgangspunkt der weiteren Detaillierung in der Due Diligence. Im Gegenzug sind Informationen aus der Due Diligence zur Verifizierung der Annahmen aus der strategischen Planung heranzuziehen, so dass bei grundlegenden Differenzen die Strategieverantwortlichen möglichst frühzeitig auf einen Abbruch des Projekts drängen können.

Der Strategieplanungsprozess in der Integrationsphase

In der Integrationsphase gilt für den Strategieprozess ähnliches wie in der Transaktionsphase. Der Unterschied ist jedoch, dass ein Abbruch der Transaktion nicht mehr möglich ist. Daher kommt es auf die strategiegerechte Umsetzung an, weshalb es sinnvoll ist, die Mitglieder des Strategieprozesses auch in die Umsetzungsteams einzubinden. Insbesondere der *Post-Closing-Integration-Plan* bedarf nun einer strategiekonformen Umsetzung. Die *personalwirtschaftliche Umsetzung* ist aus Sicht der Strategieplanungsprozesses so zu unterstützen, dass relevante Qualifikationen auf individueller Ebene nicht verloren gehen. Die *Zielverfolgung* baut auf den Vorgaben der strategischen Planung der Vorfeldphase auf. Hier ist eine adäquate Informationsversorgung zu gewährleisten. Falls wesentliche Ziele der Transaktion nicht erreicht werden konnten, sind anschließend *Folgerestrukturierungen* im Hinblick auf die Gesamtunternehmensstrategie zu gestalten.

3.2.2 Der Strukturentwicklungs- und -durchsetzungsprozess

Einordnung und Ziele

Der Strukturentwicklungs- und -durchsetzungsprozess (Strukturprozess) stellt den zweiten Kernprozess dar. Inhaltlich wie zeitlich richtet er sich am Strategieplanungsprozess aus. Sein Schwerpunkt liegt in der Transaktionsphase. Die Ziele dieses Prozesses liegen zum Einen in der Festlegung der Deal-Struktur im Rahmen der Vertragsverhandlungen, der Geschäftsplanentwicklung oder auch der Abwicklung der kartellrechtlichen Genehmigungsverfahren. Zum Anderen zählen zu den Zielen aber auch die Entwicklung und Durchsetzung einer Aufbau- und Ablauforganisation sowie eines Führungskonzepts für die integrierte Einheit.

Inhalte des Strukturprozesses in der Vorfeldphase

Abbildung 4 verdeutlicht die inhaltlichen Aktivitäten des Strukturprozesses in der Vorfeldphase. Nachdem im Strategieplanungsprozess die Entscheidung für externes Wachstum getroffen wurde, beginnt der Strukturprozess mit der Randaktivität

Screening zur Auswahl des geeignetsten Akquisitionskandidaten. Zur Vorbereitung der Rangliste von Akquisitionskandidaten werden im Strukturprozess Entwürfe erster kandidatenspezifischer Kooperations- und Organisationsmodelle erstellt, auf deren Basis Wertsteigerungspotenziale im Sinne des Strategic - und Financial Fit ermittelt werden können. Genauso ist die *Vorfeldsondierung* eine Randaktivität des Strukturprozesses. Sie bildet die Basis der späteren Verhandlungstaktik im Rahmen der ersten Kontaktaufnahme zum Akquisitionsobjekt (vgl. zu den Grundlagen der Verhandlungsführung z.B. Fisher/Ury/Patton 2000).

Als erste Hauptaktivität fällt die Erstellung eines *Führungskonzepts* an. Grundsätzlich hat diese Aktivität zum Ziel, die gesellschaftsrechtliche und organisatorische Struktur inklusive der Verteilung der Zuständigkeiten und Entscheidungskompetenzen (Corporate Governance) festzulegen. Die gesellschaftsrechtliche Struktur wird in einem ersten Schritt durch die Entscheidung festgelegt, ob eine Akquisition oder eine Fusion angestrebt werden soll. In enger Verknüpfung zu Fragestellungen der Gesellschaftsstruktur sind Entscheidungen zur Deal-Strukturierung wie etwa ein steueroptimales Finanzierungskonzept zu fällen, was hier eine enge Koordination mit dem Bewertungsprozess notwendig werden lässt (vgl. zu Finanzierungsformen und Steueroptimierungskalkülen z.B. Lucks/Meckl 2002, Seite 98-99; Köhler 1999, 51-84; Eilers 2000, 53-88).

Die Bestimmung der Corporate Governance steht bei internationalen Transaktionen stark unter dem Einfluss nationaler Unternehmensrechtsformen, die jeweils eigene Führungs- und Kontrollmuster vorschreiben. (vgl. zu einer Diskussion der Gestaltungsmöglichkeiten unter dem Einfluss nationaler Rechtsformen Leitner/Ladage 1999, 342-347). Die in der Corporate Governance zu entwickelnde Organisationsstruktur legt den grundsätzlichen Rahmen für die später vorzunehmende aufbauorganisatorische Integration fest. Die zentrale Frage lautet dabei, welche Rolle die Zentrale gegenüber dem akquirierten Unternehmen einnehmen möchte. Die Bandbreite der Möglichkeiten reicht von hoher Autonomie und Verantwortlichkeit selbstständiger Tochterunternehmen bis zu strengen Steuerungs- und Kontrollsystemen, mit denen die Zentrale die operative Richtung bestimmt und die Leitung der einzelnen Geschäftseinheiten beeinflusst (vgl. Collis/Montgomery 1998, 28-29, Lucks/Meckl 2002, 100).

Speziell bei internationalen Transaktionen kann die anzustrebende organisatorische Anbindung und Kompetenzausstattung des zu akquirierenden Unternehmens dabei durch Abwägung zwischen der „Tendenz zur globalen Integration“ und der „Tendenz zur lokalen Anpassung“ vorgenommen werden, die idealtypischerweise zu vier Umwelttypologien verdichtet werden können (siehe Abbildung 9).

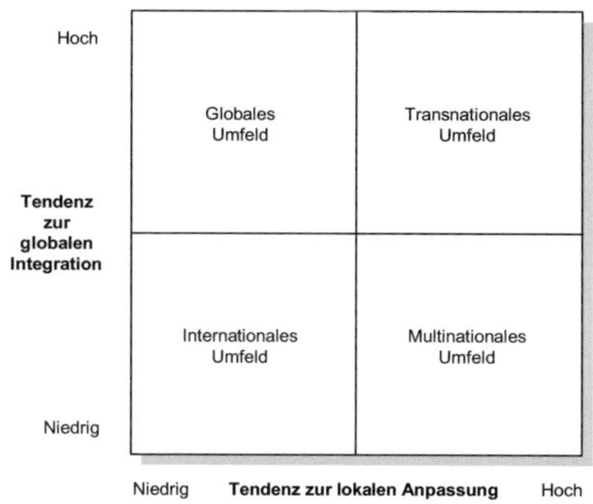

Abbildung 9: Umwelttypologien (vgl. Ghoshal/Noriah 1993, 27)

Aus der jeweiligen Umwelttypologie, der das zu erwerbende Unternehmen ausgesetzt ist, lassen sich passende Organisationsmodelle ableiten, die eine bestimmte Einbindung in das Mutterunternehmen nahe legen. Das internationale -, multinationale -, globale - und transnationale Organisationsmodell spiegeln dabei unterschiedliche Mentalitäten wider und unterscheiden sich nach Verteilung der Entscheidungskompetenzen zwischen der Zentrale und den (Auslands-) Gesellschaften (siehe Abbildung 10).

Die möglichen Grade der Anbindung reichen dabei von hoher Autonomie bis hin zu strengen Steuerungs- und Kontrollsystemen, mit denen die neue Einheit vom Mutterhaus aus geführt wird. Diese Entscheidungen beeinflussen maßgeblich die späteren

Integrationsmaßnahmen, da sie implizit Aussagen zum wirtschaftlichen und kulturellen Integrationsgrad mit sich bringen.

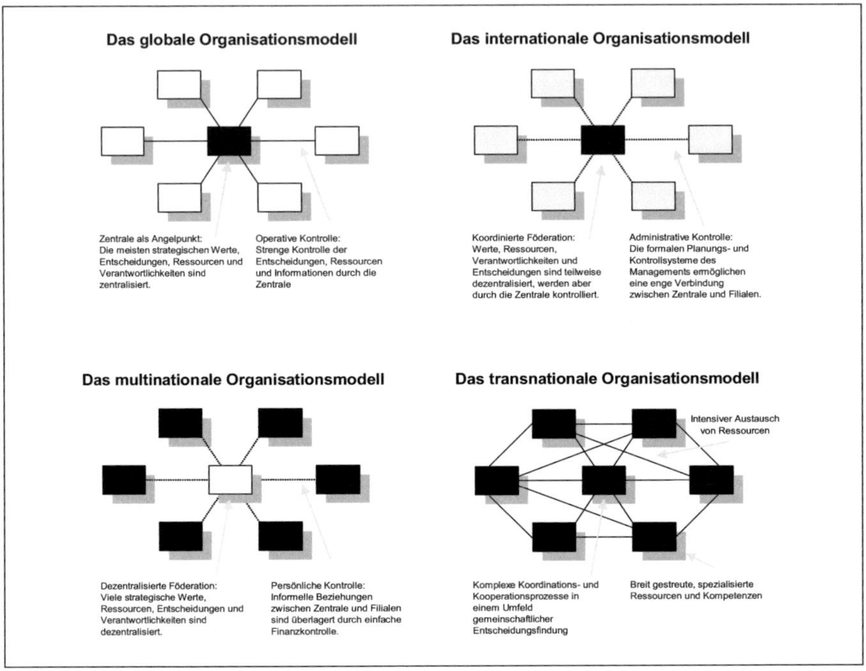

Abbildung 10: Die Organisationsformen nach Bartlett/Ghoshal (vgl. Bartlett/Ghoshal 1989, 50-57)

Zu den Überlegungen zur Führungsstruktur zählt auch die personelle Besetzung der künftigen Leitungs- und Aufsichtsgremien. Diese Personalentscheide sind zusätzlich sensibilisiert, weil sie Aufschluss über die tatsächlich angestrebten Machtverhältnisse geben (vgl. Trauth 2000, 78). Die gleichberechtigte Besetzung des Vorstandvorsitzenden mit je einem Mitglied aus den sich zusammenschließenden Unternehmen als Doppelspitze kann aufgrund von Reibungsverlusten zwischen beiden Personen nur als Übergangslösung dienen (vgl. Hennes 2000, 24). Letztlich sind im Führungskonzept auch Entscheidungen über das Standort-Portfolio zu treffen. Dazu ist eine Vorstellung über das künftige, gemeinsame Produktspektrum und die anzustrebende Wertschöpfungstiefe notwendig (vgl. Carey 2000, 152).

Die *Simulation* und die *Grobbewertung* sind Randaktivitäten des Strukturprozesses. Zur Simulation einer Plan-GuV und Planbilanz im Strategieplanungsprozess sind den Verantwortungsträgern Informationen zum Wertschöpfungskonzept, zum Standortkonzept sowie zur regionalen Ausdehnung und zum Produktprogramm zur Verfügung zu stellen, wie sie im Führungskonzept festgelegt wurden. Darüber hinaus sind Aufwendungen und antizipierte Synergien der Simulation bereitzustellen. Ähnliches gilt für die Grobbewertung im Strukturprozess, deren Treiber der Bewertungsprozess ist.

Bereits in der Vorfeldphase ist eine *Beurteilung der Genehmigungsfähigkeit* der Transaktion vorzunehmen. Diese Hauptaktivität des Strukturprozesses soll gewährleisten, dass die im Führungskonzept vorgeschlagene Standort- und Wettbewerbskonstellation aus kartell- und anderen rechtlichen Gründen genehmigungsfähig ist. Die Vorfeldphase endet typischerweise mit der Unterzeichnung eines Letter of Intent, der maßgeblich von den Verantwortlichen des Strukturprozesses auszugestalten ist, und eine nicht rechtsverbindliche Absichtserklärung zur Durchführung der Transaktion darstellt (vgl. zur rechtlichen Bindungswirkung z.B. Picot 2000a, 93-94).

Der Strukturprozess in der Transaktionsphase

Das Ziel des Strukturprozesses, der in der Transaktionsphase seinen Schwerpunkt besitzt, liegt hier in der Umsetzung der strategischen und strukturellen Konzepte aus der Vorfeldphase. Abbildung 4 verdeutlicht die einzelnen Haupt- und Randaktivitäten. Eine Beteiligung der Verantwortlichen des Strukturprozesses an der Randaktivität *Due Diligence* dient der Sicherstellung einer durchgängigen Betreuung des Strukturprozesses über den gesamten Prozess und der Verfeinerung der früher entwickelten Strukturkonzepte mit den neu gewonnen Daten.

Die erste Hauptaktivität in der Transaktionsphase ist für den Strukturprozess die Erstellung des *Pre-Closing-Integration-Plan*. In ihm wird unter Bezug auf die Ergebnisse der Due Diligence und der im Vorfeld durchgeführten Simulation die neue Unternehmensstruktur festgelegt. Dazu ist ein an den strategischen Vorgaben ausgerichteter Maßnahmenplan zur Erläuterung und Systematisierung sämtlicher für die Integration vorgesehenen Maßnahmen zu erstellen. Die daraus resultierenden Wertsteigerungseffekte sind zu quantifizieren. Ein Konzept zur Quantifizierung von Synergien sollte nach Funktionen gegliedert in den Maßnahmenplan integriert werden.

Funktionen	Maßnahmen (Beispiele)	Verantwortlicher und Termin	Barwert Jahre 1-5	Zahlungsreihen 1	2	3	4	5
Einkauf	• Preissenkungen bei sich überlappenden Einkaufsvolumen in Werken • …							
Produktion	• Volumen- und Rationalisierungseffekte durch Konzentration/Mehrauslastung von Produktionsstandorten • …							
Vertrieb	• Volumensteigerung durch zusätzliche Vertriebswege • Volumenabnahme durch Abschmelzungsverluste • …							
Verwaltung	• Nutzung gemeinsam entwickelter DV-Verfahren • Zusätzliche Verwaltungskosten • …							
…								

Abbildung 11: Quantifizierung von Synergien (vgl. Lucks/Meckl 2002, 115)

Im Rahmen der Quantifizierung ist für jede Maßnahme eine risikoadjustierte Netto-Zahlungsreihe zu schätzen, in der die Aufwendungen zur Umsetzung der Maßnahme mit den erwarteten Einspareffekten und Umsatzzuwächsen saldiert werden. Zur Vergleichbarkeit und Aggregation der Werte ist im zweiten Schritt eine Diskontierung der Einzelwerte aus der Zahlungsreihe vorzunehmen. Die Addition der diskontierten Einzelwerte ergibt auf diese Weise schließlich den Synergiebarwert einer Maßnahme, aus der durch Addition der Gesamtwert der Synergien berechnet werden kann (vgl. zu Problemen der Schätzung der Einzelwerte Tönscheidt-Gösstl/Stolzenburg 1998,

39; Sirower 1997, 24-28). Zur Planung der Umsetzung des Pre-Closing-Integration-Plan sollten Integrationsmanager und -teams bestimmt werden.

Im Rahmen der *Detailbewertung* als weiterer Randaktivität des Strukturprozesses ist lediglich sicherzustellen, dass alle bewertungsrelevanten Daten des Strukturprozesses zu den Verantwortlichen im Bewertungsprozess übertragen werden. Nach der Detailbewertung wird eine endgültige interne Beschlussfassung erforderlich, die als weitere Hauptaufgabe des Strukturprozesses anzusehen ist. Die grundsätzliche Transaktionsentscheidung ist von den Unternehmenseigentümern selbst zu treffen. Die Vorbereitung dieser internen Beschlüsse ist jedoch durch die Verantwortlichen des Strukturprozesses durchzuführen (vgl. zu Fragen der Zustimmungsbedürftigkeit der Transaktion durch Aufsichtsrat und Hauptversammlung sowie Informationspflichten gegenüber der Arbeitnehmervertretung Lucks/Meckl 2002, 117; Picot 2000a, 124; Picot 2000b, 360-369).

In der Hauptaktivität *Verhandlungen/Umsetzungsverträge* geht es anschließend darum, eine detaillierte Taktik für die Verhandlungsführung zu entwerfen. Auf Basis der internen Beschlüsse kommt es auf diese Weise zur Unterzeichung rechtlich bindender Verträge, dem so genannten Signing. Als weitere Hauptaktivität des Strukturprozesses ist die Unterstützung der Aufsichtsbehörden im Rahmen der *kartellrechtliche Prüfung* zu gewährleisten. Während der Prüfung ist es darüber hinaus Aufgabe des Strukturprozesses, Übergangsstrukturen in Form eines gemeinsamen Komitees zu implementieren. Am Ende der Transaktionsphase kommt es durch die kartellrechtliche Genehmigung zum so genannten Closing, durch das das neuen Unternehmen rechtlich etabliert wird (vgl. Picot 2000c, 136).

Der Strukturprozess in der Integrationsphase

In der Integrationsphase werden die Pläne der Transaktionsphase formal verkündet, detailliert und umgesetzt, wodurch insbesondere der Personalveränderungsprozess unterstützt werden soll. Abbildung 4 veranschaulicht die diesbezüglichen Aktivitäten.

Das Ziel des *Post-Closing-Integration-Plan* ist es, das Führungskonzept und den Pre-Closing-Integration-Plan unter Einbezug der nun zumindest theoretisch vollständig vorliegenden Informationen derart auf alle Ebenen der Organisation herunter zu brechen, dass dadurch die strukturellen Rahmenbedingungen für sämtliche konkrete personalwirtschaftliche Maßnahmen gegeben sind. Der Strukturprozess hat zudem die wichtige Aufgabe, die Organisation des Integrationsprozesses zu definieren (vgl. Lucks/Meckl 2002, 122).

Die erste Hauptaktivität des Strukturprozesses ist die *organisatorische und rechtliche Umsetzung* des Post-Closing-Integration-Plan. Ziel ist es, eine konkrete, gemeinsame Aufbau- und Ablauforganisation durchzusetzen (vgl. Lucks/Meckl 2002, 124). Dabei ist darauf zu achten, dass die einzelnen Task Forces des M&A-Projekts durch die sukzessive Abarbeitung der Einzelmaßnahmen auch die Realisierung der vorher antizipierten Synergiepotenziale sicherstellen. Die finanztechnische und fiskalische Integration umfasst zudem die Einrichtung eines zentralen Cash-Flow-Managements, die Aufdeckung von Stillen Reserven, sowie ein gemeinsames Kreditlinien-, Risiko- und Anlagenmanagement (vgl. Lucks/Meckl 2002, 125; vgl. zur Einbindung externer Stakeholder wie Analysten, Kunden, Lieferanten, Berater und andere in die Integration Jansen 2001, 236; Steinöcker 1998, 111-112). Parallel zur organisatorischen Umsetzung sollte die rechtliche Umsetzung stattfinden. Bedeutender Teil ist die Dokumentation der rechtlichen Einheit (Eintragung ins Handelsregister), so dass ein rechtlich einheitliches Erscheinungsbild entsteht. Darüber hinaus ist aus rechtlicher Sicht zu prüfen, ob sämtliche Vertragsbedingungen in den Umsetzungsverträgen eingehalten wurden. Weitere Probleme bei rechtlichen Umsetzungen können sich etwa durch Klagen der Aktionäre ergeben (vgl. Lucks/Meckl 2002, 129; Bayer 2000, 2609-2619).

In der Randaktivität *Personalwirtschaftliche Umsetzung* kommt es vor allem darauf an, die entwickelte Organisationsstruktur mit Mitarbeitern zu besetzen und falls dies nicht möglich sein sollte, in Zusammenarbeit mit den Verantwortlichen des Personalveränderungsprozesses zu erörtern, wie die Struktur dennoch aufrecht erhalten werden kann. Die Aktivität *Zielverfolgung*, deren Treiber der Controllingprozess ist, wird durch das im Strukturprozess entwickelte Führungskonzept und die Integrationspläne, die die Soll-Vorgaben des Controlling liefern, leichter möglich. Als letzte Hauptaktivität des Strukturprozesses können *Folgerestrukturierungen* der Organisation notwendig werden, falls die ursprünglich geplanten Integrationsalternativen nicht die in sie gesetzten strategischen Ziele erfüllt haben.

3.2.3 Der Personalveränderungsprozess

Der dritte Kernprozess ist der Personalveränderungsprozess, dessen Einordnung als Kernprozess durch die große Bedeutung des Faktors Humankapital gerechtfertigt erscheint. Sein Ziel liegt in der möglichst effizienten Versorgung der zu integrierenden Einheit mit Personalressourcen sowohl unter quantitativen wie auch qualitativen Gesichtspunkten (vgl. Lucks/Meckl 2002, 133; Pribilla 2000, 378). Der Schwerpunkt der Tätigkeiten dieses Prozesses liegt in der Integrationsphase.

Der Personalveränderungsprozess in der Vorfeldphase

In der Vorfeldphase werden im Rahmen des Personalveränderungsprozesses lediglich Randaktivitäten für andere Teilprozesse durchgeführt. So ist beim *Screening* unter anderem der Personalbestand zu analysieren (vgl. Lucks/Meckl 2002, 134). Insbesondere zur Überprüfung des Cultural Fit werden personalwirtschaftliche Faktoren wie z.B. Führungsstil oder Karrierewege relevant. Demgegenüber sollten die „harten" personalwirtschaftlichen Faktoren bereits in der Analyse zum Strategic Fit einbezogen werden. So geben Aussagen über die Alterstruktur und das Qualifikationsprofil Auskunft über einen möglichen künftigen Rekrutierungsbedarf. Später können ausgehend von diesen Daten die Personalpläne der zu integrierenden Einheit entwickelt werden (vgl. zur Personalbestandsanalyse Becker 2002; Drumm 2000, 219-427).

Die zweite Randaktivität des Personalveränderungsprozesses, die *Vorfeldsondierung*, hat das Ziel personalwirtschaftlich-orientierte Datenlücken zu schließen. Innerhalb der Entwicklung des *Führungskonzepts* sind anschließend die personalwirtschaftlichen Implikationen abzuleiten und daraus Vorgaben bezüglich Personalbeschaffung, -freisetzung und -entwicklung zu definieren, die in den Strukturentwicklungsprozess einfließen (vgl. Lucks/Meckl 2002, 135). In der letzten Randaktivität der Vorfeldphase, der *Simulation*, geht es im Personalveränderungsprozess darum, erste hoch aggregierte Personalpläne für die integrierte Einheit zu entwerfen, und dem Strategieplanungsprozess zur Verfügung zu stellen (vgl. Lucks/Meckl 2002, 135).

Der Personalveränderungsprozess in der Transaktionsphase

In der Transaktionsphase fallen im Personalveränderungsprozess ebenfalls lediglich Randaktivitäten an. So ist zunächst in der *Due Diligence* die Human Ressources Due Diligence als Teilbereich zu berücksichtigen, der die Grundlage zur Erstellung einer Integrationsstrategie der Humanressourcen liefert. Dennoch wird in der Praxis die Personalfunktion nur in etwa 1/3 aller durchgeführten Due Diligences betrachtet (vgl. Hubbard 1999, 26), was auf ein fehlendes Bewusstsein für die Bedeutung dieser Funktion schließen lässt (vgl. Lucks/Meckl 2002, 137).

Im *Pre-Closing-Integration-Plan* ist anschließend auf Basis der durch die Due Diligence neu gewonnen Daten eine detaillierte Personalfreisetzungs- und -beschaffungsplanung für den Personalbereich der integrierten Einheit zu erstellen. Im Rahmen der Entwicklung des Pre-Closing-Integration-Plan sind Personalmaßnahmen zumindest bis zur Abteilungsebene herunter zu brechen. Bei den Randaktivitäten *Interne Beschlüsse* und *Umsetzungsverträge* des Personalveränderungsprozesses kommt es darauf an, sicherzustellen, dass die durch das personalwirtschaftliche Konzept implizierten Maßnahmen berücksichtigt werden.

Der Personalveränderungsprozess in der Integrationsphase

In der Integrationsphase besitzt der Personalveränderungsprozess seinen Schwerpunkt, indem er die vorher entwickelten Pläne ausreichend detailliert und umsetzt. Diese Umsetzungsmaßnahmen beziehen sich sowohl auf „harte Faktoren" wie etwa die Entgeltsysteme, als auch auf „weiche Faktoren" wie den Führungsstil (vgl. Wächter 1990, 114-116). Abbildung 4 zeigt die Aktivitäten des Personalveränderungsprozesses in der Integrationsphase. Ein wesentliches Ziel der Maßnahmen ist die Wahrung des Sicherheitsgefühls und der Motivation der beteiligten Belegschaften, die durch die möglichen psychologischen und verhaltensbedingten Konflikt- und Problemfelder im Rahmen von M&A bedroht sind (vgl. dazu Gut-Villa 1997, 121).

Die erste Hauptaktivität des Personalveränderungsprozesses ist die Entwicklung des personalwirtschaftlichen Teils des *Post-Closing-Integration-Plan*. Das Ziel ist die Entwicklung eines Maßnahmenplans mit konkreten Handlungsschritten zur personalwirtschaftlichen Integration auf Basis der strukturellen Vorgaben zur Organisation der integrierten Einheit (vgl. zu den grundlegenden personalwirtschaftlichen Instrumenten z.B. Drumm 2000).

Dieser Meilensteinplan ist die Grundlage der späteren Hauptaktivität *Personalwirtschaftliche Umsetzung*. In der *Personalwirtschaftlichen Umsetzung* ist es das Ziel, die Vorgaben aus dem Post-Closing-Integration-Plan in konkrete Maßnahmen umzusetzen. Demnach ist zu überlegen, wie der angestrebte Personalbestand durch den konkreten Einsatz, durch Entwicklung und Freisetzung von Personal erreicht werden kann. Im Rahmen der *Organisatorischen/Rechtlichen Umsetzung* fallen für den Personalveränderungsprozess praktisch keine Aktivitäten an.

Träger dieser personalwirtschaftlichen Maßnahmen sollte die Personalabteilung des kaufenden Unternehmens sein, die durch Teilnahme an der Transaktion von Beginn an mit den strategischen Zielen vertraut ist (vgl. Lucks/Meckl 2002, 151). Spezifisch M&A-bezogene Aufgaben können von externen Beratern ausgeführt werden. Allerdings besteht in der Personalabteilung ein Interessenkonflikt, der dadurch entsteht, dass sie selbst Gegenstand der Integration ist, folglich auch möglicherweise eigene Mitarbeiter entlassen oder effizientere Prozesse des eingekauften Personalwesens übernehmen sollte.

Das Ziel der folgenden Hauptaktivität des Personalveränderungsprozesses *Kultureller Wandel* ist es, kulturbedingte Konflikte zu verhindern und kulturelle Unterschiede für eine Zusammenarbeit zu nutzen (vgl. zur Vorgehensweise Hilb 2000). Letztlich unterliegen auch personalwirtschaftliche und kulturelle Maßnahmen der *Zielverfolgung*. Bei den *Folgerestrukturierungen* hat der Personalveränderungsprozess die Konsequenzen aus strukturellen Änderungen in ihre Planungen aufzunehmen und für die optimale Versorgung der dann ein weiteres Mal geänderten Unternehmensorganisation zu sorgen.

3.2.4 Der Informationsprozess

Das übergeordnete Ziel des Informationsprozesses ist die optimale Versorgung der Handelnden mit allen Informationen, die zur Entscheidungsfindung benötigt werden. Dabei sollten zumindest als Richtgröße die Beschaffungskosten der Informationen möglichst gering und zumindest kleiner als der erwartete Nutzen der Information gehalten werden (vgl. Lucks/Meckl 2002, 156). Ein M&A-Projekt ist üblicherweise zu Beginn durch einen enormen Informationsvorsprung des Verkäufers geprägt, der detaillierte Informationen über Stärken, Schwächen und Risiken der zur Disposition stehenden Geschäftseinheit kennt. Diesen Vorsprung versucht der Käufer in der Fortdauer des gesamten Projekts auszugleichen, um seine Entscheidungen auf eine sicherere Basis zu stellen. Abbildung 4 zeigt die Aktivitäten des Informationsprozesses. Die Hauptaktivität ist hier die Due Diligence.

Der Informationsprozess in der Vorfeldphase

Im Rahmen der *Basisstrategie* ist der Informationsprozess noch nicht M&A-spezifisch, da noch kein Bezug zum Akquisitionsobjekt vorliegt. Vielmehr gelangen die generellen Instrumente und Inhalte, wie sie zur Informationsbeschaffung der strategischen Planung verwandt werden, zur Geltung (vgl. dazu z.B. Steinmann/Schreyögg 2000, 160-191). Zunächst sind die eigenen Ressourcen und Kernkompetenzen sowie das marktliche Umfeld im Hinblick auf die Potentiale zum internen Wachstum zu analysieren (vgl. z.B. Prahalad/Hamel 1990). Technologische, wettbewerbsbezogene oder kundenbezogene Marktveränderungen können hier zu Lücken in den Kompetenzen des eigenen Unternehmens führen, woraus eine Entscheidung bezüglich internem oder externem Wachstum in der betrachteten Geschäftseinheit resultieren kann (vgl. Lucks/Meckl 2002, 159).

Das *Screening* ist von der akquisitionsobjektbezogenen Informationsbeschaffung abhängig (vgl. Lucks/Meckl 2002, 160). So sind zur Feststellung des „Fit“ die Variablen des Akquisitionsobjekts mit den eigenen Kennzahlen zu vergleichen. Da unter den möglichen Beschaffungswegen die direkten Wege zum zu erwerbenden Unternehmen zu diesem Zeitpunkt noch nicht zu Verfügung stehen, gestaltet sich die Informationsbeschaffung schwierig. Der direkte Beschaffungsweg steht zum ersten Mal im Rahmen der *Vorfeldsondierung* offen, bei der die Informationsbasis zu verbessern ist.

Im Rahmen der *Simulation* hat der Informationsprozess sicherzustellen, dass sämtliche vorliegenden Informationen in die Kalkulation einfließen. Die Aufgaben für den Informationsprozess im Rahmen der *Grobbewertung* sind ähnlich derer der Simulation. Der Unterschied liegt darin, dass die vielfach qualitativen Informationen in quantitative Cash-Flow-Reihen überführt werden müssen (vgl. Lucks/Meckl 2002, 162).

An dieser Stelle sollten aber solche Informationen identifiziert werden, die später bei der Detailbewertung unbedingt verlässlich vorzuliegen haben. Im Rahmen der *Beurteilung der Genehmigungsfähigkeit* sind spezifische Informationen zu beschaffen, wie sie die Kartellämter zur Überprüfung einer marktbeherrschenden Stellung heranziehen (vgl. Lucks/Meckl 2002, 162).

Der Informationsprozess in der Transaktionsphase

Die erste Hauptaktivität des Informationsprozesses ist die *Due Diligence*. Ihr Ziel ist die Beschaffung möglichst detaillierter Informationen über das Kaufobjekt, um die nachfolgenden Entscheidungen auf eine sichere Grundlage zu stellen. Die Due Diligence (dt. „erforderliche Sorgfalt") beschreibt als wichtigstes Informationsinstrument die systematische und detaillierte Prüfung des Kaufobjekts. Vier Ziele werden mit der Due Diligence verfolgt (vgl. Lucks/Meckl 2002, 163):

- Beschaffung und Bewertung von Informationen über das Kaufobjekt für den Käufer,
- Einschätzung der Risiken, insbesondere der vom Verkäufer zu fordernden Garantien und Gewährleistungen,
- Dokumentation für spätere Beweiszwecke,
- Dokumentierte Offenlegung von Informationen aus Verkäufersicht, um spätere Schadenersatzansprüche wegen Nichtaufdeckung abzuwehren.

Eine Due Diligence kann auf verschiedene Arten organisiert und durchgeführt werden. Die Einrichtung eines sogenannten „Data Room" ist im angelsächsischen Raum die am weitesten verbreitete Alternative, wobei die Informationen, die der Verkäufer verbreiten will, in einem Raum gesammelt werden. Eine weitere Möglichkeit der Due Diligence ist die Betriebsbegehung mit Gesprächen mit dem Management und Mitarbeitern, wodurch die Prozessabläufe und die Arbeitsorganisation besser dargestellt werden können, und ein Einblick in die Unternehmenskultur ermöglicht wird (vgl. Lucks/Meckl 2002, 164-165; Nölting 1998, 124). Die üblicherweise wichtigsten Themengebiete der Due Diligence sind nachstehend zusammengefasst (vgl. Lucks/Meckl 2002, 165-167):

- Strategic/Market Due Diligence,

- Financial Due Diligence,
- Legal Due Diligence,
- Tax Due Diligence,
- Human Ressource Due Diligence,
- Organizational und IT Due Diligence,
- Environmental Due Diligence.

Die Ergebnisse der Due Diligence sind in einem Report zu dokumentieren und in aggregierter Form den Entscheidungsträgern der Aktivität *Interne Beschlüsse* zur Verfügung zu stellen. Darüber hinaus bildet der Report die Grundlage zum *Pre-Closing-Integration-Plan* (vgl. Aiello/Watkins 2000, 104) und zur *Detailbewertung*. Die Unterstützung der Aktivitäten *Verhandlungen/Umsetzungsverträge* ist darauf beschränkt, dass den Verantwortlichen alle für die abschließende Verhandlung notwendigen Informationen in einem angemessenen Detaillierungsgrad zur Verfügung gestellt werden. Bei der *kartellrechtlichen Prüfung* sind den Behörden gesicherte Daten bezüglich der kumulierten Marktposition zur Verfügung zu stellen (vgl. Lucks/Meckl 2002, 169).

Der Informationsprozess in der Integrationsphase

Nach dem Closing sind zumindest theoretisch alle relevanten Informationen des Partnerunternehmens zugreifbar, so dass zur Unterstützung der Entwicklung des *Post-Closing-Integration-Plan* sämtliche Annahmen aus den vorangegangenen Phasen verifiziert werden können (vgl. Lucks/Meckl 2002, 169). Zudem sind im Informationsprozess alle für die Umsetzung relevanten Informationen zu beschaffen. Bei der *personalwirtschaftlichen Umsetzung* sind weitere Daten, die aufgrund ihres Detaillierungsgrades noch nicht in der Due Diligence Gegenstand der Betrachtung waren, zu erheben. Im Rahmen des *kulturellen Wandels* sind weitere Informationen bezüglich Art und Ausprägung der beteiligten Unternehmenskulturen zu sammeln.

3.2.5 Der Bewertungsprozess

Das Ziel des Bewertungsprozesses liegt in der möglichst exakten Ermittlung des Werts des zur Disposition stehenden Unternehmens aus Käufersicht und die anschließende Durchsetzung eines Kaufpreises, der unterhalb dieses Werts liegt (vgl. Lucks/Meckl 2002, 173). Abbildung 4 veranschaulicht die Aktivitäten dieses Unterstützungsprozesses.

Der Bewertungsprozess in der Vorfeldphase

Im *Screening* geht es lediglich um die grobe Abschätzung des Unternehmenswerts zur Betrachtung des Financial Fit (vgl. Lucks/Meckl 2002, 173). Die *Vorfeldsondierung* hat insofern Relevanz für den Bewertungsprozess, als dass die dabei gewonnenen Informationen über das potenzielle Akquisitionsobjekt später für die Bewertung herangezogen werden können (z.B. die Kaufpreisvorstellungen der Verkäuferseite, Absatzpotenziale, Kostenstrukturen). Darüber hinaus werden diese Informationen nach ihrer Umwandlung in quantitative Daten in der *Simulation* des Strategieprozesses bei der Erstellung der ersten Geschäftspläne für die integrierte Einheit benötigt.

Erst gegen Ende der Vorfeldphase wird zum ersten Mal eine *Grobbewertung* auf Basis der Daten aus Vorfeldsondierung und Simulation vorgenommen, die die erste Hauptaktivität des Bewertungsprozesses ist. Diese Bewertung ist in erster Linie als Ausgangsbasis für eine weitere Verfeinerung zu verstehen (vgl. Lucks/Meckl 2002, 174). In der Frage der *Beurteilung der Genehmigungsfähigkeit* kommt es anschließend darauf an, ob die aus dem Bewertungsprozess bislang vorliegenden Daten zur Wertsteigerung die internen Gremien zur Weiterführung des Projekts bewegen werden.

Der Bewertungsprozess in der Transaktionsphase

Die *Due Diligence* ist für den Bewertungsprozess der wichtigste Datenlieferant (vgl. Lucks/Meckl 2002, 175). Dabei geben die im Bewertungsprozess zur Anwendung kommenden Bewertungsverfahren die erforderlichen Inhalte vor, die im Rahmen der Due Diligence erhoben werden müssen. Im Anschluss ergeben sich aus den Angaben im *Pre-Closing-Integration-Plan* mit dem Synergie- und Risikopotenzial der anzustrebenden Integration zwei wichtige Größen für den Bewertungsprozess.

Die *Detailbewertung* stellt danach die Hauptaktivität und eigentliche Funktion des Bewertungsprozesses dar (vgl. Lucks/Meckl 2002, 175). In ihr wird aus Sicht des Käufers der Wert des zu akquirierenden Unternehmens ermittelt. Generell gilt, dass ein Unternehmenswert nur zielgerichtet in Hinblick auf einen individuellen Käufer ermittelt werden kann, weil die den Unternehmenswert beeinflussenden realisierbaren Synergien auch unmittelbar von der spezifischen Situation des Käuferunternehmens abhängen (vgl. Coenenberg/Jacoby 2000, 185; Scholz 2000, 75-76). Aus diesem Grund spricht man von einem subjektiven Unternehmenswert (vgl. zu anderen Anschauungen Drukarczyk 2001, 126). Neben Synergien sind bei der Wertermittlung eines zu akquirierenden Unternehmens jedoch noch eine Reihe weiterer Wertkomponenten zu berücksichtigen, die in Abbildung 12 systematisiert werden.

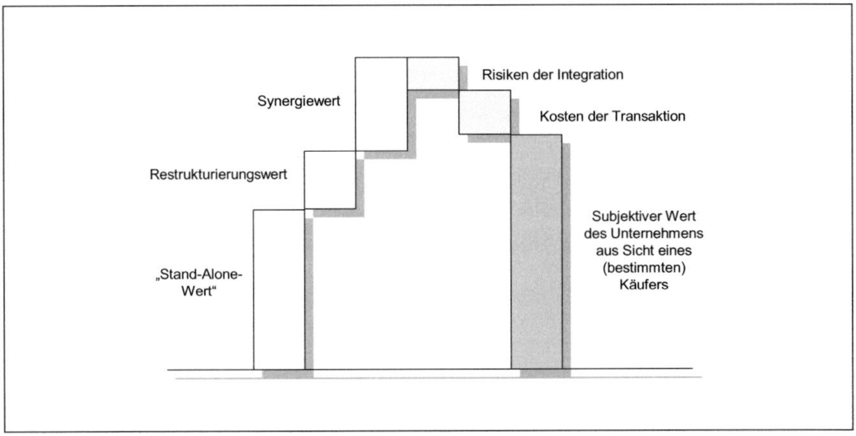

Abbildung 12: Wertkomponenten eines zu akquirierenden Unternehmens aus Käufersicht (vgl. Lucks/ Meckl 2002, 176)

Die erste Wertkomponente eines zu akquirierenden Unternehmens ist der Stand-Alone-Wert, als der Wert des Unternehmens „wie es steht und liegt“. Folglich wird hier mit der Annahme gearbeitet, dass der Käufer ohne Einflussnahme die akquirierten Geschäfte weiterführt. Der Stand-Alone-Wert lässt sich anhand der klassischen Unternehmensbewertungsverfahren, wie sie in Abbildung 13 schematisiert werden, ermitteln.

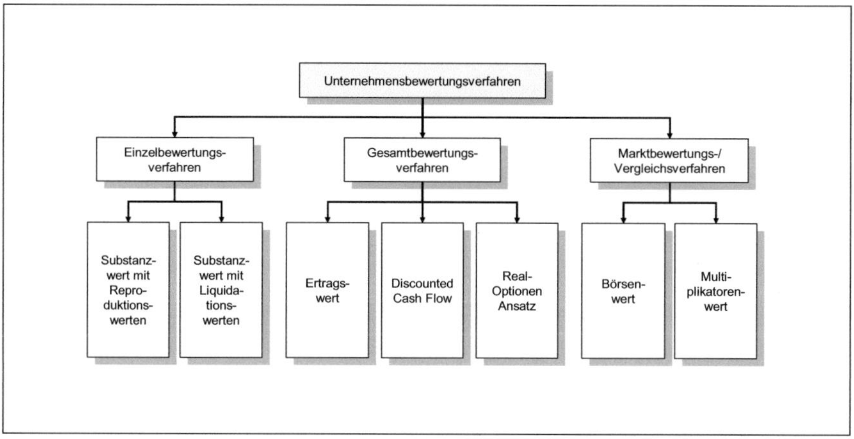

Abbildung 13: Verfahren zur Bestimmung des Stand-Alone-Werts (vgl. Lucks/Meckl 2002, 177)

Alle *Einzelbewertungsverfahren* haben gemeinsam, dass sie den Unternehmenswert durch Summierung aller Vermögensgegenstände berechnen. Unterschiede ergeben sich in der Datengrundlage. Während der *Substanzwert mit Reproduktionswerten* auf die Buchwerte zurückgreift (vgl. Suckut 1992, 102-103), werden für den *Substanzwert mit Liquidationswerten*, die Veräußerungswerte der Vermögensgegenstände bewertet und addiert. Von der Summe der Liquidationswerte werden die Schulden und Abwicklungskosten abgezogen, so dass sich der „Liquidationswert" ergibt, der für den Verkäufer die absolute Preisuntergrenze darstellt (vgl. Coenenberg/Jacoby 2000, 189). Obwohl in der Theorie der Unternehmensbewertung abgelehnt, finden diese beiden Verfahren aufgrund ihrer relativ leichten Umsetzbarkeit in der Bewertungspraxis Anwendung (vgl. Beck/Fischer-Winkelmann 1996).

Bei den *Gesamtbewertungsverfahren* werden nicht einzelne Vermögensgegenstände betrachtet. Vielmehr wird das Unternehmen bzw. der Erfolg des Unternehmens in seiner Gesamtheit bewertet. Als Indikator für den Erfolg gelten dabei der Ertrag bzw. der Cash-Flow (vgl. Lucks/Meckl 2002, 178). Ertrag gilt dabei als der bilanziell an die Eigentümer ausschüttbare Erfolg des Unternehmens (vgl. Drukarczyk 2001, 211). Demgegenüber werden bei einer Cash-Flow-Betrachtung die Einzahlungsüberschüsse des Unternehmens als Erfolgsmaßstab herangezogen (vgl. Suckut 1992, 25; vgl. zum Beweis, dass beide Verfahren zu identischen Ergebnissen führen Kengelbach 2000, 19; Born 1996, 1889; Richter 1996, 1076). International hat sich die Discounted-Cash-Flow-Methode (DCF-Methode) gegenüber dem Ertragswertverfahren durchgesetzt.

Bei der Unternehmensbewertung nach der DCF-Methode werden die erzielbaren künftigen Cash-Flows geschätzt und ihr Gegenwartswert berechnet (vgl. Lucks/Meckl 2002, 178). Ausgehend vom Wertsteigerungsziel von M&A muss dabei durch den Kauf eines Unternehmens eine Erhöhung des Cash-Flows entstehen, die den Kaufpreis mindestens rechtfertigt. Im Rahmen einer DCF-Bewertung ist im ersten Schritt ein Stand-Alone-Geschäftsplan mit zu schätzender Cash-Flow-Reihe, Plan-GuV und Plan-Bilanz zu erstellen. Anschließend ist anhand der Kapitalwertformel der Gegenwartswert der so ermittelten Cash-Flows zu berechnen (vgl. zur Kapitalwertformel Abschnitt 6.5.1.2).

Der Unternehmenswert ergibt sich anschließend aus der Addition der Gegenwartswerte der Cash-Flows. Ein weiteres Bewertungsverfahren ist die Realoptionsmethode, die aber in der Praxis kaum Verbreitung gefunden hat. Ihre Grundidee besteht darin, Analogien zwischen Investitionsmöglichkeiten, wie sie beispielsweise auch M&A darstellen, und Finanzoptionen, zu denen in der Wissenschaft detaillierte Bewertungsmethoden vorliegen, zu nutzen (vgl. Kühn/Fuhrer/Jenner 2000; Kogut/Kulatilaka 1994).

Die dritte Gruppe von Bewertungsverfahren zum Stand-Alone-Wert stellen *Marktwert- und Vergleichsverfahren* dar. Die Marktbewertungsalternative kann beispielsweise angewandt werden, wenn das zu bewertende Unternehmen an einer Börse gelistet ist. Hier stellt die Marktkapitalisierung als Produkt aus Börsenkurs und Anzahl der Aktien eine Bewertung des Eigenkapitals des Unternehmens dar (vgl. Lucks/Meckl 2002, 183). Für nicht börsennotierte Unternehmen liegen diese Daten nicht vor. Hier bietet es sich beispielsweise an, ein möglichst identisches börsennotiertes Unternehmen als Vergleich zu suchen. Die Vergleichbarkeit soll durch gewisse übereinstimmende Kennzahlen, wie die Gewinngrößen EBIT (Earnings before Interest and Taxes) oder EBITDA (Earnings before Interest, Taxes, Depreciation and Amortization) hergestellt werden (vgl. Lucks/Meckl 2002, 183-184).

Damit ist die Betrachtung zur Stand-Alone-Wertermittlung abgeschlossen. Als zweite Wertkomponente muss im Rahmen der Unternehmensbewertung aus Käufersicht der

Restrukturierungswert ermittelt werden. Restrukturierungswertzuwächse können auf zwei Ebenen entstehen. Traut sich das erwerbende Unternehmen zu, durch ein besseres Management in der erworbenen Einheit zum Stand-Alone-Fall zusätzliche Cash-Flows zu generieren, so stellt dies ein Wertpotenzial dar. Darüber hinaus kann zusätzlicher Wert generiert werden, indem nicht betriebsnotwendige Vermögensgegenstände im erworbenen Unternehmen veräußert werden.

Die letzte Wertkomponente ist der Synergiewert. Der hier ermittelte Synergiebarwert kann durch Addition zum Stand-Alone-Wert hinzugefügt werden (vgl. Lucks/Meckl 2002, 186). Allerdings sind die Prognosen über Wertzuwächse mit Risiken belastet, die zumindest konzeptionell zu einem Abschlag auf die antizipierten Cash-Flows führen sollten. Eine Evaluierung des Einflusses einiger Treiber auf den Cash-Flow lässt sich dabei durch Sensitivitätsanalysen durchführen (vgl. Lucks/Meckl 2002, 187).

Letztlich fallen auch in jedem M&A-Projekt Kosten der Transaktion an. Sie treten auf als Honorare für externe Berater und Dienstleister und (obwohl schwer zu beziffern) Opportunitätskosten. Addiert bzw. subtrahiert man die soeben beschrieben Wertkomponenten erhält man den subjektiven Unternehmenswert des Zielunternehmens aus Sicht des Käufers (vgl. Lucks/Meckl 2002, 188).

Bei der folgenden Randaktivität des Bewertungsprozesses, den *internen Beschlüssen* muss letztlich entschieden werden, ob das errechnete Wertsteigerungspotenzial ausreicht, um die Transaktion durchzuführen. Mit den *Verhandlungen/Umsetzungsverträgen* folgt die letzte Hauptaktivität des Bewertungsprozesses, deren Hauptziel die Aushandlung eines Kaufpreises mit dem Verkäufer ist (vgl. zur Verhandlungsführung bei internationalen Transaktionen Bergemann/Sourisseaux 1996). Dabei stellt der subjektive Unternehmenswert aus der Detailbewertung die absolute Kaufpreisobergrenze für den Käufer dar (vgl. Lucks/Meckl 2002, 190).

Der Bewertungsprozess in der Integrationsphase

Für den *Post-Closing-Integration-Plan* sind die im Rahmen der Bewertung entwickelten Geschäftspläne mit den Restrukturierungs- und Synergiewerten relevant, da sie den im Plan vorgesehenen Maßnahmen ihre Bedeutung im Hinblick auf die Wertschaffung beimessen. Dadurch kann deutlich gemacht werden, auf welche Maßnahmen ein besonderes Augenmerk zu richten ist. Letztlich hat die Bewertung einen maßgeblichen Einfluss auf die *Zielverfolgung*. Die quantifizierten Größen der Bewertung werden als Soll-Größen für das Controlling herangezogen. Die durch die Maßnahmen des Post-Closing-Integration-Plan realisierten Ist-Größen werden ihnen gegenübergestellt, und insbesondere bei negativen Abweichungen Korrekturmaßnahmen eingeleitet (vgl. Lucks/Meckl 2002, 193).

3.2.6 Der Kommunikationsprozess

Als dritter Unterstützungsprozess ist der Kommunikationsprozess festgelegt worden. Er zielt auf die Abgabe von Informationen (im Gegensatz zu deren Beschaffung im Informationsprozess) und die Initiierung eines Dialogs mit Interessengruppen im M&A-Projekt (vgl. allgemein zu Kommunikation als Managementaufgabe Appel 1998; Quirke 1996). Der Kommunikationsprozess ist von den Maßnahmen des Strukturprozesses zur Kontaktaufnahme und Verhandlungsführung mit dem verkaufenden Management abzugrenzen. Sein Schwerpunkt liegt in der Integrationsphase, wenn es gilt, die Maßnahmen der Kernprozesse durch eine Kommunikationsstrategie zu unterstützen. Die Ziele liegen darin, Probleme oder Konflikte, die innerhalb der einzelnen Maßnahmen entstehen könnten, vorab durch den gezielten Einsatz interner sowie nach außen gerichteter kommunikativer Mittel zu verhindern und zusätzlich die spezifischen Vorteile des M&A-Projekts deutlich zu machen (vgl. Zimmermann 2000, 419).

Der Kommunikationsprozess in der Vorfeldphase

Die einzige Aktivität des Kommunikationsprozesses liegt während der Vorfeldphase in der Geheimhaltung im Rahmen der *Vorfeldsondierung*. In dieser Phase werden die Interessengruppen noch nicht angesprochen, denn in dieser in Bezug auf einen Vertragsabschluß noch sehr unsicheren Zeit sollen Mitarbeiter und Kunden sowie gegebenenfalls die Aktienmärkte über die anstehenden Veränderungen nicht beunruhigt werden (vgl. Lucks/Meckl 2002, 197-198).

Der Kommunikationsprozess in der Transaktionsphase

Die erste Aktivität des Kommunikationsprozesses in der Transaktionsphase besteht in der Formulierung eines Kommunikationsplans im Rahmen des *Pre-Closing-In-*

tegration-Plan. Hier ist festzulegen, wer, wann, wie und mit welchen Inhalten zum M&A-Projekt versorgt wird (vgl. Lucks/Meckl 2002, 198; Salecker 1995, 191). Bei der Festlegung der Inhalte des Kommunikationsplans ist auch die Festlegung des Namens für die neue Gesellschaft vorzunehmen. Außerdem ist die Ressourcenausstattung der für die Kommunikationsarbeit zuständigen Task Force festzulegen (vgl. im Detail Zimmermann 2000, 434).

Bei der folgenden Aktivität sind die für die *internen Beschlüsse* verantwortlichen Gremien zu informieren. Innerhalb der *kartellrechtlichen Prüfung* ist es anschließend die Aufgabe des Kommunikationsprozesses, die Antragsunterlagen vollumfänglich zu erstellen. Die Bekanntgabe der M&A-Transaktion nach Maßgabe der Festlegungen des Kommunikationsplans erfolgt unmittelbar nach dem *Closing* (vgl. Lucks/Meckl 2002, 202).

Der Kommunikationsprozess in der Integrationsphase

Die Aufgaben des Kommunikationsprozesses im *Post-Closing-Integration-Plan*, der ersten Aktivität in der Integrationsphase, beziehen sich insbesondere auf die Konkretisierung und Anpassung der kommunikationsorientierten Festlegungen des Pre-Closing-Integration-Plan. Außerdem werden die Kommunikationsmittel auf ihren Einsatz vorbereitet (z.B. Betriebsversammlungen, Treffen in kleinen Gruppen, Telefonservice, M&A-Newsletter, Persönliche Briefe, E-Mails, Analystenkonferenzen, Pressekonferenzen, Briefe an Aktionäre, Anzeigen etc.) (vgl. Lucks/Meckl 2002, 203-205).

In der *organisatorischen/rechtlichen Umsetzung* geht es anschließend um die Begleitung der geplanten Maßnahmen auf Kommunikationsebene. Schwieriger wird die kommunikative Begleitung der *personalwirtschaftlichen Umsetzung* und des *kulturellen Wandels* (vgl. Lucks/Meckl 2002, 206). Hier ist generell die Frage nach dem „Ton" der Kommunikation zu stellen. Risiken und Unwägbarkeiten des Projekts sollten nicht verschwiegen werden. Außerdem sollten vorrangig direkte, persönliche Kommunikationsmittel eingesetzt werden. Ein weiterer wesentlicher Aspekt ist nun die Schaffung eines Leitbildes und einer Vision für das neue Unternehmen sowie die Stärkung der Corporate Identity (vgl. Lucks/Meckl 2002, 206; Zimmermann 2000, 442). Die letzte Aktivität des Kommunikationsprozesses findet im Rahmen der *Folgerestrukturierungen* statt. Der Kommunikationsprozess hat hier möglichst genau die

Gründe der Folgerestrukturierungen zu vermitteln, um deren Glaubwürdigkeit sicherzustellen.

3.2.7 Der Controllingprozess

Der letzte M&A-Teilprozess ist der Controllingprozess. Sein Ziel liegt in der zeitgerechten Sicherstellung der Wertschaffung des M&A-Projekts (vgl. Lucks/Meckl 2002, 210). Um dieses Ziel verfolgen zu können, ist es zum Einen notwendig den Gesamterfolg des M&A-Projekts in Bezug auf seine Wertschaffung ex-post zu kontrollieren. Zum Anderen ist es erforderlich, die einzelnen Maßnahmen des Projekts im Rahmen ihrer Abarbeitung ständig zu überwachen, um eventuell noch werterhöhend in das laufende Projekt eingreifen zu können.

Diese zweigliedrige Betrachtungsweise des M&A-Projekts wird in der in Abbildung 14 dargestellten M&A-Balanced-Scorecard-Konzeption berücksichtigt (vgl. zur Balanced Scorecard Kaplan/Norton 1996; Weber/Schäffer 1999; Welge/Holtbrügge 2001, 275-276). Die Kontrolle der Wertschaffung des Gesamtprojekts erfolgt in der M&A-Balanced Scorecard durch die Erfassung, Aufbereitung und Auswertung finanzieller Kennzahlen. Die weiteren drei Komponenten der M&A-Balanced Scorecard entsprechen den M&A-Kernprozessen. Die Scorecard reflektiert den engen Zusammenhang der Komponenten, indem eine Schwäche in einem Bereich über ihren Einfluss auf die anderen Bereiche den Gesamtprozess sogar überproportional negativ beeinflussen kann.

Basierend auf dieser Grundkonzeption sind anschließend die Controlling-Instrumente festzulegen, die, wie es das Regelkreisparadigma des Controlling vorsieht, den Vergleich einer eingetretenen Ist-Größe mit der in einem Kreislauf anzustrebenden Soll-Größe durchführen (vgl. Lehmann 1980, 1575).

Der Controllingprozess in der Vorfeldphase

Der auf diesen Grundlagen basierende M&A-Controllingprozess ist übersichtsartig in Abbildung 4 dargestellt. Seine erste Aktivität liegt in der *Vorfeldsondierung*. Im Rahmen einer Prämissenkontrolle sind bei der ersten Kontaktaufnahme die vorher im Screening getroffenen Annahmen zum Akquisitionskandidaten zu überprüfen. Sollten sie sich als unzutreffend erweisen sind Gegenmaßnahmen wie z.B. der Abbruch der Gespräche und eine Neubewertung der Kandidaten einzuleiten (vgl. Lucks/Meckl 2002, 215).

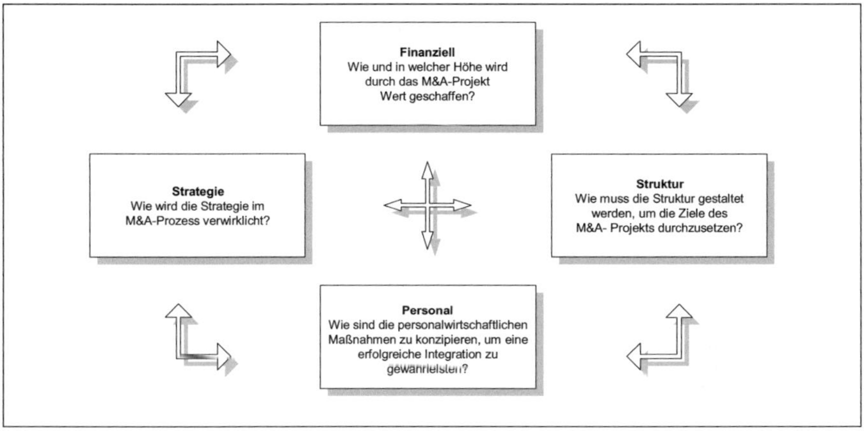

Abbildung 14: Die M&A-Balanced Scorecard (vgl. Lucks/Meckl 2002, 211)

Im Rahmen der Entwicklung des *Führungskonzepts* ist es die Aufgabe des Controllingprozesses, im Rahmen einer Durchführungskontrolle die Finalität des Konzepts mit den ursprünglichen Zielen des M&A-Projekts sicherzustellen. Anschließend kommt im Rahmen der *Grobbewertung* zunächst eine Durchführungskontrolle in Betracht, bei der auf methodischer Ebene sicherzustellen ist, dass die der gegenwärtigen Informationslage am besten entsprechenden Bewertungsverfahren zur Anwendung kommen. Außerdem sind die in die Bewertung eingespeisten Daten im Sinne einer Prämissenkontrolle zu betrachten, wobei die Daten aus den Geschäftsplänen kongruent zu den Informationen aus der Vorfeldsondierung sein müssen.

Im Rahmen einer Ergebniskontrolle ist zu überprüfen, ob das Bewertungsergebnis mit den Forderungen aus der Financial Fit-Analyse übereinstimmt. Zur *Beurteilung der Genehmigungsfähigkeit* ist eine grundsätzliche Entscheidung zur Fortführung des Projekts zu treffen, indem das Controlling aufzeigen muss, ob auf Basis eines Soll/Ist-Vergleichs zwischen den strategischen Zielen und den gegenwärtig zum

Kandidaten vorliegenden Daten die strategischen Ziele des M&A-Projekts mit diesem Kandidaten zu erreichen sind. Ein Projektabbruch wäre zu diesem Zeitpunkt noch relativ einfach möglich (vgl. Lucks/Meckl 2002, 216).

Der Controllingprozess in der Transaktionsphase

Zunächst kommen innerhalb der Entwicklung des *Pre-Closing-Integration-Plan* eine Reihe von Kontrollaktivitäten zum Tragen (vgl. Lucks/Meckl 2002, 217). Eine Prämissenkontrolle überprüft, ob die Einzelpläne in Konsistenz mit den vorherigen Annahmen sind. Bedeutender ist aber eine Durchführungskontrolle, ob die Pläne nach einem einheitlichen Konzept erstellt werden, damit später die Aggregation der Teilpläne ohne Probleme möglich ist. Anschließend muss die Realitätsnähe der Pläne und insbesondere die Wahrscheinlichkeit der Synergierealisierung geprüft werden.

Die Vollständigkeit und zeitliche Abstimmung der Pläne ist im Zuge der Fortschrittskontrolle sicherzustellen. Abschließend stellt die Ergebniskontrolle sicher, dass die Erkenntnisse des Pre-Closing-Integration-Plan mit den strategischen und strukturellen Zielvorgaben kompatibel sind. Ergebnis dieser Stufe des Controllingprozesses ist ein inhaltlich und zeitlich auf Zielfinalität und Konsistenz geprüfter Integrationsplan, der ein wichtiger Lieferant von Soll-Größen für die Integrationsphase ist (vgl. Lucks/Meckl 2002, 217).

Im Zuge der anschließenden *Detailbewertung* sind die im Detail entwickelten Geschäftspläne auf ihre Konsistenz mit dem Pre-Closing-Integration-Plan zu prüfen. Darüber hinaus ist zu prüfen, ob die verwendeten Informationen bezüglich Geschäftsentwicklung, Synergien, Kosten oder Risiko noch dem gegenwärtigen Stand der Information entsprechen. Die Durchführungskontrolle achtet darauf, dass die Geschäftspläne methodisch richtig aus einer Plan-GuV und Plan-Bilanz bestehen. Außerdem hat sie sicherzustellen, dass mehrere alternative Bewertungsverfahren angewandt werden. Das Ergebnis der Detailbewertung ist ein wichtiger Input für die weiteren Aktivitäten des Controllingprozesses. Bei den *Verhandlungen/Umsetzungsverträgen* muss der Controlling-Prozess sicherstellen, dass der ausgehandelte Kaufpreis unterhalb der vorab festgelgten Soll-Größe liegt.

Der Controllingprozess in der Integrationsphase

In der Integrationsphase ist die Kontrolle des *Post-Closing-Integration-Plan* die erste Aktivität des Controllingprozesses. An sich ist hier eine zum Pre-Closing-Integration-Plan analoge Vorgehensweise nahe zulegen (vgl. Lucks/Meckl 2002, 218). Allerdings bringt es der hier deutlich höhere Detaillierungsgrad der Informationen mit sich, dass inhaltlich fokussierte Kontrolltätigkeiten in den Vordergrund rücken.

Anschließend ist im Rahmen der *organisatorischen/rechtlichen Umsetzung* zunächst die Fortschrittskontrolle relevant. Der Post-Closing-Integration-Plan liefert dazu die Soll-Vorgaben, mit denen die Umsetzungsaktivitäten verglichen und auf Konsistenz überprüft werden. Gegebenenfalls sind Korrekturmaßnahmen anzustoßen. Da Verzögerungen normalerweise zu Werteinbußen bei der Synergierealisierung führen und negative Konsequenzen für die weiteren Integrationsschritte mit sich bringen, ist ein konsequentes Meilensteincontrolling notwendig (vgl. Lucks/Meckl 2002, 218). Eine Ergebniskontrolle überprüft die Konsistenz der durch die Umsetzungsaktivitäten etablierten Strukturen mit den Plänen. Gegliedert nach den einzelnen Struktur-Maßnahmen, von denen man sich Synergien erhofft, müssen hier nach einem Soll/Ist-Vergleich die Erfüllungsgrade überprüft und gegebenenfalls zusätzliche Maßnahmen eingeleitet werden.

Bei der *personalwirtschaftlichen Umsetzung* ist es zunächst entscheidend, die Planungsprämissen zu überprüfen. Eine Soll-Größe kann hier als Obergrenze die Zahl der unwillkommenen Kündigungen sein. Die Projektfortschrittskontrolle ist aufgrund des notwendigen zügigen Projektfortschritts ebenfalls von Bedeutung. Im Rahmen einer Ergebniskontrolle ist die wichtigste Soll-Größe im Personalbereich die Synergiehöhe (vgl. Lucks/Meckl 2002, 219). Die Wirkungen der personalwirtschaftlichen Maßnahmen müssen deshalb bezüglich ihrer Kostenwirkung analysiert und entsprechend mit den Vorgaben verglichen werden. Zusätzlich ist aber auch die Angemessenheit der Personalausstattung bezüglich der Aufgabenerfüllung sicherzustellen. Im Rahmen des *kulturellen Wandels* besteht das Problem, die für ein Controlling notwendigen Soll- und Ist-Größen quantifizieren zu können (vgl. Lucks/Meckl 2002, 219-220).

Die einzige Hauptaktivität des Controllingprozesses liegt in der *Zielverfolgung* des Gesamtprojekts. Hier geht es um eine Ergebniskontrolle, ob das Gesamtprojekt das ursprünglich verfolgte Wertschaffungsziel erreicht hat. Dies wirft einige Probleme auf. So ist zu fragen, zu welchem Zeitpunkt der Erfolg der Transaktion zu messen ist. Ein auf den ersten Blick adäquat erscheinender Zeitpunkt wäre kurz nach dem Ende der Integrationsmaßnahmen. Dagegen spricht aber, dass zu diesem Zeitpunkt die Wirkung der Integrationsmaßnahmen noch nicht zu ermitteln ist. Es wird daher nahe gelegt, solche Zielverfolgungsaktivitäten regelmäßig durchzuführen (vgl. Lucks/Meckl 2002, 221).

Ein zweites Problemfeld ist die Bestimmung des zur Ergebniskontrolle heranzuziehenden Cash-Flows. Eine saubere Betrachtungsweise würde zunächst den Wert der eigenen Geschäftseinheit ermitteln, wie er sich ohne die Akquisition entwickelt hätte. Ein Vergleich mit dem Wert der gesamten, integrierten Einheit, der anschließend zu berechnen sei, würde zeigen, ob Wert geschaffen oder vernichtet wurde. Dies ist so eindeutig aber lediglich möglich, wenn die gekaufte Einheit auf einer Stand-Alone Basis weitergeführt wird. So bleibt die Möglichkeit, den Erfolg einer Akquisition nicht relativ zur Entwicklung ohne die Akquisition sondern anhand der Erreichung von Zielvorgaben wie beispielsweise den Cash-Flow oder an einem festgelegten Index orientierte Zielvorgaben für die integrierte Einheit zu messen (vgl. Lucks/Meckl 2002, 221).

4 Zentrale Entscheidungspunkte der IT-Integration bei M&A

4.1 Entscheidungskomplexität im Rahmen der IT-Integration bei M&A

Bislang wurde der Fokus der Betrachtung darauf gelenkt, dass eine IT-Integration wesentlich durch die saubere und mit dem M&A-Gesamtprojekt koordinierte Abarbeitung von Einzelaufgaben geprägt ist. Gleichzeitig ist aber auch sicherzustellen, dass die Effizienz des M&A-Prozesses nicht unter den Maßnahmen der IT-Integration leidet, die dazu ihrerseits die Effizienzkriterien des M&A-Prozesses bestmöglich erfüllen müssen. Als anwendbares Effizienzkriterium für den M&A-Prozess wurde die Qualität und die Dauer der Entscheidungsfindung bezogen auf den Ressourceneinsatz hergeleitet.

Auch die IT-Integration ist wesentlich durch die Notwendigkeit einer Entscheidungsfindung geprägt, wie das grobe Prozessmodell in Abbildung 19 in Abschnitt 5.1 gleich in der ersten Aktivität mit der Entscheidung über die Ziel-Hard- und Software zeigt. Das Ziel dieses Abschnitts soll es dementsprechend sein, den Entscheidungsfindungsprozess über die im Rahmen der IT-Integration anzustrebende IT-Ressourcenkonfiguration durch ein entscheidungstheoretisches Modell so zu konfigurieren, dass die M&A-Effizienzkriterien bestmöglich erfüllt werden.

Der wesentliche Ansatzpunkt zur Konzeption eines solchen Modells liegt dabei darin, die Komplexität der Entscheidungsfindung beherrschbar zu gestalten, denn die Entscheidung über die anzustrebende IT-Infrastruktur als zentrale IT-Integrationsentscheidung stellt einerseits aufgrund der Vielzahl an üblicherweise zu berücksichtigenden unterschiedlichen IT-Ressourcen, die zu einer großen Anzahl grundsätzlich möglicher IT-Integrationszustände führen, ein komplexes Entscheidungsproblem dar. Andererseits ist die betriebliche IT-Funktion ganz allgemein schon durch eine außergewöhnlich hohe Komplexität geprägt, weil sie als „doppelte Querschnittsfunktion" im Unternehmen nicht nur die betrieblichen Grundfunktionen sondern auch die klassischen Querschnittsfunktionen durchdringt (vgl. Heinrich 2002, 8; Rehäuser 1999, 72-85; Schellmann 1997, 57-288).

Aus diesem Grund soll zunächst ein tieferes Verständnis der Komplexitätstreiber einer IT-Integrationsentscheidung gewonnen werden. Dazu soll übersichtsartig die Bandbreite der im Rahmen einer IT-Integration üblicherweise zu berücksichtigen

Ressourcen erläutert werden. Abbildung 15 systematisiert die im Rahmen eines M&A-Projekts üblicherweise als Integrationsobjekte vorliegenden IT-Ressourcen.

Hardware und Systemsoftware		**Anwendungssysteme**		**IT-Organisation**
Zentrale Hardware	**Dezentrale Hardware/ Systemsoftware**	**Funktionsorientiert**	**Funktionsunabhängig**	
• Rechenzentren • Wide Area Networks	• Workgroup-Server • Repeater/Bridges/ Router • Local Area Network-Topologien und -medien • Arbeitsplatzrechner • Bildschirme • Drucker • Kunden-SB-Endgeräte • Local Area Network Protokolle • Local Area Network Betriebssysteme • Arbeitsplatzbetriebs-systeme	**Basissystem** • Buchungs- und Stammdatensysteme **Vor- und Randsysteme** • Forschung, Entwicklung • Marketing, Vertrieb, Kundeninformation und –beratung • Beschaffung, Lagerhaltung, Versand • Produktion, Leistungserbringung • Personal **Berichtssysteme** • Vertriebs- /Händlersteuerung • Controlling/Finanzen • Rechnungswesen	• Office • E-Mail	• Ablauf- und aufbauorganisatorische Regelungen • Personal

Abbildung 15: IT-Integrationsobjekte (vgl. ähnlich Kromer 2001, 44 und Penzel/Fuchs 1997, 20)

Hardware und Systemsoftware

Die erste Kategorie Hardware und Systemsoftware umfasst sowohl die Gesamtheit der apparativen Ausstattungen der Rechensysteme als auch die zum Einsatz kommenden Betriebssysteme, Übersetzungs- und Dienstprogramme (vgl. Kromer 2001, 40). Zentrale Hardware-Ressourcen sind bestehende Rechenzentren als physische Orte der Datenverarbeitung und Wide Area Networks. In Rechenzentren kommen üblicherweise Unternehmensserver zum Einsatz. Unternehmensserver bedienen als Rechner die Benutzer eines ganzen Unternehmens mit Datenbank- und Anwendungsleistungen (vgl. Hansen/Neumann 2001, 78).

Wide Area Networks (WAN's) verbinden weltweit Rechner heterogener Systeme, wofür auch öffentliche Datenübertragungseinrichtungen genutzt werden und typischerweise mehrere Teilnetzwerke unterschiedlicher Betreiber miteinander verbunden werden (vgl. Hansen/Neumann 2001, 1200). Im Vergleich zu den Datentransferleistungen in Local Area Networks sind WAN's als langsam einzustufen (vgl. Zilahi-Szabó 1998, 120). Für WAN's ist die Schaffung und der Betrieb einer flächendeckenden Infrastruktur ein zentraler Kostenfaktor. Wichtige Faktoren des Netzwerkbetriebs sind das Bandbreitenmanagement, die Skalierbarkeit für Durchsatzraten und eine angemessene Ausfallsicherheit (vgl. Hansen/Neumann 2001, 1200).

Zudem liegen eine Reihe dezentraler Hardware-Ressourcen vor. Workgroup-Server verwalten von mehreren Anwendern genutzte Ressourcen in einem Rechnernetz (z.B. externe Speicher, Datenbanken oder Anwendungen), wobei die Anzahl der Nutzer durch die gebotene Dezentralität üblicherweise nicht mehr als 10 Arbeitsplatzrechner übersteigt (vgl. Hansen/Neumann 2001, 75). Um in einem Rechnernetz unterschiedliche Kommunikationsnetzwerke verbinden zu können, werden Kopplungseinheiten wie Repeater, Bridges und Router eingesetzt (vgl. Hansen/Neumann 2001, 1172-1177). Repeater sind reine Verstärkerstationen, die Signale empfangen und an alle weiteren angeschlossenen Netzwerksegmente weitergeben. Bridges sind Kopplungseinheiten zur Verbindung von Netzen durch die Überbrückung von unterschiedlichen Kommunikationsprotokollen. Letztlich liegt die zentrale Aufgabe der Router in der Wegewahl für Datenpakete, die über ein Netzwerk versandt werden.

Ein Netzwerksegment können Local Area Networks (LAN's) bilden. Sie verbinden Rechner im maximalen Umkreis von 10 km für den schnellen Informationsaustausch und unterliegen juristisch der Verantwortung eines Unternehmens, weshalb sie keine öffentliche Datenübertragungseinrichtungen benötigen, da ihre Verkabelung Eigentum des Unternehmens ist (vgl. ähnlich Zilahi-Szabó 1998, 120). Wichtige Entscheidungskriterien bei der Einrichtung eines LAN sind die Skalierbarkeit bezüglich der Anzahl der anschließbaren Arbeitsplatzrechner, die Kosten pro Anschluss und die Robustheit gegenüber unsachgemäßer Bedienung durch ungeschulte Benutzer (vgl. Hansen/Neumann 2001, 1199; vgl. auch Baldi 1999, 190-195). Weitere dezentrale Hardwareressourcen sind die bereits erwähnten Arbeitsplatzrechner mit ihren angeschlossenen Bildschirmen, Drucker und Kunden-Selbstbedienungsgeräte.

Die Systemsoftware besteht zum Einen aus Netzwerkprotokollen und zum Anderen aus Betriebssystemen. Unabhängig von der Art des Netzes ist im Rahmen der Kommunikation zwischen den Rechnern die Standardisierung des Kommunikationsprozesses von entscheidender Bedeutung. Ein Netzwerkprotokoll umfasst sämtliche Vereinbarungen, die zur Abwicklung der Kommunikation zwischen Partnern in einem Rechnernetzwerk beachtet werden müssen (vgl. Baldi 1999, 186). Protokolle regeln den Aufbau (Syntax, Repräsentationsgrößen, notwendige Inhalte) von Meldungen sowie deren Steuerinformation (Nachrichtenkopf) und legen fest, welche Antworten auf diese Meldungen erfolgen müssen (vgl. Hansen/Neumann 2001, 1199). Damit Daten in Rechnern verarbeitet und gespeichert oder durch Netzwerke übertragen werden können, muss die jeweils verwendete Hardware über entsprechende Befehle gesteuert werden. Diese Steuerung übernehmen Betriebssysteme (vgl. Baldi 1999, 58). Die Gesamtheit der Betriebssysteme wird Systemsoftware genannt (vgl. Hansen/Neumann 2001, 915).

Anwendungssysteme

Die zweite der drei Kategorien von IT-Integrationsobjekten stellen Anwendungssysteme und die in ihnen verarbeiteten Daten dar. Die Anwendungssysteme werden dabei nach dem Ausmaß ihrer Funktionsorientierung eingeteilt. Funktionsorientierte Anwendungssysteme verarbeiten Daten zu solchen Informationen, die die betriebliche Informationsnachfrage decken (vgl. auch Steinbuch 1998, 335-384; Gabriel et al. 2002, 155-238). In Abbildung 15 wurde eine weitergehende Unterteilung funktionsorientierter Anwendungssysteme vorgenommen. Das „Basissystem“ wird aus dem grundlegenden Buchungssystem und den Stammdatenbeständen gebildet. „Vor- und Randsysteme“ umfassen die Vielzahl der in den Fachbereichen laufenden funktionsorientierten Verwaltungssysteme zur Unterstützung der Leistungserstellung, die zum Teil der Umsatzerzeugung dienen. „Berichtssysteme“ umfassen die Gesamtheit der Anwendungssysteme, die der Geschäftssteuerung auf allen Ebenen dienen.

Die Gesamtheit aller funktionsorientierten Anwendungen bildet die betriebliche Anwendungsarchitektur (oder Anwendungslandschaft), die als Grundlage der Implementierung von Anwendungen dient und folgende Punkte beschreiben muss (vgl. Riemann 2001, 387):

- Die Zusammensetzung sämtlicher betrieblicher Anwendungssysteme,

- das inhaltliche Zusammenwirken und die Abhängigkeiten der Anwendungssysteme über entsprechende Schnittstellen (Input-/Output-Daten),
- die Anforderungen an die Ausführung der einzelnen Anwendungssysteme (Transformation von Input- zu Outputdaten als interne Leistung und Leistung gegenüber den Anwendern),
- die zeitlichen Anhängigkeiten zwischen verschiedenen Anwendungssystemen als Ablauffolge,
- Entscheidungskompetenzen gegenüber nachgelagerten Anwendungssystemen.

Eine Anwendungsarchitektur wird im Rahmen der Geschäftsprozessmodellierung entwickelt (vgl. zu Prozessmodellierungsmethoden Scheer 1998a). Die in den Anwendungssystemen zu verarbeitenden Daten und die Beziehungen, die zwischen diesen Daten bestehen, werden im Rahmen der Datenarchitektur definiert und mit ihren wichtigsten Attributen beschrieben (vgl. Heinrich 2002, 70; vgl. zur Modellierung einer Datenarchitektur Maier 1996, 15-19).

Wie Abbildung 16 zeigt, ist eine Anwendungsarchitektur üblicherweise durch vier eng verknüpfte Anwendungsbereiche gekennzeichnet, wobei im ersten Bereich die Vielzahl an Vor- und Randsystemen der operativen Sachgebiete vorliegt, die im zweiten Bereich über die entsprechenden Buchungen in den dritten Bereich der zentralen Auswertungssysteme der Geschäftssteuerung mündet. Die Buchungen der Bewegungsdaten aus den Vorsystemen werden dabei mit Stammdaten zu Kunden, Produkten, Konten etc. aus dem vierten Bereich verknüpft und gesteuert.

Zur Kategorie der Anwendungssysteme zählen als zweite Unterkategorie die funktionsunabhängigen Anwendungssysteme (vgl. Abbildung 15). Dazu gehören Office- und E-Mail-Systeme. Office-Systeme umfassen typischerweise Programme für Textverarbeitung, Tabellenkalkulation, Präsentationserstellungen, Kalender- und Adress- sowie E-Mailverwaltung (vgl. Hansen/Neumann 2001, 57).

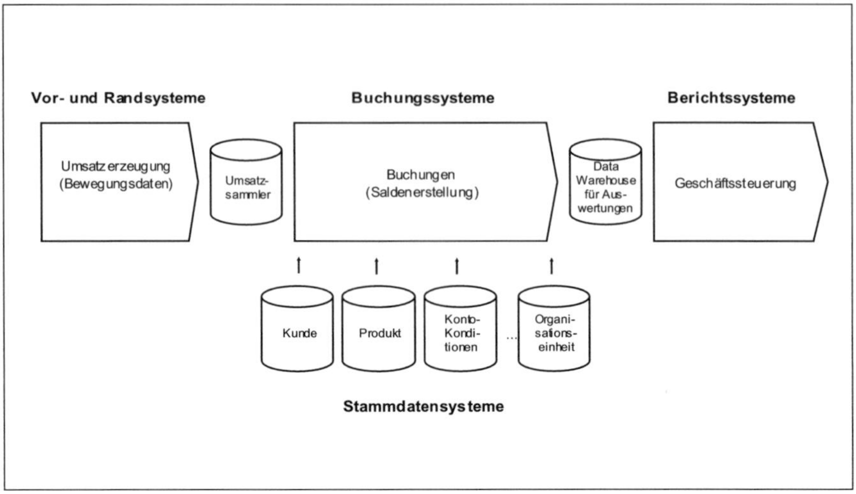

Abbildung 16: Idealtypische Anwendungsarchitektur (vgl. speziell für Banken Penzel/Fuchs 1997, 16)

IT-Organisation

Die dritte Kategorie IT-Organisation umfasst schließlich sowohl das gesamte IT-Personal als auch die zielrichtenden formalen Regelungen des IT-Bereichs im Sinne einer Aufbau- und Ablauforganisation zur Planung, Entwicklung und zum Betrieb von Informationssystemen (vgl. Abbildung 15; vgl. bezüglich der formalen Regelungen im Sinn einer IT-Governance auch Rigall/Hornke 2007, 500). Zur Veranschaulichung der Aufgaben der IT-Organisation zeigt Abbildung 17 eine exemplarische IT-Aufbauorganisation.

Damit ist die Betrachtung der IT-Ressourcen, wie sie Gegenstand der Entscheidung über die anzustrebende IT-Infrastruktur sind, abgeschlossen. Das Ziel war es dabei, die Komplexität zu verdeutlichen, die aufgrund der Vielzahl an zu integrierenden IT-Ressourcen im IT-Integrationsprozess vorliegt. Um eine effiziente Entscheidungsfindung im IT-Integrationsprozess zu ermöglichen, ist diese Komplexität systematisch zu reduzieren.

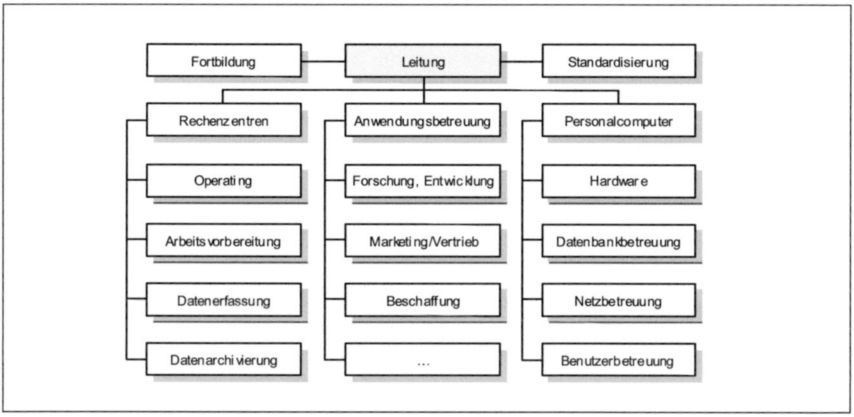

Abbildung 17: Exemplarische IT-Aufbauorganisation (vgl. Steinbuch 1998, 392)

Eine erste Reduktion der Komplexität soll dadurch erreicht werden, dass die individuellen IT-Integrationsobjekte für das weitere Vorgehen in den folgend aufgeführten Gruppen zusammengefasst werden, die sich konzeptionell stark an die Kategorisierung aus Abbildung 15 anlehnen und lediglich die zentralen Hardware-Ressourcen im Einzelnen berücksichtigen:

- Rechenzentren (RZ's),
- Wide Area Networks (WAN's),
- Dezentrale Hardware/Systemsoftware (HW/SSW),
- Anwendungssysteme und Daten (AWS),
- IT-Organisation und IT-Personal.

4.2 Konzeption eines Entscheidungsmodells der IT-Integration bei M&A

Zur Erarbeitung eines entscheidungstheoretischen Modells, das die Festlegung der im Rahmen der IT-Integration anzustrebenden IT-Infrastruktur erlaubt, ist in einem ersten Schritt das vorliegende Gestaltungsproblem näher zu spezifizieren. Dabei muss sichergestellt sein, dass die IT-Integration bei M&A ein aktiv zu planendes Instrument zur Realisierung von Unternehmenszielen darstellt. Die verschiedenen Gestaltungsmöglichkeiten der IT-Integration bei M&A bilden die IT-Integrationsalternativen, die sich durch unterschiedliche Ausprägungen der einzelnen IT-Integrationsobjekte unterscheiden.

Daraus folgt, dass eine zielorientierte Auswahl aus der großen Zahl verschiedener, grundsätzlich gegebener Gestaltungsmöglichkeiten vorzunehmen ist (vgl. ähnlich Laux 1998, 8). Aufgrund der Spezifität der Kontextfaktoren und Zielsetzungen ist transaktionsindividuell eine dieser IT-Integrationsalternativen auszuwählen. Von seiner Grundstruktur her ist das IT-Integrationsgestaltungsproblem damit ein Auswahlproblem. Um für ein solches Auswahlproblem ein Entscheidungsmodell entwickeln zu können, ist es im zweiten Schritt notwendig, diejenigen Faktoren zu identifizieren, die bei der Auswahlentscheidung berücksichtigt werden sollten.

Einflussfaktoren auf die IT-Integrationsgestaltung bei M&A

Die Lösung von Auswahlproblemen wird einerseits durch die Ziele und andererseits durch Umweltfaktoren, die die Zielerreichung beeinflussen, bestimmt (vgl. Bohr/Saliger 1983, 964). Komplexe Projekte wie die IT-Integration bei M&A bedürfen dabei einer mehrfachen Zielsetzung im Sinne einer differenzierten Teilzielsetzung (vgl. Bamberg/Coenenberg 2000, 49). Die Ziele einer IT-Integration bei M&A, wie sie für das Entscheidungsproblem relevant sind, werden in Abschnitt 5.2 ausführlich erläutert. Vorab besteht das generelle Sachziel der IT-Integration bei M&A jedoch darin, die strategischen Ziele der M&A-Transaktion durch die Schaffung und Aufrechterhaltung einer geeigneten IT-Infrastruktur in Unternehmenserfolg umzusetzen (vgl. ähnlich Heinrich 2002, 21).

Weitere Teilziele beziehen sich auf die Umsetzung der IT-Integration. Hier besteht das grundsätzliche Ziel in der Wirtschaftlichkeit und Risikovermeidung der Umsetzung der IT-Integration (siehe im Detail Abschnitt 5.2). Somit liegt ein multikriterielles Auswahlproblem mit einem Zielvektor vor, dessen Komponenten zum Einen aus übergeordneten transaktionsspezifischen M&A-Zielen und zum Anderen aus eher allgemeingültigen Effizienz- und Risikovermeidungszielen bei der Gestaltung der IT-Integration zusammengesetzt sind.

Neben den Zielen sind situativ vorliegende Umweltfaktoren, die einen Einfluss auf die IT-Integration besitzen, bei der IT-Integrationsentscheidung über die zukünftige IT-Infrastruktur zu berücksichtigen. Solche Einfluss- oder Kontingenzfaktoren betreffen folgende Bereiche: Zum Einen ist die Umweltentwicklung der beteiligten Unternehmen im Hinblick auf informationstechnologische Fortschritte zu beachten. Eine weitere relevante Kategorie von Einflussfaktoren stellen die in beiden beteiligten Unternehmen vorliegenden IT-Ressourcen dar (z.B. in Bezug auf die technische Kompatibilität der Ressourcen beider Unternehmen).

Zielsetzungen des Entscheidungsmodells zur IT-Integrationsgestaltung bei M&A

Mit der Charakterisierung als Auswahlproblem und der Identifikation der wesentlichen Einflussfaktoren auf die zu treffende Auswahlentscheidung ist das entscheidungstheoretische Grundproblem der IT-Integration hinreichend spezifiziert, um eine zielorientierte Konzeption des Entscheidungsmodells zur IT-Integration entwickeln zu können. Dazu sind die mit dem entscheidungstheoretischen Modell verfolgten Zielsetzungen genau festzulegen. Das Modell soll demgemäß

- eine allgemeingültige Rahmenfestlegung für ein logisch sinnvolles Vorgehen zur Festlegung der anzustrebenden IT-Infrastruktur liefern,
- eine Reduktion der Komplexität der IT-Integrationsgestaltungsentscheidung erreichen,
- konzeptionell mit dem für diese Arbeit herangezogenen Prozessmodell zur Durchführung von M&A-Transaktionen kompatibel sein,
- Lernprozesse bei der Beschäftigung mit der Problematik initiieren,
- die Identifikation von effizienten Maßnahmen zur IT-Integrationsgestaltung bei M&A-Projekten erlauben,
- unternehmensspezifische und unternehmensexterne Einflussfaktoren berücksichtigen,
- Interdependenzen zwischen Einzelentscheidungen zur IT-Integrationsgestaltung berücksichtigen,

- eine Integration von Informationen, die erst in den späteren Phasen eines M&A-Projekts auftauchen, erlauben,
- auf der Basis der gefundenen Ergebnisse Umsetzungsempfehlungen für die sich anschließenden Maßnahmen zur Implementierung der integrierten IT-Landschaft liefern,
- und als letztendliches Ergebnis eine Rangordnung von IT-Integrationsalternativen konstruieren, anhand derer die anzustrebende IT-Infrastruktur für das integrierte Unternehmen ersichtlich wird.

Ablaufschema der Entscheidungsfindung zur IT-Integrationsgestaltung bei M&A

Nach der Definition der Entscheidungssituation und der Zielsetzungen des Modells wird im Folgenden das in dieser Arbeit verwendete Entscheidungsmodell zur IT-Integrationsgestaltung bei M&A-Projekten vorgestellt. Ausgangspunkt dieser Konzeption ist die Identifikation sämtlicher grundsätzlich vorhandener Alternativen der IT-Integrationsgestaltung. Aufgrund der großen Anzahl an möglichen Integrationszuständen ist die resultierende Alternativenmenge allerdings sehr groß. Daher wäre es für die IT-Integrationsverantwortlichen nachteilig, alle denkbaren Alternativen der IT-Integrationsgestaltung einer vollständigen Untersuchung bezüglich ihrer Vor- und Nachteile zu unterziehen.

Aus diesem Grund soll ein Modell entwickelt werden, dass zunächst die Anzahl der zur Auswahl stehenden IT-Integrationsalternativen durch Ausschluss von Alternativen, die bestimmte Merkmale nicht erfüllen, auf ein beherrschbares Maß verringert und im Anschluss eine Auswahl der besten Alternative aus der Restalternativmenge ermöglicht. Diesem Gedankengang entsprechend soll ein zweistufiges, sequentielles Vorgehen zur Anwendung kommen (vgl. zur Vorgehensweise ähnlich Meckl 1993, 48-53).

In den beiden Stufen des Modells sollen zur Entscheidungsfindung jeweils die folgenden logischen Teilschritte durchgeführt werden. So ist als erster Schritt jeweils die Genese bzw. Identifikation der grundsätzlich (noch) möglichen Alternativen vorzunehmen. Anschließend ist ein Zielsystem für die Auswahl zu formulieren. Für die Auswahl müssen im Anschluss Informationen über die potenziellen Problemlösungsalternativen beschafft werden, auf deren Basis letztlich eine Bewertung der Alternativen nach Maßgabe von Beurteilungskriterien, die aus dem jeweiligen Zielsystem abgeleitet wurden, möglich ist.

Ein solches zweistufiges Reduktionssystem bietet sich darüber hinaus auch deshalb an, weil bei der Entscheidung zur Gestaltung der IT-Integration bei M&A den auftretenden Einzelfragen jeweils entweder ein IT-strategischer oder ein IT-operativer Charakter zugeordnet werden kann. IT-strategische Aufgaben der Informationswirtschaft umfassen das Management der IT-Infrastruktur als Ganzes (vgl. Heinrich 2002, 22; Römer 1997, 266-293). Dementsprechend kann der Begriff „IT-strategisch“ solchen Gestaltungsentscheidungen der IT-Integration zugeordnet werden, die als Rahmenfestlegung das anzustrebende Ausmaß der Integration beider beteiligter IT-Infrastrukturen (IT-Integrationsgrad) zum Gegenstand haben.

IT-operative Aufgaben der Informationswirtschaft umfassen das Management sämtlicher einzelner Komponenten der IT-Infrastruktur (vgl. Heinrich 2002, 23). Dementsprechend gelten Gestaltungsmaßnahmen der IT-Integration, die die Festlegung der einzelnen IT-Ressourcen des für den Anwender produktiv verwendbaren Informationsinfrastrukturbestands zum Gegenstand haben, als IT-operativ.

Es bietet sich an, die Reduktionssystematik des Entscheidungsmodells inhaltlich anhand dieser zwei Ausrichtungen zu gestalten. Dabei ist die IT-strategische Verknüpfung der IT-Integration mit den Zielen der M&A-Transaktion in der ersten Selektionsstufe implementierbar. Die nachgelagerte IT-operative Stufe soll die effiziente Umsetzung der IT-Integration zum Gegenstand haben.

Dabei wird die angestrebte Verkleinerung der Alternativmenge dadurch erreicht, dass in der IT-strategischen Stufe Auswahlkriterien definiert werden, denen ein Mindestanforderungscharakter gegeben wird. In der operativen Selektionsstufe bilden Effizienz- und Risikovermeidungsaspekte die Auswahlkriterien bei der Beurteilung der verbleibenden IT-Integrationsalternativen. Zu beachten ist, dass beide Stufen des Phasenmodells aufgrund ihrer divergierenden inhaltlichen Ausgestaltung jeweils unterschiedliche Auswahlalgorithmen bei der Bewertung der jeweils zur Auswahl stehenden Alternativen benötigen.

Erste Selektionsstufe

Damit die erste Selektionsstufe die Funktion einer „Vorselektion“ wahrnehmen kann, ist folglich ein Zielsystem zu entwickeln, nach dem die IT-Integrationsalternativen zu beurteilen sind. Aus dem IT-strategischen Charakter dieser Stufe ergibt sich, dass dieses Zielsystem auf dem anzustrebenden IT-Integrationsgrad basiert. Die zu treffende Entscheidung besteht somit zunächst darin, aus den grundsätzlich möglichen Integrationsgraden den vorteilhaftesten Integrationsgrad auszuwählen. Die Vorteilhaftigkeit eines Integrationsgrads leitet sich dabei aus den transaktionsindividuellen Zielen und den situativen Kontextfaktoren der IT-Integration ab, die als Informationsgrundlage zu beschaffen sind und über eine rein qualitative Betrachtung als Auswahlalgorithmus dienen.

Die Reduktion der IT-Integrationsalternativen auf ein beherrschbares Maß kann anhand des in der ersten Selektionsstufe ausgewählten anzustrebenden IT-Integrationsgrads dadurch vorgenommen werden, dass nur noch solche IT-Integrationsalternativen weiter betrachtet werden sollen, die der Unterstützung dieses IT-Integrationsgrads dienen. Die übrigen Alternativen werden nicht weiter betrachtet

In der Literatur werden eine Vielzahl von Konzepten zur Durchführung IT-strategischer Planungen angeboten, die sich jedoch auf den „normalen“ Geschäftsbetrieb beziehen und daher für die hier beschriebene IT-strategische Auswahl im Rahmen von M&A nur bedingt angewandt werden können. Eine chronologische Erläuterung der wichtigsten Schritte hilft jedoch die inhaltliche Stoßrichtung der ersten Auswahlstufe zu verdeutlichen (vgl. zur strategischen IT-Planung Hansen/Neumann 2001, 191-193):

- Vorüberlegungen: Vor dem Hintergrund der betrieblichen Situation ist zunächst der mögliche Umfang und die erreichbare Detaillierung der IT-strategischen Festlegungen zu bestimmen (Hier spielen insbesondere die inhaltlichen und zeitlichen Abhängigkeiten zur M&A-Transaktion eine Rolle). Dazu ist zudem der Planungsbereich abzugrenzen. Außerdem ist festzustellen, wie stark die Erfüllung der betrieblichen Aufgaben in Zukunft von den Informationssystemen abhängen wird.

- Analyse der Bedingungslage: Im Rahmen der Analyse der Umwelt wird zunächst das für das Unternehmen relevante Umfeld in Bezug auf zukünftige informationstechnische Möglichkeiten und Restriktionen untersucht (z.B. Rechts-, Wirtschaftsordnung, erwerbswirtschaftliche Interessen der Eigentümer, Konjunktur, IT-Markt, etc.). Zum anderen sind der Ist-Zustand und in weiterer Folge die Stärken und Schwächen der bestehenden IT-Landschaft zu ermitteln (Die größte Schwäche wird bei M&A dabei üblicherweise darin bestehen, dass beide beteiligte IT-Landschaften zu diesem Zeitpunkt nicht miteinander integriert sind. Zudem liegen vor dem Closing üblicherweise kaum Informationen über die zu erwerbende IT-Landschaft vor.).
- Setzen IT-strategischer Ziele: Als grundlegender Orientierungspunkt sämtlicher IT-Integrationsmaßnahmen ist der informationstechnische Gesamtzustand zu beschreiben, der durch die anstehenden Veränderungsschritte zu erreichen ist. Diese IT-Vision muss im Ergebnis überprüfbar und allgemein akzeptiert sein (Die Vision muss bei einer M&A-Transaktion insbesondere eine allgemeine Beschreibung des anzustrebenden IT-Integrationsgrads berücksichtigen).
- Entwicklung von IT-Strategien: IT-Strategien zeigen den Weg zur Erreichung der IT-strategischen Ziele. Es lassen sich mehrere Strategiearten unterscheiden: Produkt-/Dienstleistungsstrategie (Art und Umfang der durch die IT-Organisation angebotenen Leistungen), Anwendungsarchitektonische Strategie (Entwicklung einer organisationsweiten Datenbasis und Bestimmung des Anwendungsportfolios), IT-Ressourcenstrategie (Festlegungen zum IT-Personal, zur Informationstechnik und zu vorgesehenen IT-Budgets) und IT-Organisationsstrategie (Grundlegende Festlegung der IT-Aufbau- und –Ablauforganisation und der Zusammenarbeit mit Fachbereichen). Konzeptionell sind dies weitgehend die Inhalte, die auch das entscheidungstheoretische Modell in der ersten Auswahlstufe vorsieht.

Zweite Selektionsstufe

Um in der zweiten Stufe des Auswahlverfahrens unter den potenziellen und im Hinblick auf den IT-Integrationsgrad grundsätzlich zielführenden IT-Architekturen eine Auswahl vornehmen zu können, ist anhand von operativen Kriterien eine Priorisierung dieser IT-Integrationsalternativen vorzunehmen. Dafür sind die Alternativen anhand von Wirtschaftlichkeitskriterien und unter Risikovermeidungsaspekten so zu bewerten, dass aus den Alternativen eine Rangordnung erstellt werden kann, wobei die anzustrebende Alternative an der Spitze steht. Aus der Verwendung von Wirtschaftlichkeitskriterien ergibt sich, dass in der zweiten Selektionsstufe ein quantitativer Auswahlalgorithmus zur Anwendung kommen sollte, der auf die Kosten der Umsetzung und des Betriebs der möglichen IT-Infrastrukturen fokussiert ist.

Aus den Festlegungen dieser zweiten Selektionsstufe muß schließlich für sämtliche der oben definierten IT-Ressourcen direkt die im Rahmen der IT-Integration anzustrebende Konfiguration erkennbar sein. Im Anschluss kann das für die Realisierung dieser Festlegungen notwendige Projektportfolio abgeleitet, geplant und umgesetzt werden.

Beginnend mit den einzelnen IT-Ressourcen zeigt Abbildung 18 abschließend übersichtsartig die Anordnung der einzelnen Bausteine des Konzepts und ordnet sie in zeitlicher Perspektive bereits M&A-Aktivitäten des in Abschnitt 3 geschilderten Modells zur Durchführung von M&A-Projekten zu, die im Rahmen des im Anschluss in Abschnitt 6 zu erläuternden IT-Integrationsprozesses bei M&A Träger der jeweiligen Auswahlmaßnahme sein werden.

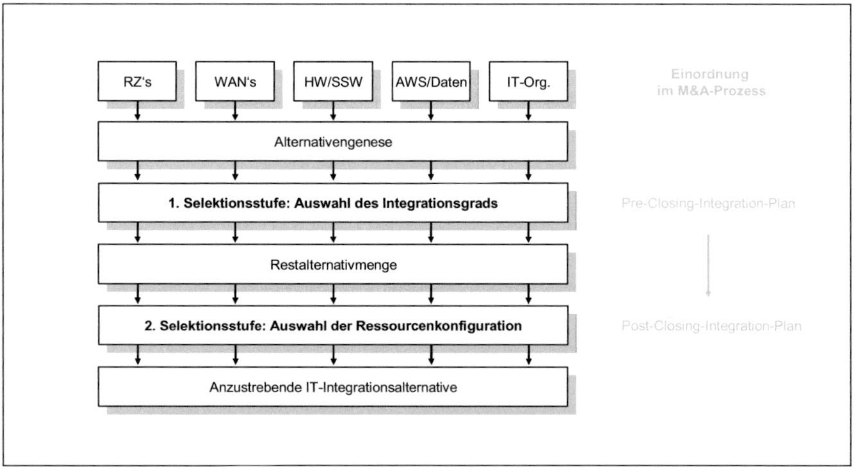

Abbildung 18: Bausteine des Entscheidungsmodells zur IT-Integrationsgestaltung

Die Gründe für die Zuordnung der Entscheidungsstufen zu den beiden M&A-Aktivitäten werden in den Abschnitten 6.3 und 6.5 zusammen mit der konkreten Ausgestaltung der Entscheidungsfindung erläutert. Diese Zuordnung soll aber im M&A-Prozess nicht insofern zu einer Einschränkung der Flexibilität der IT-Integrationsplanung führen, als dass gilt, dass die jeweiligen Auswahlentscheidungen grundsätzlich so früh wie möglich, sobald eine für die Entscheidungsfindung ausreichende Informationsversorgung vorliegt, zu treffen sind.

5 IT-Integration im M&A-Prozess

5.1 Struktur des IT-Integrationsprozesses

Das Ziel dieser Arbeit liegt in der Gestaltung einer Erfolg versprechenden Konzeption zur Optimierung der IT-Integration bei M&A-Projekten. Dazu wurden im ersten Schritt in Abschnitt 3 die allgemeinen Effizienzkriterien von M&A-Projekten erläutert. Anschließend wurde mit dem Prozessmodell von Lucks/Meckl ein als grundsätzlich erfolgversprechend erachtetes Modell zur Durchführung von M&A-Projekten skizziert. Die für dieses Modell in Abschnitt 3 festgestellte Schwäche, dass die IT-Integration angesichts ihrer Bedeutung und Erfolgswirksamkeit für das M&A-Gesamtprojekt nicht angemessen berücksichtigt wird, soll in diesem Abschnitt nun aufgehoben werden.

Zu diesem Zweck wird neben den bestehenden M&A-Teilprozessen zusätzlich ein neuer Teilprozess definiert, der als Träger der notwendigen IT-Integrationsaktivitäten fungieren soll. Dieser M&A-Teilprozess ist der „IT-Integrationsprozess".

Der erste Schritt zur Definition eines solchen IT-Integrationsprozesses muss dabei im grundsätzlichen Nachweis des Prozesscharakters einer IT-Integration bei M&A liegen. Entsprechend der Definition von Prozessen in Abschnitt 3.1.1 müssen mehrere Arbeitsschritte in einer inhaltichen und zeitlichen Interdependenz zueinander angeordnet werden, damit die Betrachtung als Ablauforganisation Sinn macht. Für die IT-Integration bei M&A-Projekten ist dies gewährleistet. Abbildung 19 zeigt diesbezüglich in hoch aggregierter Form die wichtigsten Teilaufgaben der IT-Integration in einer Prozess-Struktur.

Man könnte sich auf die skizzierte Prozess-Darstellung einer IT-Integration bei M&A beschränken. Für eine genauere Untersuchung im Hinblick auf ihre Integration in den M&A-Gesamtprozess ist sie jedoch wenig geeignet, weil zum Einen unklar bleibt, zu welchen Zeitpunkten im M&A-Gesamtprozess die Aktivitäten abzuarbeiten sind, und zum Anderen die grundlegende Einordnung dieses Teilprozesses in den M&A-Gesamtprozess offen bleibt. Bezüglich der zweiten Frage ist insbesondere die Festlegung relevant, ob es sich beim IT-Integrationsprozess um einen Kern- oder einen Unterstützungsprozess handelt (vgl. zur Prozesshierarchisierung Abschnitt 3.1.2).

Im Prozessmodell von Lucks/Meckl liegt die Hauptverantwortung für Harmonisierung der Informations- und Kommunikationssysteme ganz eindeutig beim Strukturprozess (vgl. Lucks/Meckl 2002, 125). Der IT-Integrationsprozess hat demnach den Strukturprozess bei dieser Harmonisierung zu unterstützen. Daraus ergibt sich, dass der IT-Integrationsprozess als Unterstützungsprozess in das Gesamt-M&A-Prozess-Schema zu integrieren ist. Eine solche Einordnung wurde in Abbildung 20 vorgenommen.

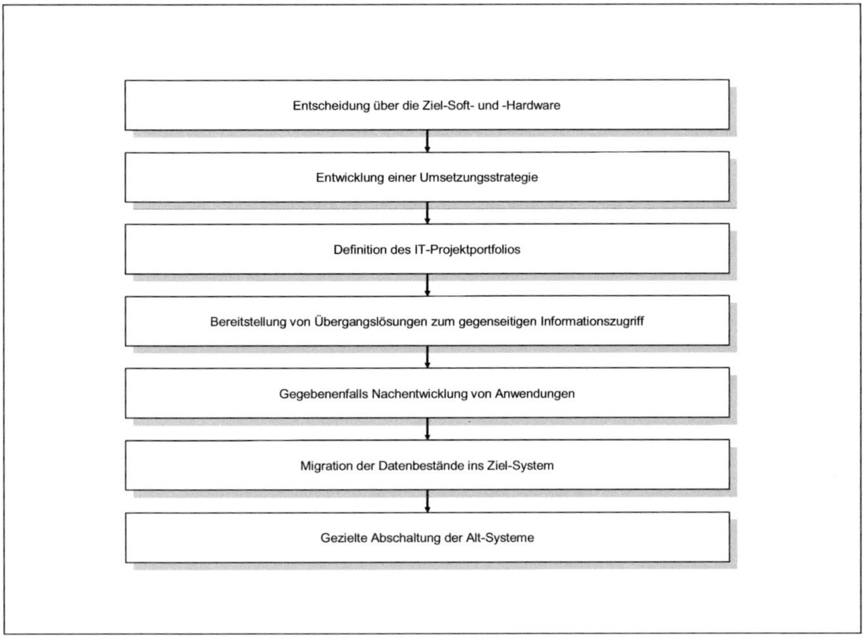

Abbildung 19: IT-Integrationsmaßnahmen bei M&A (vgl. Penzel/Pietig 2000, 114)

Abbildung 20 ist eine Weiterentwicklung von Abbildung 4. Zusätzlich zu den bekannten Teilprozessen wurde nun der IT-Integrationsprozess mit aufgenommen. Im Folgenden soll zunächst die Struktur der Haupt- und Randaktivitäten des IT-Integrationsprozesses erläutert werden. So fällt bei der Betrachtung der IT-Integrationsaktivitäten aus einer zeitlichen Perspektive auf, dass IT-Ressourcen während der Vorfeldphase so gut wie keine Rolle im M&A-Prozess spielen, da zu diesem Zeitpunkt üblicherweise noch zu wenig Informationen über das zu erwerbende Unternehmen vorliegen, um eine explizite Betrachtung der IT-Ressourcen vornehmen zu können. Abbildung 20 zeigt dementsprechend, dass der Schwerpunkt des IT-Integrationsprozesses in der Transaktions- und Integrationsphase liegt.

Diese strukturelle Eigenschaft ergibt sich auch aus den Zielen des neuen Teilprozesses. Seine Ziele werden dabei weitgehend durch den Strukturprozess festgelegt, der sich wiederum inhaltlich und zeitlich am ihm vorgelagerten Strategieprozess auszurichten hat. Diese Bedeutung für die IT-Integration ergibt sich insbesondere aus dem Ziel des Strukturprozesses, die Entwicklung und Durchsetzung einer Aufbau- und Ablauforganisation voranzutreiben, die schließlich im Rahmen des IT-Integrationsprozesses informationstechnisch abzubilden ist.

Überträgt man den Strukturentwicklungs- und -durchsetzungsgedanken des Strukturprozesses stärker detailliert auf die IT-Integration, so ist es die Aufgabe des IT-Integrationsprozesses, zunächst eine geeignete IT-Infrastruktur für das integrierte Unternehmen zu entwickeln und anschließend durch Schaffung der technischen Voraussetzungen umzusetzen. Durch diesen Teilprozess werden somit die Voraussetzungen für die Realisierung von technischen IT-Synergien geschaffen. Zudem werden Verantwortungen sowie das Zusammenwirken aller Beteiligten für einzelne IT-Integrationsmaßnahmen festgelegt. Auch aufgrund dieser Zielorientierung des IT-Integrationsprozesses sind in diesem Modell in der Vorfeldphase des M&A-Projekts keine nennenswerten IT-Integrationsaktivitäten angesiedelt.

In den beiden für die IT-Integration relevanten Phasen des M&A-Projekts differenziert sich diese Zielorientierung weiter aus. Während der Transaktionsphase liegt das Ziel des Strukturprozesses darin, die in der Vorfeldphase entwickelten Wertsteigerungsziele und Konzepte in verbindliche Vereinbarungen und Strukturen umzusetzen. Dementsprechend muss das Ziel des IT-Integrationsprozess in dieser Phase in der Durchsetzung von verbindlichen Strukturen für den Bereich der Informationsverarbeitung liegen. Aus diesem Grund ist insbesondere die Mitwirkung am *Pre-Closing-Integration-Plan* erfolgsentscheidend, in dem die vereinbarten IT-Strukturen festzuhalten sind.

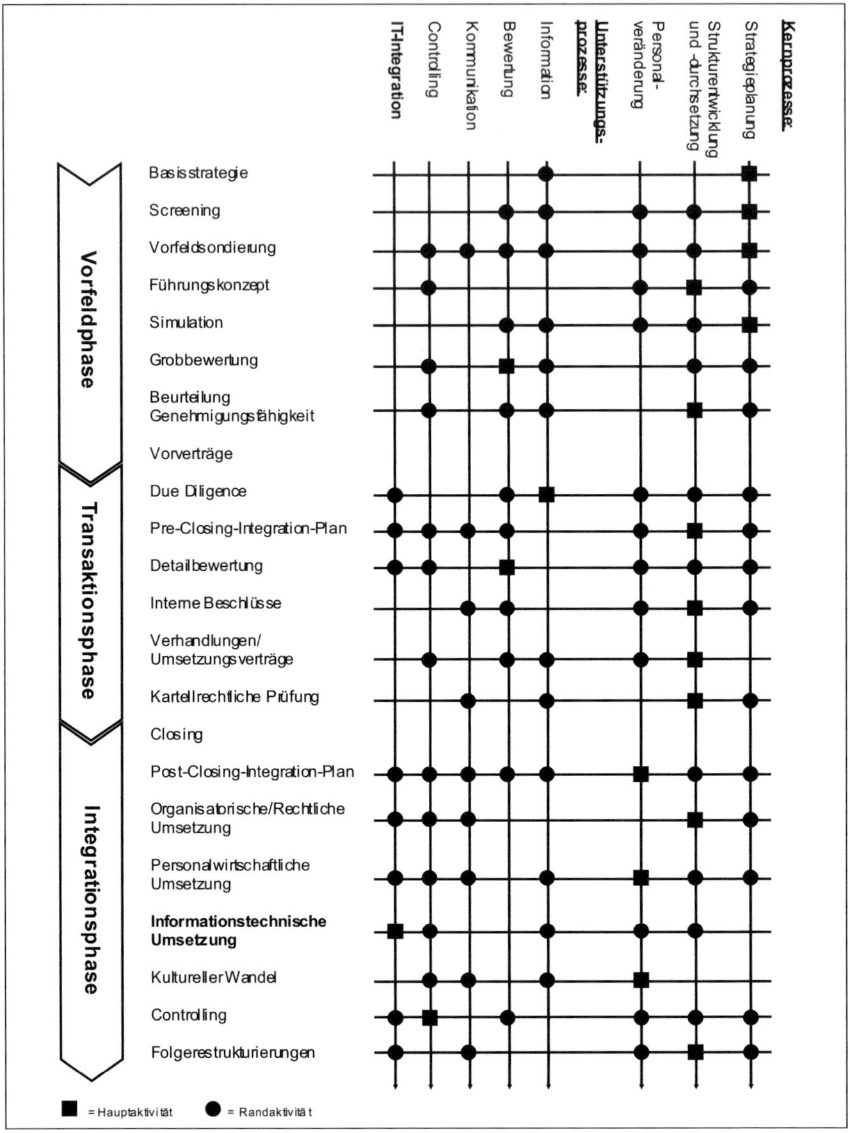

Abbildung 20: IT-Integration als Teilprozess im M&A-Prozess

In der Integrationsphase werden die in der Transaktionsphase durch die verschiedenen Teams des M&A-Projekts entwickelten Pläne anschließend formal verkündet, detailliert und umgesetzt. Das Ziel des IT-Integrationsprozesses liegt nun dementsprechend darin, verbliebene IT-Infrastruktur-Probleme zu klären und die IT-Integration umzusetzen. Die entsprechenden Aktivitäten, die dementsprechend die Mitwirkung des IT-Integrationsprozesses benötigen sind der *Post-Closing-Integration-Plan*, die *Organisatorische/Rechtliche Umsetzung* und gegebenenfalls die *Folgerestrukturierungen*.

Wie Abbildung 20 zeigt, wurde mit der Maßnahme *Informationstechnische Umsetzung* zusätzlich eine weitere Aktivität eingeführt. Diese Aktivität wurde eingerichtet, um die informationstechnischen Umsetzungsmaßnahmen auch didaktisch klar von den organisatorischen Umsetzungsmaßnahmen der Organisatorischen/Rechtlichen Umsetzung abgrenzen zu können. Sie ist die einzige Hauptaktivität des IT-Integratiomsprozesses. In ihr sind sämtliche Umsetzungsmaßnahmen der IT-Integration angesiedelt.

In den bisherigen Ausführungen zur Struktur des IT-Integrationsprozesses wurde sich stark auf die Schaffung einer IT-Infrastruktur als Ziel des IT-Integrationsprozesses konzentriert. Diesem Charakter nach, zeichnet sich der IT-Integrationsprozess insbesondere als Unterstützung für den Strukturprozess aus. Gleichzeitig ergeben sich aber auch abseits des Strukturprozesses relevante Zielstellungen des IT-Integrationsprozesses.

So sehen sich neben dem Strukturprozess auch die weiteren M&A-Teilprozesse im Lauf des Projekts mit der Frage konfrontiert, wie sie bei der Abarbeitung ihrer jeweiligen Haupt- und Randaktivitäten sicherstellen, dass die dabei zu treffenden Festlegungen und Maßnahmen auch die spezifischen Anforderungen aus den IT-Bereichen beider beteiligter Unternehmen angemesssen berücksichtigen. Aufgrund der hohen Spezifität zahlreicher informationstechnischer Aufgaben wird dementsprechend die auf die IT-Ressourcen fokussierte Abarbeitung vieler M&A-Aktivitäten häufig neben dem jeweiligen Teilprozess-Know-How auch das im IT-Integrationsprozess versammelte informationstechnische Know-how benötigen, so dass eine Mitwirkung der Verantwortlichen des IT-Integrationsprozesses häufig erfolgssteigernd wirken kann. Aus diesem Grund ergibt sich für den IT-Integrationsprozess noch die weitere Zielstellung, die anderen Teilprozesse des M&A-Projekts in IT-spezifischen Problemstellungen zu unterstützen. Für die einzelnen Teilprozesse stellt sich diese Unterstützungsnotwendigkeit jeweils wie folgt dar:

Ganz allgemein hat der Personalveränderungsprozess das Ziel, die Mitarbeiter beider Unternehmen so zusammenzuführen, dass eine möglichst hohe Effizienz in der integrierten Organisation gegeben ist (vgl. Abschnitt 3). Dieses Ziel der aus qualitativer wie quantitativer Sicht optimalen Versorgung der integrierten Organisation mit Humanressourcen stellt dabei jedoch für den IT-Bereich ein besonderes Problem dar. So ist für die personalwirtschaftlichen IT-Integrationsaktivitäten zwischen der IT-Organisation selbst und den IT-Anwendern in den Fachbereichen als Ansatzpunkte des Personalveränderungsprozesses zu unterscheiden. Dieser dualen Anforderung ist aus Sicht des IT-Integrationsprozesses insbesondere bei der Aktivität *Personalwirtschaftliche Umsetzung* erfolgswirksam zu begegnen.

Ganz ähnlich verhält es sich mit den Unterstützungsprozessen des M&A-Projekts. Auch sie kann der IT-Integrationsprozess erfolgswirksam unterstützen. Der erste der Unterstützungsprozesse ist der Informationsprozess. Hier ist es hilfreich, die Verantwortlichen des Informationsprozesses durch eine genaue Definition der Informationsbedürfnisse im IT-Bereich in die Lage zu versetzen, insbesondere im Rahmen der *Due Diligence* alle Informationen, die für die Entscheidungsfindung im Rahmen der IT-Integration notwendig sind, zum richtigen Zeitpunkt in der benötigten Qualität und an den richtigen Stellen zur Verfügung zu stellen.

Auch der Bewertungsprozess kann mit der Unterstützung durch den IT-Integrationsprozess seine Aktivitäten erfolgswirksamer abarbeiten. Das allgemeine Ziel des Bewertungsprozesses ist die möglichst exakte Bestimmung des Werts des zur Disposition stehenden Unternehmens aus Käufersicht und in den anschließenden Verhandlungen die Durchsetzung eines Kaufpreises, der aus Sicht des Käufers unterhalb des ermittelten Werts liegt (vgl. Lucks/Meckl 2002, 173). Das auf diesen Teilprozess gerichtete Ziel des IT-Integrationsprozesses liegt darin, den Wertbeitrag, den die IT-Infrastruktur des zu erwerbenden Unternehmens im Rahmen der IT-Integration liefern kann, möglichst exakt zu ermitteln und derart aufbereitet in die *Detailbewertung* mit einfließen zu lassen, dass die Verantwortlichen des Bewertungsprozesses diese wichtigen Informationen möglichst ohne weitere Modifikationen in ihren Kalkulationen verwenden können.

Letztlich wird auch der Controllingprozess nicht ohne IT-spezifischer Unterstützungsleistungen des IT-Integrationsprozesses auskommen. In den bisherigen Abschnitten zur Beschreibung der IT-Integration bei M&A-Projekten wurde die Komplexität eines IT-Integrationsprojekts deutlich (vgl. insbesondere Abschnitt 4.1). Eine Vielzahl von erfolgsrelevanten Entscheidungen zur IT-Ressourcenkonsolidierung muss getroffen und innerhalb der Unternehmensstruktur durchgesetzt werden. Aus diesem Grund ist ein M&A-Controlling auch im Bereich der IT-Integration unabdingbar.

Das Ziel des Controllingprozesses liegt in der Sicherstellung der Wertschaffung des IT-Integrationsprojekts (vgl. zu den Zielen des Controllingprozesses Abschnitt 3.2.7). Damit dieses Ziel auch für die IT-Integration erreicht werden kann, muss der Controllingprozess die IT-Integration auf zwei Ebenen betrachten. Auf der ersten Ebene muss im Rahmen der *Zielverfolgung* eine Messung und anschließende Bewertung des Gesamterfolgs im Sinne einer Wertschaffung der IT-Integration erfolgen. Auf der zweiten Ebene müssen im Rahmen der Abarbeitung die Einzelmaßnahmen der IT-Integration begutachtet werden, um gegebenenfalls noch werterhöhend in das laufende Projekt eingreifen zu können, wobei insbesondere die entwicklungstechnische Abarbeitung der Nachentwicklungs- und Migrationsprojekte im Rahmen der *Informationstechnischen Umsetzung* eigener IT-spezifischer Controlling-instrumente bedarf.

Die Prüfpunkte des IT-Integrationscontrollings ergeben sich inhaltlich aus der M&A-Balanced Scorecard aus Abbildung 14. So sind innerhalb der finanziellen Komponente der Scorecard finanzielle Kennzahlen zu erfassen und auszuwerten, die Rückschlüsse auf die Wertschaffung der IT-Integration erlauben. In den Komponenten Personal und Struktur sind die entsprechenden Aktivitäten der IT-Integration in ihrer Umsetzung zu kontrollieren, wobei der Schwerpunkt auf der strukturellen Komponente liegen sollte. Da der Strategieprozess keinen direkten sondern nur einen mittelbaren Einfluss über den Strukturprozess auf den IT-Integrationsprozess besitzt, spielt somit die Scorcard-Komponente Strategie für das IT-Integrationscontrolling bei M&A auch nur mittelbar eine Rolle.

Nach dieser Betrachtung der Struktur der Aktivitäten des IT-Integrationsprozesses soll abschließend noch auf die Aktivitäten eingegangen werden, die, obwohl sie in den Schwerpunktphasen der IT-Integration liegen, nicht zu den IT-Integrationsaufgaben zugeordnet wurden. So fällt auf, dass in der Transaktionsphase die Aktivitäten *Interne Beschlüsse*, *Verhandlungen/Umsetzungsverträge* und *Kartellrechtliche Prüfung* nicht als IT-Integrationsaktivität angesehen werden. Während die kartellrechtliche Prüfung rechtliche Aspekte in den Vordergrund stellt und damit keinen Bezug zur IT-Integration besitzt, stellt sich das Verhältnis zwischen IT-Integration und *Interne Beschlüsse* sowie *Verhandlungen/Umsetzungsverträge* so dar, dass die zu diesem Zeitpunkt vollzogenen IT-Integrationsaktivitäten lediglich einen wichtigen Input dieser Maßnahmen darstellen. In der Integrationsphase zählt der auf personalwirtschaftliche „Soft Factors" zielende *Kulturelle Wandel* nicht zu den Anknüpfungspunkten einer IT-Integration.

Damit liegen nun als Zwischenergebnis die Aktivitäten des M&A-Prozesses vor, auf die der Blick bei der Konzeption einer Erfolg versprechenden IT-Integrationsgestaltung zu richten ist. Es bleiben noch zwei weitere Fragestellungen offen. Zum Einen muss ein Zielsystem für die IT-Integration entwickelt werden, aus dem als Anforderungskatalog die inhaltliche Ausgestaltung der einzelnen Aktivitäten des IT-Integrationsprozesses abgeleitet werden kann. Dies wird in Abschnitt 5.2 vorgenommen. Zum Anderen ist die Ausgestaltung der Aktivitäten des IT-Integrationsprozesses als Hauptergebnis detailliert darzustellen. Dies erfolgt in Abschnitt 6.

5.2 Effiziente Strukturierung des IT-Integrationsprozesses

Mit der Einordnung des IT-Integrationsprozesses in den M&A-Gesamtprozess und der Identifikation der Aktivitäten des IT-Integrationsprozesses ist das konzeptionelle Gerüst geschaffen, das eine Komplexitätsreduktion der üblicherweise sehr unübersichtlichen IT-Integrationsprojekte erlaubt. Um dem Ziel der Erhöhung der Erfolgsaussichten einer M&A-Transaktion durch eine erfolgreiche IT-Integration näher zu kommen, reicht diese Konzeptionierung allerdings noch nicht aus. Damit konkrete Empfehlungen zur Erfolg versprechenden Gestaltung der IT-Integration bei M&A abgeleitet werden können, müssen Kriterien, die als Referenzpunkte der inhaltlichen und strukturellen Gestaltung dienen, identifiziert werden.

Um der Verknüpfung des IT-Integrationsprozesses mit dem M&A-Gesamtprozess gerecht zu werden, haben sich diese Kriterien dabei an den allgemeinen Effizienzkriterien des M&A-Prozesses bzw. der Teilprozesse auszurichten. Die für die M&A-Teilprozesse als Effizienzkriterium anzuwendende Input-Output-Beziehung besteht im Wertbeitrag des Teilprozesses bezogen auf den bewerteten Ressourceneinsatz (vgl. Abschnitt 3.1.4). Da die IT-Integration bei M&A ein Mittel zur Realisierung von Synergiepotenzialen und damit zur Wertschaffung darstellt, ist sie ebenfalls nach ihrem Wertbeitrag zum M&A-Projekt zu bewerten.

Das entsprechende Effizienzkriterium der IT-Integration besteht dabei in der Wertschaffung, die vor allem über die anzustrebenden Einsparungen der laufenden IT-Aufwendungen geschaffen wird, bezogen auf den IT-Integrationsaufwand, so dass sich folgende Hauptziele für die IT-Integration ableiten lassen:

- *Minimierung laufender IT-Kosten:* Verminderung des IT-Budgets der Unternehmensvereinigung im Vergleich zur Summe der vor Vollzug geplanten Einzelbudgets (vgl. Champy 1999; Main/Short 1989, 474).
- *Minimierung des IT-Integrationsaufwands:* Minimierung der Kosten, die direkt dem IT-Integrationsprozess zuzuordnen sind sowie auftretender Opportunitätskosten, die vor allem dadurch entstehen, dass Mitglieder der operativen IT-Organisation in den IT-Integrationsprozess eingebunden werden und nicht mehr zur Abwicklung des laufenden Geschäfts zur Verfügung stehen (vgl. Kromer 2001, 149).

Jedoch sind im Rahmen der Minimierung laufender IT-Kosten zusätzlich eine Reihe fachseitiger Anforderungen zu berücksichtigen, die das Ausmaß der Wertschaffung der M&A-Transaktion beeinflussen. Diese Anforderungen sind nachfolgend aufgeführt und stellen die Nebenziele der IT-Integration dar.

Die Nebenziele schränken das Hauptziel der Minimierung der laufenden IT-Kosten insofern ein, als dass die IT-Kostenminimierung nur so weit vorangetrieben werden darf, wie die Erfüllung der Nebenziele dadurch nicht gefährdet wird. Die Nebenziele stehen zueinander nicht in ausschließlicher Beziehung, sondern können gleichzeitig in unterschiedlicher Wichtigkeit/Priorität auftreten und verhalten sich gegebenenfalls interdependent (vgl. Kromer 2001, 148-152; Robbins/Stylianou 1999, 206; Bender/Ammann/Meitner 2000, 24):

- *Operative Unterstützung des integrierten Geschäfts:* Umsetzung, der aus der geschäftlichen Zusammenführung resultierenden operativen Anforderungen an die integrierte Informationsverarbeitung (vgl. auch Clever 1993, 99).

- *Strategischer Impact:* Eröffnung unternehmens- bzw. geschäftsfeldstrategischer Potenziale durch den Einsatz der Informationsverarbeitung. Beispielsweise besitzen IT-Ressourcen einen Einfluss auf die Möglichkeiten bei der Gestaltung von Organisationsabläufen (vgl. Brüning/Pedain/Deasley 2002, 138).

- *Strategisches Alignment:* Ausrichtung der Informationsverarbeitung an der Unternehmens- bzw. Geschäftsfeldstrategie (vgl. auch Clever 1993, 93, 96-98; Main/Short 1989, 474).

- *Funktionalitätsabdeckung:* Unterstützung der Aufgabenerfüllung der Fachbereiche durch Bereitstellung von Anwendungssystemen.

- *Benutzerfreundlichkeit und Transaktionskostenminimierung auf Anwenderseite*: Aufgabenerfüllung der Hard- und Systemsoftware sowie der Anwendungssysteme ohne Verschwendung von Zeit und Energie bzw. Schmälerung der Motivation der Mitarbeiter (Kriterien für Benutzerfreundlichkeit sind beispielsweise Einheitlichkeit, Verständlichkeit, geringer Zeitbedarf bei der Nutzung)

- *System- und softwaretechnische Qualität:* Umsetzung von technischen Merkmalen, die Planung, Realisierung und Betrieb der Hard- und Systemsoftware sowie der Anwendungssysteme erleichtern. Merkmale technischer Qualität können beispielsweise Änderbarkeit, Erweiterbarkeit, Portabilität sowie Sicherheit sein (vgl. auch Clever 1993, 106-107).

- *Datenqualität:* Unterstützung der Aufgabenerfüllung der Fachbereiche durch die Datenbestände der Anwendungssysteme (vgl. zur Sicherstellung einer unternehmensweiten Datenstruktur Clever 1993, 104-105).

Zusätzlich lässt sich auch der IT-Integrationswand als zweiter Komponente des oben eingeführten Effizienzkriteriums nicht ohne Einschränkungen auf ein Minimum reduzieren, weil wesentliche fachseitige Anforderungen an den IT-Integrationsprozess vorliegen und zu berücksichtigen sind. Für die Aufgabenerfüllung während des IT-Integrationsprozesses liegen in diesem Zusammenhang im Einzelnen die folgenden

Teilzielsetzungen vor, die sich ähnlich zueinander verhalten, wie die oben genannten Teilziele (vgl. Kromer 2001, 149-150):

- *Schnelligkeit:* Rasche Umsetzung der Integration (vgl. auch Cope 2000).
- *Zeitliche und inhaltliche Abstimmung mit dem Gesamtintegrationsprozess:* Koordination der Integrationsmaßnahmen von IT- und anderen Unternehmensbereichen.
- *Aufrechterhaltung des Service-Niveaus:* Einhaltung bestehender Vereinbarungen bzw. üblicher Leistungsniveaus bezüglich nutzungsrelevanter Formalziele des Verhaltens von Hard- und Systemsoftware sowie Anwendungssystemen während des M&A-Prozesses (vgl. auch Brüning/Pedain/Deasley 2002; 138, Champy 1999; Schüllermann 1999).
- *Risikovermeidung:* Reduzierung sowohl der Wahrscheinlichkeit des Eintritts unerwünschter Ereignisse als auch des Ausmaßes von Schäden, die mit diesen potentiell verbunden sind.
- *Vermeidung einer Zunahme des Anforderungs-Backlogs:* Verhinderung eines Rückstaus von unbearbeiteten fachlichen Anforderungen an die Anwendungssystementwicklung.
- *Bindung von Know-How-Trägern:* Vermeidung der Abwanderung von IT-Experten der beteiligten Unternehmen (vgl. auch McKiernan/Merali 1995, 54; Merali/McKiernan 1993, 120-121).

Durch die große Anzahl an Nebenzielen, die nun zusätzlich zu berücksichtigen sind, erschweren Messprobleme die direkte Bestimmung einer Effizienzkennzahl. Es ist folglich nötig, auch Sekundärkriterien zu bilden, die über einen engen Bezug zur Effizienzkennzahl mit der allgemeinen Effizienzbetrachtung des M&A-Prozesses kompatibel sind und die Einbeziehung der Nebenziele ermöglichen.

Für den M&A-Prozess gelten die Qualität der zu treffenden Entscheidungen und die benötigte Zeit als solche Sekundärkriterien der Wertschaffung (vgl. im Detail Abschnitt 3.1.4). Zur Effizienzsicherung sollten diese Sekundärkriterien somit auch für den IT-Integrationsprozess herangezogen werden. Dieser Anforderung wird in dieser

Arbeit insbesondere durch die Anwendung des in Abschnitt 4.2 entwickelten entscheidungstheoretischen Modells nachgekommen.

6 Der IT-Integrationsprozess

6.1 Überblick und Vorgehensweise

Wie in Abschnitt 5 angekündigt, besteht der nächste Schritt in der konkreten Beschreibung der Gestaltung des IT-Integrationsprozesses. Im Folgenden wird analog zur Strukturierung bei Lucks/Meckl so vorgegangen, dass entsprechend der Darstellung des IT-Integrationsprozesses in Abbildung 20 chronologisch die Haupt- und Randaktivitäten des IT-Integrationsprozesses im Detail erläutert werden (vgl. Lucks/Meckl 2002, 73-74).

Die inhaltliche und zeitliche Beschreibung der im Rahmen des IT-Integrationsprozesses zu lösenden Einzelaufgaben ist als eine Empfehlung im Hinblick auf eine erfolgversprechende Gestaltung zu sehen. Sie orientiert sich an den in Abschnitt 5.2 abgeleiteten Erfolgsfaktoren für eine IT-Integration und integriert an passender Stelle das in Abschnitt 4.2 entwickelte Entscheidungsmodell zur IT-Integration. Die inhaltliche Ausgestaltung der Einzelaufgaben basiert auf wissenschaftlichen Publikationen und Erfahrungsberichten zu den entsprechenden Themengebieten. Die erfolgswirksame Gestaltung der aus informationstechnischer Sicht sehr zentralen Aufgabe der Datenmigration in Abschnitt 6.8.2 basiert stark auf aus der Praxis abgeleiteten Beraterwissen.

Die Beschreibung der einzelnen Aktivitäten beginnt zumeist mit der Erläuterung der Ziele der jeweiligen Maßnahmen. Anschließend werden jeweils konkrete Instrumenten und Methoden für die einzelnen Aufgaben des IT-Integrationsprozesses dargestellt und bewertet. Die Verbindung des IT-Integrationsprozesses mit den weiteren Teilprozessen und damit die Schnittstellenproblematik im M&A-Prozess wird in Abschnitt 7 explizit betrachtet.

6.2 Due Diligence

6.2.1 Durchführung der Organizational & IT Due Diligence

Die in der Transaktionsphase anfallenden Aktivitäten des IT-Integrationsprozesses sind übersichtsartig in Abbildung 21 zusammengefasst. In der Abbildung wird zunächst deutlich, dass in der Transaktionsphase keine Hauptaktivitäten des IT-Integrationsprozesses anfallen. Von entscheidender Bedeutung ist in der Transaktionsphase jedoch insbesondere die Mitwirkung der IT-Integrationsverantwortlichen am Pre-Closing-Integration-Plan. So besitzt der Pre-Closing-Integration-Plan zwei IT-spezifische Schwerpunkte. Dabei handelt es sich zum Einen um die Festlegung des im Rahmen des M&A-Projekts anzustrebenden IT-Integrationsgrads und zum Anderen um die Ermittlung des durch diese Maßnahme realisierbaren IT-Synergiepotenzials.

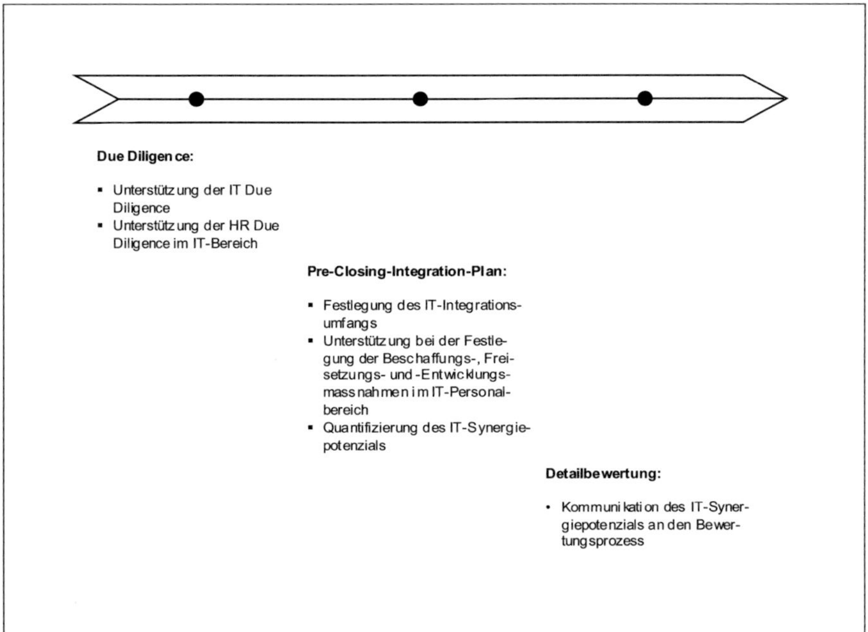

Abbildung 21: Aktivitäten des IT-Integrationsprozesses in der Transaktionsphase

Die erste Aktivität des IT-Integrationsprozesses besteht jedoch in der Unterstützung der *Due Diligence*, die eine Hauptaktivität des Informationsprozesses ist. Obwohl die Due Diligence dementsprechend lediglich eine Randaktivität des IT-Integrationsprozesses darstellt, ist die Beteiligung der IT-Verantwortlichen hier aber von Bedeutung, damit gewährleistet ist, dass zielgerichtet auch nach solchen Informationen gesucht wird, die für die Entscheidung über den im M&A-Projekt anzustrebenden IT-Integrationsgrad relevant sind. Daher ist es das Ziel des IT-Integrationsprozesses, möglichst detaillierte Informationen über die IT-Infrastruktur des zu erwerbenden Unternehmens zu erhalten, um die nachfolgende Entscheidung über den anzustrebenden IT-Integrationsgrad auf einer sicheren Informationsgrundlage fällen zu können

Neben den Informationen, die für die Entscheidung über den IT-Integrationsgrad maßgeblich sind, ist aber im gleichen Schritt sicherzustellen, dass im Rahmen der Due Diligence nach solchen Informationen gesucht wird, die eine Quantifizierung der Effekte aus der Umsetzung des anzustrebenden IT-Integrationsgrads erlauben. Zu solchen Informationen zählen insbesondere der laufende IT-Personalaufwand und Angaben über die Produktivität der Anwendungsentwickler, die Aufwand und Zeit der späteren Integration der Anwendungssysteme und Daten bestimmt.

Die aus der Due Diligence stammenden informationstechnischen Daten sollten als zu befriedigender Informationsbedarf bereits in der Vorbereitung zur Due Diligence von den Verantwortlichen des IT-Integrationsprozesses ermittelt werden, um eine zielgerichtete Suche zu ermöglichen. Die entsprechenden Informationen werden unter den in Abschnitt 3.2.4 aufgelisteten Prüffeldern der Due Diligence dem Prüffeld Organizational & IT Due Diligence zugeordnet, die übersichtsartig die folgenden Prüfpunkte abdeckt (vgl. Lucks/Meckl 2002, 167; vgl. auch Spill 2002, B6):

- Organigramme und Zuständigkeiten, Entscheidungskompetenzverteilung,
- Effizienz der Prozessabläufe im Vergleich zum eigenen Unternehmen,
- Ausstattung und Grad des Einsatzes von Informationstechnologie,
- Kompatibilität der IT-Systeme mit den eigenen Systemen.

Bei der Organizational & IT Due Diligence steht demnach die Frage im Mittelpunkt, ob Organisationsstrukturen und IT-Systeme der Zielgesellschaft im Hinblick auf die Anforderungen des integrierten Unternehmens angemessen sind, und welcher Anpassungs- bzw. Nachholbedarf in beiden Bereichen besteht (vgl. Berens/Brauner 1998, 390). Die Organizational & IT Due Diligence kann einerseits durch Einrichtung eines „Data Room“ wie auch durch Gespräche insbesondere mit den IT-Verantwortlichen des zu erwerbenden Unternehmens durchgeführt werden (vgl. dazu Abschnitt 3.2.4). Im Folgenden soll zunächst kurz auf den Teilbereich Organizational Due Diligence eingegangen werden und im Anschluss die IT Due Diligence betrachtet werden.

Relevante Informationen, die es im Rahmen der Organizational Due Diligence zu erheben gilt, sind Organigramme, Zuständigkeiten und die Entscheidungskompetenzverteilung sowie eine Abschätzung der Effizienz der Prozessabläufe im Vergleich zum eigenen Unternehmen (vgl. Lucks/Meckl 2001, 167). Eine allgemeine Checkliste zur Informationserhebung im Rahmen der Organizational Due Diligence ist in Abbildung 22 dargestellt.

Checkliste Organizational Due Diligence

- Organisationsschaubild
- Liste der Hauptniederlassungen und Zweigniederlassungen
- Liste der Betriebe nach dem Betriebsverfassungsgesetz
- Liste der Betriebsstätten nach der Abgabenordnung
- Beschaffung von Organisationsplänen und Stellenbeschreibungen
- Sind die einzelnen Stellen entsprechend der erforderlichen fachlichen und persönlichen Qualifikation besetzt?
- Abschätzung von Über- und Unterbesetzungen in den einzelnen Bereichen und der daraus resultierenden Kosten
- Befragungen der Mitarbeiter, u.a. zur Bestimmung von informalen Organisationselementen
- Analyse der formalen und informalen Organisationsstruktur auf deren Angemessenheit für die Art und Größe des Unternehmens
- Welche Probleme entstehen bei der Integration des Zielunternehmens aufgrund unterschiedlicher Organisationskulturen?
- Identifikation von Potenzialen zur Verschlankung und Flexibilisierung der Organisation
- Notwendige Veränderungen in den einzelnen Funktionsbereichen und die prognostizierten Auswirkungen auf die Motivation der Mitarbeiter
- Betriebsratsorganisation
- Identifikation der zentralen Arbeitsprozesse und -abläufe in den einzelnen Bereichen
- ...

Abbildung 22: Checkliste Organizational Due Diligence (vgl. Berens/Brauner 1999, 390)

Organigramme, Zuständigkeiten und die Entscheidungskompetenzverteilung dokumentieren den strukturellen Aufbau des zu akquirierenden Unternehmens. Der strukturelle Aufbau besitzt einen wichtigen Einfluss auf die Ertragskraft des Unternehmens, weshalb für die bevorstehende Zusammenführung der beiden Unternehmen die detaillierte Kenntnis der jeweils vorhandenen Strukturen unabdingbar ist (vgl. Lehmann/Scheuse 2000, 14).

Gegenstand der Überprüfung der Effizienz der Prozessabläufe ist die zeitliche, räumliche und sachliche Zuordnung der Geschäftsprozesse sowie deren Koordination. Ziel ist es, die Wirtschaftlichkeit der Aufgabenerledigung festzustellen, zu ermitteln, ob einzelne Bereiche personell überbesetzt sind, inwieweit die internen Aktivitäten überwacht werden und ob klare organisatorische Zuständigkeiten in den jeweiligen Funktionsbereichen definiert sind (vgl. Berens/Hoffjan/Strauch 1998, 144).

Informationsquellen sind Organisationshandbücher, Organigramme, Stellenbeschreibungen, Funktionsdiagramme sowie Mitarbeiterbefragungen und eigene Beobachtungen der Betriebsabläufe. Dabei ist zu beachten, dass bis auf die letztgenannte Quelle jeweils nur der Soll-Zustand betrachtet wird, weshalb sich das Käuferunternehmen auch mit der Ist-Struktur, die nicht unerheblich von der Soll-Struktur abweichen kann, und der informalen Organisation beschäftigen sollte (vgl. Berens/Hoffjan/Strauch 1998, 145). Zum Effizienzvergleich sind für die Kernprozesse beider Unternehmen Stärken/Schwächen-Analysen zu erarbeiten (vgl. Lehmann/Scheuse 2000, 14).

Die IT Due Diligence umfasst schließlich die Analyse der IT-Infrastruktur des zu erwerbenden Unternehmens im Vergleich zum eigenen Unternehmen. Die Ergebnisse dieser Analyse haben zum Ziel, die Entscheidung über den anzustrebenden IT-Integrationsgrad im Rahmen des Pre-Closing-Integration-Plan, wie sie von den Verantwortlichen des Strukturprozesses zu treffen ist, auf eine gesicherte Informationsgrundlage zu stellen (vgl. Abschnitt 3.2.4).

Zusätzlich muss aus den erfassten Informationen heraus eine Quantifizierung der Effekte der Umsetzung des IT-Integrationsgrads möglich sein, die in die Unternehmensbewertung einfließen kann. Um die Auswahl des anzustrebenden IT-Integrationsgrads im Strukturprozess vornehmen zu können, ist es dementsprechend die Aufgabe des Informationsprozesses, innerhalb der IT Due Diligence nach Informationen über die maßgeblichen Einflussfaktoren der Entscheidung über den IT-Integrationsgrad zu suchen und die so erfassten Ausprägungen der Einflussfaktoren den Verantwortlichen des Strukturprozesses zur Verfügung zu stellen.

In den Erläuterungen zur Aktivität Pre-Closing-Integration-Plan werden die wesentlichen Einflussfaktoren auf diese Entscheidung für die einzelnen IT-Ressourcen identifiziert (vgl. zu den Einflussfaktoren im Detail Abschnitt 6.3). Dabei sind insbesondere die situativen Einflussfaktoren mit ihrem Fokus auf die spezifische IT-Ressourcenausstattung des Erwerbsobjekts Gegenstand der IT Due Diligence. An dieser Stelle seien beispielhaft die Anzahl und die geographische Entfernung der Rechenzentren oder auch die Häufigkeit des Standortwechsels der Fachbereichsmitarbeiter als Einflussfaktoren auf die Entscheidung über den anzustrebenden IT-Integrationsgrad genannt.

Im Weiteren soll sich bei der Erläuterung der IT Due Diligence jedoch auf die Erfassung der beiden Einflussfaktoren konzentriert werden, die im Vergleich zu den übrigen Einflussfaktoren besonders komplex und IT-spezifisch sind:

- Qualität der IT-Ressourcen des größeren/kleineren Partners,
- Systemtechnische Homogenität/Heterogenität der IT-Ressourcen beider Unternehmen.

6.2.2 Bewertung der Qualität der IT-Ressourcen

Hinsichtlich der Qualität der IT-Ressourcen der beiden Transaktionspartner wird zunächst deutlich, dass im Rahmen der Vorbereitung der IT Due Diligence erst ein Bild über die eigene IT-Ressourcenausstattung des erwerbenden Unternehmens zu erstellen ist, das für einen Abgleich mit den Systemen des Erwerbsobjekts geeignet ist.

Außerdem ist vorab die Frage zu klären, anhand welcher Kriterien die Qualität der IT-Ressourcen zu beurteilen ist (vgl. zu Kriterien der Qualitätsbeurteilung unter Berücksichtigung der unternehmensindividuellen strategischen Rolle der IT auch Nolan/McFarlan 2005, 3-4). Hier bietet es sich jedoch an, die vorliegenden IT-Integrationsziele als Maßstab zu nehmen und im Rahmen der IT Due Diligence zu ermitteln, in wie weit die IT-Ressourcen des Erwerbsobjekts für sich bereits den aus den IT-Integrationszielen abgeleiteten Anforderungen entsprechen (vgl. zu IT-Integrationszielen Abschnitt 5.2; vgl. auch Berens/Brauner 1999, 390; Müller 2002, 86).

Zu solchen Anforderungen an die IT-Ressourcen zählt in erster Linie die Ermittlung des Grades an fachlicher Abdeckung der betrieblichen Funktionen. Zusätzlich sollten in Bezug auf die Qualität Aussagen zur Benutzerfreundlichkeit, zum Integrationsgrad und der Qualität der Datenbestände und system- und softwaretechnische Qualitätsmerkmale in den einzelnen operativen Funktionsbereichen wie Änderbarkeit, Erweiterbarkeit, Kompatibilität oder auch Sicherheit berücksichtigt werden. Zu Sicherheitsaspekten zählt auch die Frage, ob ein ausreichender Notfallplan für einen Systemausfall besteht. Gleichzeitig sollte die IT Due Diligence für die Identifikation wesentlicher Verbesserungspotenziale in den oben angesprochenen Bereichen genutzt werden .

Zusätzlich sollten die erhobenen Qualitätsmerkmale um Informationen über die laufenden Kosten der IT-Infrastruktur ergänzt werden. Zur Vergleichbarkeit mit dem eigenen Unternehmen oder einem Branchendurchschnitt sollten die Gesamtkosten gewichtet werden (z.B. IT-Kosten/Umsatz oder IT-Kosten/Anzahl Mitarbeiter). Angaben über die einzelnen Kostenblöcke der vorliegenden IT-Infrastruktur sind darüber hinaus insbesondere auch aus dem Grund relevant, dass sie nach der Entscheidung über den anzustrebenden IT-Integrationsgrad eine Abschätzung der dadurch eröffneten Einsparpotenziale im IT-Bereich erleichtern.

An dieser Stelle wird ein Problem der IT Due Diligence deutlich, dass sich auf die Qualität der zur Verfügung gestellten Daten und damit auf deren unmittelbare Vergleichbarkeit zu den Daten des eigenen Unternehmens bezieht. So liegen zwischen einzelnen Unternehmen zum Teil deutlich voneinander abweichende Ansätze zur IT-Kostenrechnung vor, die sich in Bezug auf die Qualität der Kostenzuordnung und den Detaillierungsgrad der Daten zum Teil unterscheiden (vgl. Couturier/Kumbat 2000, 12):

- *Verursachungsgerecht*: Die Zurechnung von IT-Kosten erfolgt anhand der tatsächlichen Nutzung der IT-Infrastruktur. Zur Erfassung kommen spezielle Anwendungssysteme zum Einsatz, die etwa die Nutzung der zentralen Verarbeitungseinheiten, die Belegung von Speicherplatz oder die Nutzung von Telekommunikationsleistungen messen. Die IT-Kosten werden damit jeder Geschäftseinheit entsprechend ihrer Nutzung der IT-Ressourcen zugeordnet. Dies ist die exakteste IT-Kostenrechnungsmethode, jedoch aufwendig zu implementieren.

- *Leistungsbasiert*: Jedem Nutzer wird ein durchschnittlicher Kostensatz zur Nutzung von Informationsverarbeitungsleistungen veranschlagt. Zur Ermittlung des Kostensatzes werden die IT-Gesamtkosten durch die Anzahl der Nutzer dividiert. Jedem Unternehmensbereich können im Anschluss anhand der Anzahl seiner Mitarbeiter IT-Kosten verrechnet werden. Dieser Ansatz ist sehr leicht zu implementieren, bildet jedoch die tatsächliche Kostenverursachung nur sehr ungenau ab.

- *Pauschal*: Anstatt einer Zurechnung anhand von Anwenderzahlen werden die gesamten IT-Kosten zu einem Festpreis an alle Geschäftseinheiten „verkauft". Dies ist die einfachste Kostenrechnungsalternative, die aber den Nachteil besitzt, dass sie davon ausgeht, dass sämtliche Geschäftsbereiche die vorhandenen IT-Ressourcen im gleichen Umfang nutzen.

- *Kostentreiberorientiert*: IT-Kosten werden Kostentreibern wie Kunden, Anwendungen oder Standorten zugeordnet. Die Gesamt-IT-Kosten eines Treibers werden über Prozentsätze ermittelt und dem einzelnen Kunden, einer Anwendung oder einem Standort belastet. Diese Methode ist ebenfalls leicht zu implementieren, ist aber nicht so genau wie die verursachungsgerechte Zuordnung.

- *Geschäftsbereichsorientiert*: Jedem Nutzer werden Kosten für einzelne IT-Dienste oder -produkte verrechnet, die der Nutzer nachfragt. Dadurch wird der Nutzer für die von ihm verursachten IT-Kosten verantwortlich. Aufgrund der genauen Zuordnung von IT-Kosten besitzt diese Methode den Nachteil, dass Nutzer gegebenenfalls aus Kostenüberlegungen nicht das angemessene Maß an IT-Leistungen nachfragen, da sie sämtliche von ihnen verursachten Kosten zu rechtfertigen haben.

Um angesichts dieser Fülle an qualitativen und quantitativen Einzelinformationen eine Beurteilung der qualitätsmäßigen Gesamtsituation der IT-Infrastruktur beider Transaktionspartner abgeben zu können, sind die Informationen nach ihrer Erhebung in aggregierter Form aufzubereiten. Eine solche Aggregation der Qualitätsmerkmale kann über ein Scoring-Modell erfolgen, wobei den einzelnen Qualitätsmerkmalen zunächst Bedeutungsgewichte zugeordnet werden und anschließend über eine Rating-Kennzahl die Ausprägung des jeweiligen Merkmals innerhalb der IT-Infrastruktur des betrachteten Unternehmens erfasst wird.

Die Summe aller auf diese Weise gewichteten Ratings ergibt die Qualitätskennzahl, die als Maßstab der Qualität der IT-Ressourcen des größeren/kleineren Partners mit der entsprechend ermittelten Qualitätskennzahl der IT-Infrastruktur des eigenen Unternehmens zu vergleichen ist (zur Durchführung eines solchen Scoring-Modells zur Qualitätsbeurteilung von IT-Infrastrukturen bei M&A vgl. insbesondere Buck-Lew et al. 1992, 77; vgl. ähnlich Abbildung 23).

6.2.3 Bewertung der systemtechnischen Homogenität/Heterogenität

Als zweiter im Rahmen der IT Due Diligence zu untersuchender wesentlicher Einflussfaktor auf die Entscheidung über den anzustrebenden Integrationsgrad der IT-Ressourcen wurde oben die systemtechnische Homogenität/Heterogenität der IT-Ressourcen beider Unternehmen genannt (vgl. ähnlich Berens/Hoffjan/Strauch 1998, 146). Das Ausmaß an Heterogenität bestimmt dabei wesentlich die Kompatibilität zwischen beiden IT-Infrastrukturen, wobei mit zunehmender Heterogenität von abnehmender Kompatibilität auszugehen ist.

Die Kompatibilität beeinflusst direkt den Wertzuwachs, den ein Unternehmen durch eine M&A-Transaktion realisieren kann. Einerseits entscheidet die Kompatibilität darüber, ob eine Integration der IT-Systeme effizient durchführbar gestaltet werden kann, andererseits ist sie die Voraussetzung für viele fachseitige Synergien insbesondere im Prozessbereich (vgl. Johnson 1989, 56). Anstelle einer Kostenreduzierung durch die Zusammenlegung von Informationsverarbeitungsressourcen, könnten im Fall nicht kompatibler Informationssysteme sogar Kostensteigerungen durch aufwendige Schnittstellen entstehen, die es zu implementieren gälte, und aufgrund der Fortführung beider Alt-Systeme würde zudem eine zuvor eventuell vorgesehene Stellenkürzung im IT-Bereich unmöglich, da beide Systeme für sich weiter betreut werden müssten (vgl. Johnson 1989, 56).

Insbesondere die in einem Unternehmen vorhandenen Anwendungssysteme zeichnen sich dabei aber oftmals dadurch aus, dass sie historisch gewachsen sind und deshalb nur bedingt unternehmensübergreifenden Architekturansprüchen genügen, und sich die benutzen Programmiersprachen, Entwicklungsumgebungen sowie die eingesetzte Standardsoftware in den meisten Fällen deutlich zwischen den an der Transaktion beteiligten Unternehmen unterscheiden, was deren Kompatibilität beeinträchtigt (vgl. Lehmann/Scheuse 2000, 16).

Eine Beurteilung der Kompatibilität von IT-Infrastrukturen erfolgt dabei anhand einer Betrachtung der IT-Ressourcen aus einer technischen Perspektive, indem untersucht wird, in wie weit jeweils die einzelnen Komponenten der IT-Infrastrukturen beider Unternehmen zueinander kompatibel sind. Zur Beurteilung der Kompatibilität lassen sich darüber hinaus aber auch aus den weiteren Prüffeldern der Due Diligence wertvolle „nicht-technologische“ Informationen gewinnen (vgl. Johnson 1989, 56): Unterschiedlichkeit der in den IT-Organisationen verfolgten Ansätze zur Anwendungsentwicklung (Organizational Due Diligence) oder Unterschiede in der Qualifikation der IT-Mitarbeiter (Human Ressource Due Diligence).

Wesentlich für die Erfassung der Kompatibilität zwischen den IT-Ressourcen sind jedoch die technologischen Unterschiede zwischen den einzelnen IT-Ressourcen beider Unternehmen. Aus diesem Grund ist eine Liste der verwendeten Hard- und Systemsoftware in den verschiedenen Unternehmensbereichen beider Unternehmen zu erstellen, die Unterschiede der technischen Konzeption aufdeckt. Zusätzlich sind für die in beiden Unternehmen vorhandenen Anwendungssysteme entsprechende Listen zu erstellen, die in einer Gegenüberstellung Auskunft über den Hersteller und die Version der jeweils funktionstechnisch vergleichbaren Anwendungssysteme geben, oder die jeweilige Software als Eigenentwicklung des Unternehmens ausweisen, die in der Regel größere Integrationsprobleme bereitet als extern bezogene Standardsoftware (vgl. Berens/Brauner 1998, 390). Zudem ist nach weiteren „Altlasten“ zu suchen, die eine Integration erschweren. Dazu kann beispielsweise eine mangelhafte Dokumentation der eigenentwickelten Anwendungssysteme gehören, die eine weitergehende Analyse des Systems erschwert.

Die daraus entstehende Vielzahl an Informationen ist zur besseren Gesamtbeurteilung in aggegrierter Form im IT-Integrationsprozess aufzubereiten, wofür sich wiederum ein Scoring-Modell eignet. Abbildung 23 zeigt exemplarisch ein solches

Scoring-Modell zur Gesamtbeurteilung der Kompatibilität der IT-Ressourcen zwischen den Transaktionspartnern.

IT Komponenten	Bewertung der Kompatibilität			
	Voll kompatibel	Teilweise kompatibel	Nicht kompatibel	Punkte
Hardware	x			3/3
Systemsoftware		x		2/3
Anwendungssoftware			x	0/3
Programmiersprachen	x			3/3
Datenbankarchitektur			x	0/3
Netzwerksbetriebssysteme	x			3/3
Anwendungsentwicklungs-ansatz			x	0/3
IT Strategie			x	0/3
IT Personal		x		1/3
Durchschnitt				**1,3/3**

Abbildung 23: Exemplarischer IT-Kompatibilitätsindex (vgl. Johnson 1989, 61)

Im dargestellten Modell ist bei technologisch homogenen IT-Komponenten von voller Kompatibilität ausgegangen worden. Die Kompatibilität solcher Komponenten wurde mit drei Punkten bewertet. Unterschieden sich die IT-Komponenten demgegenüber insofern, dass beispielsweise in beiden Unternehmen eine Komponente desselben Herstellers vorlag, jedoch unterschiedliche Produktversionen zum Einsatz kamen, wurde geprüft, in wie weit eine teilweise Kompatibilität vorlag. Eine solche teilweise Kompatibilität wurde mit einem Punkt bewertet. Bei technologisch unterschiedlichen IT-Ressourcen wurde von keiner Kompatibilität ausgegangen, die mit null Punkten bewertet wurde.

Aus dem Durchschnitt der Punktwerte lässt sich analog zu den Einzelwerten eine transparente Aussage über die systemtechnische Homogenität/Heterogenität und damit über die Kompatibilität der IT-Infrastrukturen beider Transaktionspartner ableiten.

Wie oben bereits erwähnt sind die einzelnen Prüfungsgegenstände der Due Diligence, wie sie hier erläutert wurden, nicht als vollständig anzusehen und auf den Einzelfall anzupassen (vgl. dazu z.B. Nolop 2007, 5). Eine abschließende Zusammenführung sämtlicher erfasster Informationen der IT Due Diligence wird zusammen mit den Ergebnissen der weiteren Prüffelder in einem Due Diligence-Report von den Verantwortlichen des Informationsprozesses dokumentiert und meist in nochmals aggregierter Form den Entscheidungsgremien beim Erwerberunternehmen vorgelegt, so dass sie in der weiteren Planung und vor allem in der folgenden Aktivität *Pre-Closing-Integration-Plan* Berücksichtigung finden können (vgl. allgemein Lucks/Meckl 2002, 167).

6.3 Pre-Closing-Integration-Plan

6.3.1 Festlegung des anzustrebenden IT-Integrationsgrads

6.3.1.1 Integrationsgrad der Rechenzentren

Die zweite Aktivität des IT-Integrationsprozesses besteht in der Unterstützung der Erstellung des *Pre-Closing-Integration-Plan*. Dies ist eine Hauptaktivität des Strukturprozesses. Da detaillierte Anweisungen zu diesem Zeitpunkt im M&A-Prozess aufgrund der trotz Due Diligence noch dünnen Informationslage nicht formuliert werden können, steht im Zentrum des Pre-Closing-Integration-Plan die Bestimmung von Vorgaben für jeden einzelnen Funktionsbereich anhand der strategischen Vorgaben und dem allgemeinen Wertsteigerungsziel der Transaktion.

Solche Vorgaben schränken den anschließenden Handlungsspielraum bereits stark auf die danach verbleibenden zielführenden Handlungsalternativen ein. Konzeptionell und der Funktion nach entspricht diese Aktivität damit der ersten Auswahlstufe des in dieser Arbeit entwickelten Entscheidungsmodells aus Abschnitt 4.2. Demnach liegt das IT-Integrationsziel des Pre-Closing-Integration-Plan in der Bestimmung eines geeigneten Integrationsgrads der IT-Ressourcen.

Konzeptionell hat sich die Planung an das allgemein im M&A-Projekt festgelegte Format des Pre-Closing-Integration-Plan zu halten, das sämtliche Unternehmensfunktionen umfassen sollte. Abbildung 24 zeigt den Ausschnitt eines exemplarischen Plans, der sich auf die betriebliche IT-Funktion bezieht.

IT-Ressourcen	Stammland kaufendes Unternehmen	Stammland gekauftes Unternehmen	Land 1	...
Rechenzentren	• **Kurzfristig**: Kopplung der Rechenzentren • **Mittelfristig**: Zusammenlegung von Standorten			
Wide Area Networks	• **Kurzfristig**: Kopplung der WAN's • **Mittelfristig**: Zusammenlegung der Netze			
Dezentrale Hardware und Systemsoftware	• **Kurzfristig**: - • **Mittelfristig**: Standardisierung			
Anwendungssysteme und Daten	• **Kurzfristig**: Kopplung der Anwendungssysteme • **Mittelfristig**: Standardisierung der Anwendungssysteme/ Datenmigration			
IT-Organisation	• **Kurzfristig**: Ermöglichung der Zusammenarbeit • **Mittelfristig**: Verschmelzung der IT-Organisationen			

Abbildung 24: Exemplarischer Maßnahmenplan der IT-Integration

Dabei wurde innerhalb der IT-Funktion eine Untergliederung nach den in Abschnitt 4.1 identifizierten IT-Ressourcen vorgenommen, die Gegenstand der Entscheidung über den anzustrebenden IT-Integrationsgrad sind. Der jeweils anzustrebende Integrationsgrad ist als Maßnahme formuliert für die weitere IT-Integrationsplanung in die folgenden Spalten einzutragen. Ergänzend sind kurzfristige Maßnahmen, die für die Übergangsphase bis zum Abschluss der Integrationsaktivitäten von Bedeutung sind, im Plan festzuhalten.

Zur Identifikation der Maßnahmen ist folglich pro Ressourcenkategorie eine IT-strategisch orientierte Auswahl des anzustrebenden Integrationsgrads vorzunehmen. Dazu sind pro IT-Ressourcenkategorie die grundsätzlich möglichen Integrationsgrade und die wesentlichen Einflussfaktoren auf die Auswahlentscheidung zwischen den Alternativen zu identifizieren. Dies soll in den folgenden Unterabschnitten für jede IT-Ressourcenkategorie vorgenommen werden.

Die Auswahlentscheidung über den jeweils für die einzelnen IT-Ressourcen anzustrebenden IT-Integrationsgrad sollte dabei jedoch insbesondere aufgrund der noch dünnen Informationslage nicht auf quantitativer Basis erfolgen (vgl. Abschnitt 4.2). Um die Entscheidungsfindung bezüglich der oben beschriebenen Einzelfragestellungen zu erleichtern, bietet es sich vielmehr an, eine Aggregation der zumeist qualitativen Einflussfaktoren durch die Anwendung von Scoring-Modellen herbeizuführen, wie sie ähnlich in Abschnitt 6.2.3 erläutert werden.

Eine der wichtigsten Entscheidungen, die im Rahmen der IT-Integration bei M&A zu treffen ist, betrifft die Fragestellung, ob und in welchem Ausmaß vormals separate zentrale Verarbeitungs- und Speicherkapazitäten der beiden beteiligten Unternehmen zusammenzuführen sind. Diese Maßnahme fördert in ganz besonderem Maße das Zusammenwachsen der beiden IT-Infrastrukturen, was dazu beiträgt, die Erfolgwahrscheinlichkeit der IT-Integration zu erhöhen (vgl. Kromer 2001, 180).

Als mögliche Auswahlalternativen stehen idealtypisch verdichtet vier unterschiedliche Ansätze zum anzustrebenden Integrationsgrad der beteiligten Rechenzentren beider Unternehmen zur Verfügung, wobei die Reihenfolge der Alternativen einer zunehmenden Verbindungsintensität folgt (vgl. Kromer 2001, 177):

- Separate Fortführung durch Verzicht auf Konsolidierungsmaßnahmen,
- Regionen-/Landesspezifische Konsolidierung,
- Konsolidierung bei Selektion einer Rechenzentrenarchitektur,
- Konsolidierung auf neue Rechenzentren-Architektur (zumeist nur im Zusammenhang mit einem Outsourcing der Rechenzentrumsleistung sinnvoll).

Die Vorteilhaftigkeit einzelner Alternativen ergibt sich aus einem transaktionsindividuell zu erhebenden Situationsprofil, das von den Ausprägungen der in Abbildung 25 identifizierten Einflussfaktoren auf die Konsolidierung von Rechenzentren abhängt. Dabei legt das standardisierungsförderliche Situationsprofil einen hohen Integrationsgrad nah, während bei einem standardisierungshemmenden Profil ein geringer Integrationsgrad vorteilhaft ist.

Standardisierungs-förderliches Situationsprofil	**Einflussfaktoren der Konsolidierung von Rechenzentren**	Standardisierungs-hemmendes Situationsprofil
	Ziele der IT-Integration	
Relevant	Senkung laufender IT-Kosten	Wenig relevant
Relevant	Schnelligkeit	Wenig relevant
	Gestaltungselement der IT-Integration	
Hoch	Standardisierung der Anwendungssysteme	Niedrig
	Kontingenzfaktoren	
Hoch	Anzahl der Rechenzentren	Niedrig
Niedrig	Geographische Entfernung der Rechenzentren	Hoch
Hoch	Freie Verarbeitungs- und Speicherkapazitäten	Niedrig
Homogen	Hard- und Systemsoftware-Plattformen	Heterogen
Homogen	Kompetenzen der RZ-Mitarbeiter	Heterogen
Hoch	Mobilität der RZ-Mitarbeiter	Niedrig

Abbildung 25: Einflussfaktoren der Rechenzentrenkonsolidierung (vgl. Kromer 2001, 184)

Bei den Einflussfaktoren lassen sich drei Kategorien unterscheiden. So besitzt die Bedeutung der jeweiligen IT-Integrationsziele, wie sie in Abschnitt 5.2 identifiziert wurden, einen Einfluss. Außerdem wird die Entscheidung über den anzustrebenden Integrationsgrad teilweise durch Integrationsmaßnahmen bei den übrigen IT-Ressourcen beeinflusst. Letztlich liegen in beiden beteiligten Unternehmen situative Kontingenzfaktoren vor, die ebenfalls die Vorteilhaftigkeit einzelner Integrationsgrade beeinflussen. Im Folgenden sollen die Einflussfaktoren erläutert werden.

In Bezug auf die IT-Integrationsziele ist die Zusammenlegung der Rechenzentren üblicherweise eine stark kostenreduzierende Maßnahme, die Hardware-, Personal- und Facility-Kosten im IT-Bereich senken kann. Darüber hinaus ist eine Zusammenlegung der Rechenzentren insbesondere dafür geeignet, eine schnelle Integration beider beteiligten Unternehmen zu gewährleisten. Die Vorteilhaftigkeit einer Zusammenlegung der Rechenzentren setzt in der Regel einen hohen anzustrebenden Integrationsgrad der bestehenden Anwendungssysteme beider Unternehmen voraus.

Bleiben demgegenüber zwei weitgehend individuelle Anwendungslandschaften bestehen, rechtfertigen die notwendigen Einmalaufwendungen und Risiken eine Verlagerung der Anwendungssysteme in ein anderes Rechenzentrum nicht, weil durch Weiterführung sämtlicher Alt-Anwendungssysteme die IT-Synergiepotenziale auf Hardware- und Raumkosten begrenzt bleiben (vgl. Kromer 2001, 181).

Schließlich besitzt noch eine Reihe von situativen Kontextfaktoren einen Einfluss auf die Entscheidung zur Rechenzentrenkonsolidierung (vgl. Kromer 2001, 182). Grundlegend sind hier die Anzahl und die Entfernung der Rechenzentren sowie das Ausmaß der freien Speicher- und Verarbeitungskapazitäten. Umso höher die Anzahl der Rechenzentren, desto größer erscheint der Anreiz, eine Konsolidierung herbeizuführen. Jedoch sinkt dieser Anreiz mit zunehmender Entfernung zwischen den Rechenzentren aufgrund der erhöhten Einmalaufwendungen und der im anschließenden Betrieb laufenden Kommunikationskosten.

Liegen im aufnehmenden Rechenzentrum nicht ausreichend freie Speicher- und Verarbeitungskapazitäten für die zu integrierenden Anwendungen und Daten aus den aufzulösenden Rechenzentren vor, so sinkt die Vorteilhaftigkeit einer Zusammenlegung mit der Höhe der notwendigen Erweiterungsinvestitionen. Darüber hinaus lassen homogene Hard- und Systemsoftware-Plattformen bei ähnlichen Kompetenzen der Mitarbeiter höhere Kostensenkungen und ein vermindertes Risiko bei der Integration der Rechenzentren erwarten. Letztlich besitzt auch die Mobilität der Mitarbeiter einen Einfluss. Ist diese nicht ausreichend vorhanden, besteht die Gefahr der Abwanderung von Know-How-Trägern, wodurch es zu einer Gefährdung des Geschäftsbetriebs kommen kann.

Entsprechend des im Einzelfall vorliegenden Situationsprofils zur Vorteilhaftigkeit der Rechenzentrenintegration sollte sich somit anhand der oben beschriebenen vier

Auswahlalternativen für einen entsprechenden Integrationsgrad der bestehenden Rechenzentren beider Unternehmen entschieden werden, so dass hier bereits in der Transaktionsphase eine Grundsatzentscheidung zur IT-Integration betroffen wird.

6.3.1.2 Integrationsgrad der Wide Area Networks

Die Wide Area Networks der an einer Transaktion beteiligten Unternehmen stellen neben den Rechenzentren eine weitere Hardware-Ressource dar, über deren Integration es im M&A-Prozess zu entscheiden gilt. Idealtypischerweise lassen sich auch bei dieser IT-Ressourcenkategorie als Verdichtung der möglichen Auswahlalternativen vier Integrationsansätze mit unterschiedlichen Integrationsgraden unterscheiden (vgl. Kromer 2001, 185):

- Separate Fortführung,
- Kopplung,
- Konsolidierung bei Selektion einer WAN-Architektur,
- Konsolidierung auf neue WAN-Architektur (zumeist vorteilhaft, wenn die vorhandenen WAN's nicht mehr dem Stand der Technik entsprechen, wie etwa bei Trennung der Leitungskapazitäten nach Sprache und Daten).

Abbildung 26 zeigt, dass die Frage, in wie weit eine Zusammenlegung der WAN's zu einem Integrationserfolg führt, hauptsächlich von der geographischen Ähnlichkeit der Absatzgebiete beider Unternehmen abhängt.

Dabei führt üblicherweise eine große geographische Ähnlichkeit auch zu ähnlich gelagerten Netzstrukturen, wodurch eines der parallel liegenden Netze leichter aufgegeben werden kann. In einem solchen Fall liefert eine WAN-Konsolidierung einen substanziellen Beitrag zur Wertschaffung eines M&A-Projekts. Zusätzlich fördert auch die Konsolidierung der Rechenzentren den Anreiz, die WAN's zusammenzulegen.

Standardisierungs-förderliches Situationsprofil	**Einflussfaktoren der WAN-Zusammenlegung**	Standardisierungs-hemmendes Situationsprofil
	Gestaltungselemente der IT-Integration	
Ja	Konsolidierung der Rechenzentren	Nein
	Kontingenzfaktoren	
Hoch	Ähnlichkeit der geographischen Absatzgebiete	Niedrig

Abbildung 26: Einflussfaktoren der WAN-Konsolidierung (vgl. Kromer 2001, 189)

Entsprechend des im Einzelfall vorliegenden Situationsprofils zur Vorteilhaftigkeit der WAN-Zusammenlegung sollte sich somit anhand der oben beschrieben Auswahlalternativen als weitere Grundsatzentscheidung für einen anzustrebenden Integrationsgrad der bestehenden Netze entschieden werden.

6.3.1.3 Integrationsgrad der dezentralen Hardware und Systemsoftware

Neben der Konsolidierung von Rechenzentren und WAN's ist außerdem eine Entscheidung über die Harmonisierung/Standardisierung der dezentralen Hardware-Ressourcen mit der zugehörigen Systemsoftware zu treffen. Generell ist die Vorteilhaftigkeit einer Standardisierung stärker für die eingesetzte Systemsoftware gegeben, während die Hardware-Komponenten üblicherweise weit seltener im Rahmen der IT-Integration standardisiert werden müssen (vgl. Kromer 2001, 192).

Idealtypischerweise lassen sich bei dieser Ressourcenkategorie als Auswahlalternativen drei Integrationsansätze mit unterschiedlichen Integrationsgraden unterscheiden (vgl. ähnlich Kromer 2001, 193):

- Separate Fortführung: Verzicht auf Zusammenführung/Harmonisierung,

- Standardisierung der Betriebssysteme ohne Hardware: Vereinheitlichung der hier betrachteten Software-Ressourcen ohne Standardisierung der Hardware-Ressourcen (Diese Alternative bietet sich unter Anderem an, weil nahezu alle Hardwarehersteller genormte Hardwareschnittstellen unterstützen.).
- Vollständige Standardisierung: Vereinheitlichung aller hier betrachteten Integrationsobjekte, d.h. sowohl die dezentrale Hardware als auch die zugehörige Systemsoftware (insbesondere aus Gründen der technischen Betriebssicherheit der IT-Infrastruktur).

Die Faktoren, die die Entscheidung über den Integrationsgrad der dezentralen Hardware und Systemsoftware maßgeblich beeinflussen, sind in Abbildung 27 dargestellt. Vier Ziele der IT-Integration sind demnach relevant für eine Konsolidierungsentscheidung. So stellt eine Konsolidierung ein wesentliches Element der systemtechnischen Unterstützung eines integrierten Geschäftsbetriebs dar. Allerdings birgt die Durchführung der Konsolidierung ein Risikopotenzial für die Aufrechterhaltung der Service Levels. Demgegenüber fördert sie jedoch das schnelle Zusammenwachsen beider Unternehmen (vgl. Kromer 2001, 195).

Darüber hinaus stellt insbesondere die Entscheidung zur Integration der Anwendungssysteme einen Einflussfaktor dar. So kann im Zuge der Vereinheitlichung von Anwendungssystemen deren Support dadurch erleichtert werden, dass die dezentralen Ressourcen homogen gestaltet sind. Teilweise erfordert die Vereinheitlichung von Anwendungssystemen auch Eingriffe zumindest in Teile der dezentralen Hardware- und Systemsoftware.

Einen ähnlichen Einfluss übt die Entscheidung über den Integrationsgrad der IT-Organisation aus. Insbesondere die Zentralisierung des Benutzerservices und der Netzwerkadministration als Bestandteile der IT-Organisation erfordern geradezu eine Vereinheitlichung dezentraler Ressourcen, wodurch das Know-How der für dezentrale IT-Ressourcen zuständigen Mitarbeiter zur Determinante der Standardisierungsentscheidung wird (vgl. Kromer 2001, 197).

Weitere Einflussgrößen der Konsolidierung dezentraler Hardware und Systemsoftware ergeben sich aus dem spezifischen situativen Umfeld. So ist oftmals der Einsatz automatischer Softwareverteilung erst bei weitgehender Vereinheitlichung praktikabel (vgl. Kromer 2001, 197). Außerdem ist eine Standardisierung leichter realisierbar, wenn die Systeme des kleineren Partners qualitativ unterlegen sind. Des Weiteren nimmt die Vorteilhaftigkeit einer Standardisierung mit der technischen Verschiedenartigkeit der Ressourcen zu, da erweiterter Know-How Bedarf sowie zusätzliche Kosten für Parallelbetrieb und Wartung der unterschiedlichen Technologien zu erwarten sind.

Standardisierungs-förderliches Situationsprofil	**Einflussfaktoren der Standardisierung dezentraler Hardware und Systemsoftware**	Standardisierungs-hemmendes Situationsprofil
	Ziele der IT-Integration	
Relevant	Operative Unterstützung des integrierten Geschäfts	Wenig relevant
Wenig relevant	Aufrechterhaltung von Service Levels	Relevant
Relevant	Schnelligkeit	Wenig relevant
Wenig relevant	Risikovermeidung	Relevant
	Gestaltungselemente der IT-Integration	
Hoch	Standardisierung der Anwendungssysteme	Niedrig
Hoch	Verschmelzung der IT-Organisationen	Niedrig
	Kontingenzfaktoren	
Hoch	Nutzung automatischer Softwareverteilung	Niedrig
Hoch/Niedrig	Ressourcenqualität des größeren/kleineren Partners	Niedrig/Hoch
Heterogen	Technische Konzeption der Ressourcen	Homogen
Hoch	Häufigkeit des Standortwechsels von Fachbereichsmitarbeitern	Niedrig
Hoch	Integrationsgrad der Fachbereiche	Niedrig

Abbildung 27: Einflussfaktoren der Standardisierung dezentraler Hardware und Systemsoftware (vgl. Kromer 2001, 199)

Zusätzlich wird bei häufigem Ortswechsel der fachseitigen Mitarbeiter deren Aufgabenerfüllung durch an allen Standorten identische Konfigurationen dezentraler IT-Ressourcen erleichtert. Letztlich steigt mit zunehmender Verbindungsintensität der

Fachbereiche auch die Notwendigkeit, die dezentrale Hardware und Systemsoftware zu standardisieren.

Falls ein standardisierungsförderliches Situationsprofil zur Integration der dezentralen Hardware und Systemsoftware vorliegt, sollte sich somit für einen hohen Integrationsgrad mit weitgehender Zusammenlegung der bestehenden Ressourcen entschieden werden. Damit liegt zu diesem Zeitpunkt auch hier eine Entscheidung über den im Rahmen der IT-Integration anzustrebenden Integrationsgrad vor.

6.3.1.4 Integrationsgrad der Anwendungssysteme und Daten

Die Verknüpfung der Anwendungssysteme nimmt eine besondere Stellung ein, da sie das Gestaltungselement der IT-Integration bei M&A mit den weitreichensten Folgen für die geschäftliche und mentale Zusammenführung der betrachteten Unternehmen ist. Die Integration der Anwendungssysteme wird damit zum Instrument der Erschließung sowohl von IT-bezogenen als auch fachseitigen Synergiepotenzialen. Bezüglich des zu leistenden Integrationsaufwands sei darauf hingewiesen, dass funktionsunabhängige Anwendungssysteme (Office- und E-Mail-Systeme) im Vergleich zu funktionsorientierten Anwendungssystemen aufgrund ihrer üblicherweise geringeren Anzahl und Individualität (F&E-Systeme, Rechnungswesen, Finanzen etc.) leichter standardisierbar sind.

Als Auswahlalternativen über den anzustrebenden Integrationsgrad stehen dabei die folgenden Integrationsansätze zur Verfügung, die wie oben eine idealtypische Verdichtung aus der Bandbreite der möglichen Integrationsansätze darstellen und der Reihenfolge nach in der Verbindungsintensität zunehmen (vgl. Kromer 2001, 204):

- Parallele Fortführung sämtlicher Anwendungssysteme,
- parallele Fortführung der funktionsorientierten Anwendungssysteme, ggf. Standardisierung der funktionsunabhängigen Anwendungssysteme,
- weitgehend parallele Fortführung und Verknüpfung funktionsorientierter Anwendungssysteme beider Unternehmen mit Standardisierung einiger Anwendungssysteme auf ausgewählten Wertschöpfungsstufen, ggf. Standardisierung der funktionsunabhängigen Anwendungssysteme,

- weitgehende Standardisierung der Anwendungssysteme mit paralleler Fortführung einiger der ursprünglichen Anwendungssysteme beider Unternehmen auf wenigen Wertschöpfungsstufen,
- vollständige Standardisierung aller Anwendungssysteme.

Abbildung 28 zeigt, dass die Entscheidung über den Integrationsgrad der Anwendungssysteme von fünf Zielen der IT-Integration abhängt. So ist die Vereinheitlichung der Anwendungssysteme eine notwendige Voraussetzung der geschäftlichen Verzahnung mit den daraus resultierenden Anforderungen an die Informationsverarbeitung. Gleichzeitig gilt eine Standardisierung der Anwendungssysteme als wesentliches Mittel einer langfristigen Ausrichtung der Informationsverarbeitung an den Unternehmens- bzw. Geschäftsfeldstrategien (vgl. Kromer 2001, 208).

Zudem gewinnt eine Integration der Anwendungssysteme mit zunehmender Relevanz des Kosteneinsparungsziels an Vorteilhaftigkeit, indem sie substanzielle Einsparungen im Bereich der Softwareentwicklung und -wartung ermöglicht. Darüber hinaus fördert eine weitgehende Standardisierung der Anwendungssysteme das schnelle Zusammenwachsen beider beteiligten Unternehmen. Letztlich steigt aufgrund der unmittelbaren Verknüpfung von Geschäftsprozess- und Anwendungssystemgestaltung mit zunehmendem Ausmaß der Standardisierung auch die Notwendigkeit, Integrationsmaßnahmen zwischen IT- und Fachbereichen zeitlich eng zu koordinieren.

Der fundamentale Treiber der Integration der Anwendungssysteme ist jedoch als Kontingenzfaktor der anzustrebende fachseitige Integrationsgrad. Diesbezüglich stehen dabei prinzipiell vier unterschiedliche Integrationsansätze zur Verfügung (siehe Abbildung 29), die sich an den Dimensionen „Autonomiebedarf des gekauften Unternehmens“ und „Integrationsbedarf des kaufenden Unternehmens“ orientieren. So übernimmt beim Integrationsansatz *Finanz-Holding* die Obergesellschaft als erwerbendes Unternehmen lediglich die Koordination selbstständiger Geschäftsbereiche, was zu einem äußerst geringen Integrationsgrad der Fachbereiche führt (vgl. Lucks/Meckl 2002, 104). Dies führt zu einem standardisierungshemmenden Situationsprofil für die Anwendungssysteme (vgl. McKiernan/Merali 1995, 55).

Standardisierungs-förderliches Situationsprofil	**Einflussfaktoren der Standardisierung von Anwendungssystemen**	Standardisierungs-hemmendes Situationsprofil
	Ziele der IT-Integration	
Relevant	Operative Unterstützung des integrierten Geschäfts	Wenig relevant
Relevant	Strategisches Alignment	Wenig relevant
Relevant	Senkung laufender IT-Kosten	Wenig relevant
Relevant	Schnelligkeit	Wenig relevant
Relevant	Zeitliche Abstimmung mit dem Gesamtintegrationsprozess	Wenig relevant
	Kontingenzfaktoren	
Hoch	Integrationsgrad der Fachbereiche	Niedrig
Hoch	Häufigkeit des Standortwechsels von Fachbereichsmitarbeitern	Niedrig
Hoch	Produkt-Markt-Ähnlichkeit	Niedrig
Hoch	Zustimmung seitens des Erwerbsobjekts	Niedrig
Hoch/Niedrig	Qualität der AWS des größeren/kleineren Partners	Niedrig/hoch
Heterogen	Systemtechnische Konzeption der Anwendungssysteme	Homogen

Abbildung 28: Einflussfaktoren der Standardisierung von Anwendungssystemen (vgl. Kromer 2001, 212)

Die Integrationsalternative *Erhaltung* stellt im Sinne des Wortlauts ebenfalls keine echte Integration dar, da das erworbene Unternehmen nicht verändert wird. Dies bietet sich an, wenn im Markt des zu erwerbenden Unternehmens stark divergierende Marktmechanismen wirken (vgl. Lucks/Meckl 2002, 104). Somit wird ein dem Integrationsansatz Finanz-Holding relativ ähnlicher Integrationsgrad angestrebt (vgl. McKiernan/Merali 1995, 55).

Für den Fall, dass im Integrationsansatz Erhaltung beide Partner aus den verschiedenen Industrien dennoch eine große gemeinsame Kundenbasis besitzen, sind Synergien, die durch eine Ausnutzung der möglicherweise vorhandenen Cross-

Selling-Potenziale entstehen können, trotz des geringen anzustrebenden Integrationsgrads zu realisieren. Als IT-Integrationsmaßnahmen fielen daher vor allem die Kopplung einiger Anwendungssysteme, wie zum Beispiel Kundendatenbanken und vertriebsunterstützende Systeme an (vgl. Berensmann/Spang 1998, 36).

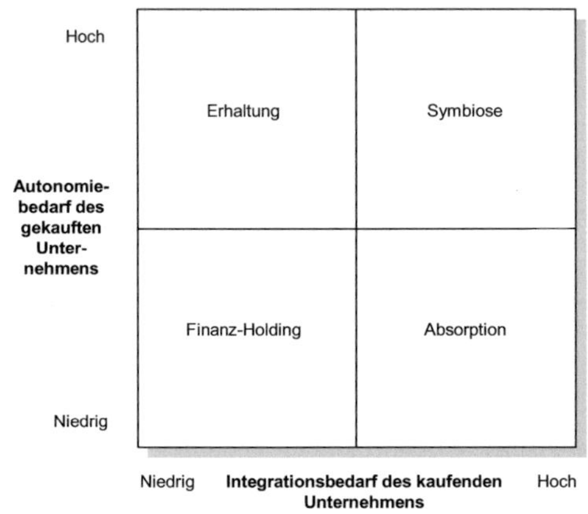

Abbildung 29: Integrationsansätze (vgl. Haspelagh/Jemison 1992, 174)

Gehören beide Unternehmen derselben Branche an und besitzen ähnliche Geschäftsprozesse, so übt das Größenverhältnis der beiden Partner den entscheidenden Einfluss auf die Integrationsgestaltung aus (vgl. Komus/Reiter 2000, 36; Lucks/Meckl 2002, 104). Dabei wird ein hoher Integrationsgrad der Fachbereiche dadurch angestrebt, dass sämtliche Prozesse und Strukturen des größeren Partners auf den kleineren übertragen werden. Der entsprechende Integrationsansatz ist die *Absorption.* Ausgehend vom hohen Integrationsgrad der Fachbereiche sind dementsprechend nicht nur die Anwendungssysteme, sondern die gesamte IT-Infrastruktur und IT-Organisation des kleineren Unternehmens möglichst schnell in die des größeren Unternehmens zu integrieren (vgl. Berensmann/Spang 1998, 36; McKiernan/Merali 1995, 55; vgl. zur Veranschaulichung z.B. Hoffman 1998).

Für die oben geforderte Übertragung der Anwendungssysteme des größeren Partners auf den kleineren sprechen vor allem die mangelnde Skalierbarkeit der Anwendungen auf die integrierten Anforderungen und die üblicherweise vorliegende Unvollständigkeit der kleineren Systeme. Dieses Vorgehen kann sich sogar als das einzig praktikable erweisen, wenn ein Unternehmen in kurzer Zeit eine Vielzahl von kleineren Akquisitionen tätigt und dabei jeweils eine weit reichende Integration angestrebt (vgl. Komus/Reiter 2000, 37).

Die *Symbiose* ist bei Transaktionen vorteilhaft, die sowohl einen hohen Bedarf an Autonomie wie auch an Integration mit sich bringen. Hier ist folglich die Argumentation nicht so eindeutig: Ausgehend von dem hohen Integrationsgrad der Fachbereiche (vgl. Lucks/Meckl 2002, 104) liegt analog zur Absorption ein stark standardisierungsförderliches Situationsprofil im Bereich der Anwendungssysteme vor. Gleichzeitig ist aber dem akquirierten Unternehmen ein ausreichendes Autonomieniveau zu erhalten, so dass eine Übertragung sämtlicher Anwendungssysteme nicht zielführend ist. Somit ist zu prüfen, in wie weit parallele Anwendungssysteme mit ähnlichen Funktionalitäten weiterzuführen und gegebenenfalls zu verknüpfen sind, um die Besonderheiten des akquirierten Geschäftsmodells nicht zu zerstören (vgl. McKiernan/Merali 1995, 55).

Neben dem fachseitigen Integrationsgrad liegt ein weiterer Faktor zur Festlegung des Integrationsgrads der Anwendungssysteme in der Häufigkeit des Standortwechsels der Mitarbeiter beider Unternehmen (vgl. Abbildung 28). Ein häufiger Wechsel eines relevanten Anteils der Mitarbeiter wirkt hier standardisierungsfördernd, damit den Mitarbeitern als Anwendern identische Anwendungssysteme an allen Standorten zur Verfügung gestellt werden können. Des Weiteren führt die Verwandtschaft der Produkte und Märkte der beiden Partnerunternehmen (dort wo sie zu einer verstärkten fachseitigen Integration führt) zu einer tiefer gehenden Integration der Anwendungssysteme.

Außerdem ist das Transaktionsklima von Bedeutung für die Entscheidung über den anzustrebenden Integrationsgrad der Anwendungssysteme (vgl. Kromer 2001, 210-211). So ist eine Bejahung der Transaktion durch die Leitung des erworbenen Geschäfts ein Katalysator der Standardisierungsbereitschaft. Dagegen äußert sich bei nicht gegebener Bereitschaft Widerstand im Rahmen der IT-Integration insbesondere im Bereich der Anwendungssystemstandardisierung, da diese eng mit der Prozessgestaltung verknüpft ist und die Bewahrung der Geschäftsmodelle der beteiligten Unternehmen beeinträchtigt.

Die relative Qualität der bei beiden Partnern eingesetzten Anwendungssysteme beeinflusst insofern zusätzlich die Entscheidung, als dass deutliche Qualitätsdefizite der Anwendungssystemarchitektur des kleineren Unternehmens eine Standardisierung auf die Systeme des größeren Unternehmens nahe legen, während bei entsprechenden Qualitätsdefiziten des größeren Unternehmens mit Widerständen im kleineren Unternehmen zu rechnen ist.

Als letzter Einflussfaktor besitzt die systemtechnische Heterogenität der bei beiden Partnern eingesetzten Anwendungssysteme einen Einfluss auf die Entscheidung zur Anwendungssystemintegration, wobei mit zunehmender Heterogenität von einem zunehmenden Know-How-Bedarf und erhöhten Kosten in den Bereichen Softwareentwicklung, -betrieb und -wartung auszugehen ist, was einen Anreiz zur Standardisierung bietet.

Entsprechend des im Einzelfall vorliegenden Situationsprofils zur Integration der Anwendungssysteme sollte sich als wesentliche Grundsatzentscheidung anhand der oben genannten Auswahlalternativen für einen anzustrebenden Integrationsgrad der bestehenden Anwendungssysteme beider Unternehmen entschieden werden.

6.3.1.5 Integrationsgrad von IT-Organisation & IT-Personal

Letztlich stellen auch die beteiligten IT-Organisationen mit dem dazugehörigen IT-Personal eine wesentliche Ressource dar, die es im Rahmen eines M&A-Projekts zu konsolidieren gilt (vgl. Smalley-Bowen 2000). Das Ausmaß der anzustrebenden Verzahnung kann dabei anhand der folgenden Klassifikation von Integrationsgraden bestimmt werden, die nach zunehmender Verbindungsintensität gegliedert ist (vgl. Kromer 2001, 214):

- Autonomie,

- Teilverschmelzung,
- Regionen-/Landesspezifische Vollverschmelzung,
- Vollverschmelzung bei Selektion einer Organisation,
- Vollverschmelzung auf neue Organisation.

Wesentliche Einflussfaktoren auf die Entscheidung über die zukünftige Struktur der gemeinsamen IT-Organisation werden in Abbildung 30 dargestellt. Zum Einen hängt die Entscheidung vom Ausmaß der Relevanz dreier Ziele der IT-Integration ab. So stellt die Vereinigung der beiden IT-Organisationen ein Instrument dar, die geschäftlichen Anforderungen des integrierten Unternehmens in die Gestaltung der Hardware und Systemsoftware sowie der Anwendungssysteme einfließen zu lassen.

Gleichzeitig ist zu erwarten, dass eine weitgehende Integration beider IT-Organisationen zu einem verstärkten Umstrukturierungsbedarf führt, wodurch während der Übergangsphase die Leistungsbereitschaft beider IT-Organisationen eingeschränkt wird. Daher muss bei einer Verschmelzung der IT-Organisationen üblicherweise eine temporäre Einschränkung des Leistungsniveaus in Kauf genommen werden. Besitzt jedoch die zeitliche Komponente der Integration im individuellen Fall eine sehr hohe Bedeutung, so sollte eine schnelle Integration durch eine weitgehende Zusammenlegung der Aktivitäten unterstützt werden.

Den grundlegenden und bestimmenden Einfluss besitzen zwei Gestaltungselemente der IT-Integration. So steigt mit dem Integrationsgrad der Anwendungssysteme und Rechenzentren auch die Vorteilhaftigkeit der Zusammenlegung der diese IT-Ressourcen betreuenden IT-Organisationen. Hier hat die Standardisierung der Anwendungssysteme üblicherweise die Zusammenlegung der mit Anwendungsentwicklung und –wartung betrauten Abteilungen zur Folge. Die Konsolidierung der Rechenzentren führt üblicherweise zu einer Vereinheitlichung der betriebs- bzw. produktionsbezogenen RZ-Einheiten. Letztlich spielt die Frage eine Rolle, wie konsequent IT-integrationsbedingte Änderungen der IT-strategischen Ausrichtung im Sinne des „Structure-follows-Strategy-Paradigmas“ sich auch in den Prozessen und Strukturen der IT-Organisation abbilden sollen.

Standardisierungs-förderliches Situationsprofil	**Einflussfaktoren der organisatorischen Verschmelzung**	Standardisierungs-hemmendes Situationsprofil
	Ziele der IT-Integration	
Relevant	Operative Unterstützung des integrierten Geschäfts	Wenig relevant
Wenig relevant	Aufrechterhaltung von Service-Levels	Relevant
Relevant	Schnelligkeit	Wenig relevant
	Gestaltungselemente der IT-Integration	
Hoch	Standardisierung der Anwendungssysteme	Niedrig
Hoch	Konsolidierung der Rechenzentren	Niedrig
Umfangreich	IT-Strategieentwicklung im Integrationsprozess	Gering
	Kontingenzfaktoren	
Hoch	Zustimmung seitens des Erwerbsobjekts	Niedrig
Aufgaben-orientiert	Führungsstil im Integrationsprozess	Beziehungs-orientiert
Hoch	Mobilität der IT-Mitarbeiter	Niedrig
Hoch/Niedrig	Qualität der IT-Prozesse und -Strukturen des größeren/kleineren Partners	Niedrig/Hoch
Hoch	Integrationsgrad der Fachbereiche	Niedrig

Abbildung 30: Einflussfaktoren der Verschmelzung der IT-Organisationen (vgl. Kromer 2001, 227)

Des Weiteren liegen eine Reihe situativer Einflussfaktoren auf die Entscheidung zur Verschmelzung der IT-Organisationen vor (siehe Abbildung 30). Die Vorteilhaftigkeit der Verschmelzung beider IT-Organisationen ist mit der Ablehnung seitens der Leitung bzw. der Eigentümer von Minderheitenanteilen des Erwerbsobjekts gefährdet. Als weitere Stellgröße des Integrationsgrads der IT-Organisationen übt der Führungsstil der Geschäftsleitung insofern einen Einfluss aus, als dass oftmals ein primär beziehungsorientierter, auf Rücksichtnahme und Ausgleich aller Interessen zielender Führungsstil zum weitgehenden Erhalt beider IT-Organisationen führt.

Eng damit verbunden besitzt die Mobilität der Mitarbeiter einen integrationsförderlichen Einfluss auf die Entscheidung zur Verschmelzung der beteiligten IT-Organisationen. Demgegenüber übt die Gefahr des Mitarbeiterverlusts bei örtlicher Verlagerung der Aktivitäten aufgrund einer Zusammenlegung einen negativen Einfluss auf die Integration aus. Außerdem erleichtern unzureichende Organisationsformen des kleineren Partners die Zusammenlegung der IT-Organisation, während umgekehrt qualitativ schlechtere IT-Prozesse und –Strukturen des größeren Partners einer Verschmelzung der IT-Organisationen oft die Grundlage entziehen. Letztlich übt auch das Bemühen, eine dem fachseitigen Integrationsgrad konforme Gestaltung der IT-Organisation zu gewährleisten, einen Einfluss auf die Entscheidung zur Verschmelzung der IT-Organisationen aus.

Entsprechend des im Einzelfall vorliegenden Situationsprofils sollte sich als weiterer Grundsatzentscheidung anhand der oben aufgeführten Auswahlalternativen für einen anzustrebenden Integrationsgrad von IT-Organisationen & IT-Personal entschieden werden.

Insbesondere diese letzte Entscheidung stellt anschließend einen wichtigen Input für einen weiteren Teilaspekt des Pre-Closing-Integration-Plan dar, der von den Verantwortlichen des Personalveränderungsprozesses getragen wird. So ist der Personalveränderungsprozess massgeblich für die Erstellung des personalwirtschaftlichen Teils des *Pre-Closing-Integration-Plan* verantwortlich (vgl. Abschnitt 3.2.3). Dabei ist auf Basis des hier festgelegten anzustrebenden Integrationsgrads der IT-Organisationen und ihrer Mitarbeiter die Planung für den Personalbereich der integrierten IT-Organisation durchzuführen, so dass am Ende eine relativ genaue Vorstellung von Beschaffungs- und Freisetzungsnotwendigkeiten innerhalb der IT-Organisation besteht (vgl. allgemein Lucks/Meckl 2002, 138).

Zu diesem Zweck ist in drei Schritten ein Vergleich zwischen Soll- und kombiniertem Ist-Bestand der anzustrebenden IT-Organisation durchzuführen (vgl. zum Verfahren Lucks/Meckl 2002, 135-137):

1. Auf Basis der getroffenen Entscheidung über den im Rahmen der Zusammenführung der beteiligten IT-Organisationen anzustrebenden Integrationsgrad wird der qualitativ und quantitativ anzustrebende Personalbestand der integrierten IT-Organisation abgeleitet. Dabei wird in diesem Schritt keine Rücksicht auf vorhandene Personalpotenziale genommen. Die Festlegung erfolgt rein vor dem Hintergrund der Anforderungen an die IT-Organisation zur Unterstützung der anzustrebenden IT-Infrastruktur mit ihrem Portfolio aus Rechenzentren, Netzwerken, dezentralen Hardware- und Systemsoftwareressourcen sowie Anwendungssystemen.

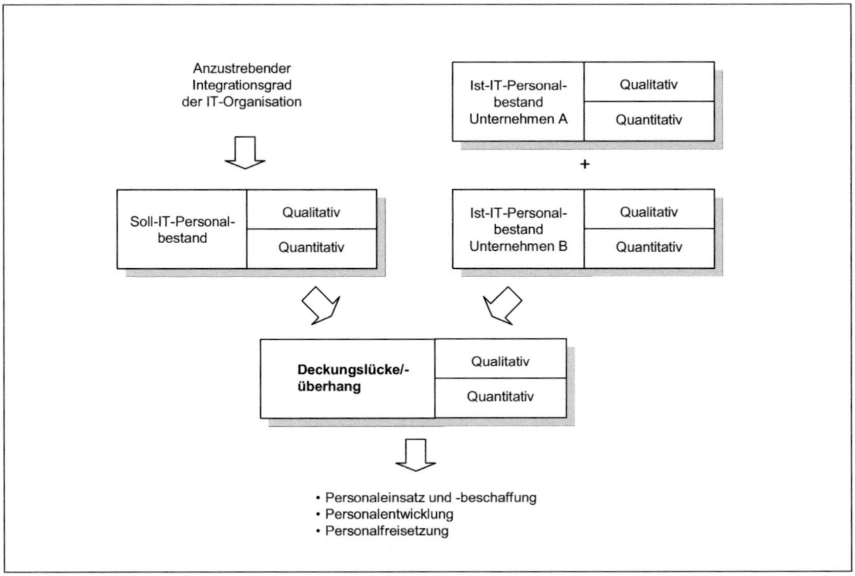

Abbildung 31: IT-Personalplanung bei M&A (vgl. ähnlich Lucks/Meckl 2002, 136)

2. Der quantitative und qualitative Vergleich des Soll-Bestands mit dem aktuellen Bestand der Summe beider IT-Organisationen ergibt den Personalbedarf. Allgemein ergibt sich bei M&A-Transaktionen bei der Ermittlung des Personalbedarfs die Schwierigkeit, dass sich der aktuelle Bestand an Mitarbeitern aus zwei selbstständigen Unternehmen zusammensetzt. Wenn nicht eine weitgehende Auswei-

tung des Geschäftsvolumens geplant ist, führt dies normalerweise dazu, dass der Soll-Bestand kleiner als die Summe der Ist-Bestände ist und sich somit ein Freisetzungsbedarf ergibt (vgl. Lucks/Meckl 2002, 136).

3. Abschließend ist aus Sicht des Personalveränderungsprozesses eine Abschätzung der monetären Konsequenzen der Beseitigung der Lücke zwischen Soll- und Ist-IT-Personalbestand vorzunehmen. Dieses Ergebnis ist dem Strukturprozess zur Verfügung zu stellen, und wird im Rahmen der Ermittlung des IT-Synergiepotenzials als Integrationsaufwand berücksichtigt.

Aus dieser Analyse müssen anschließend konkrete Freisetzungs- und/oder Beschaffungsmaßnahmen zur Umsetzung abgeleitet werden (vgl. Lucks/Meckl 2002, 138), die als Vorbereitung zur Maßnahmenplanung im Post-Closing-Integration-Plan dienen. Dabei ist den Personalverantwortlichen jedoch das Bewusstsein zu schaffen, dass die Möglichkeiten der Personalfreisetzung einerseits aufgrund des zu erwartenden IT-Integrationsaufwands beschränkt sind. So lässt sich die im Rahmen der Realisierung des anzustrebenden IT-Integrationsgrads notwendige Zusammenlegung von IT-Ressourcen häufig nur durch einen enorm gesteigerten Aufwand insbesondere bei der Anwendungsentwicklung realisieren, wodurch zumindest mittelfristig nicht zwangsläufig von einem Abbau des IT-Personalbedarfs auszugehen ist (vgl. Eckhouse 2001).

Andererseits ist Personalfreisetzung nicht mit Entlassung gleichzusetzen (vgl. Lucks/Meckl 2002, 138). So können personelle Überhänge in einen Bereich der IT-Organisation auch dazu verwandt werden, ggf. den wachsenden Bedarf an IT-Arbeitskräften an anderer Stelle – z.B. im Bereich E-Business – zu decken oder die Anzahl externer IT-Arbeitskräfte zu reduzieren (vgl. Kromer 2001, 216).

Gleichzeitig ist jedoch auch die Personalbeschaffung zur Deckung eines nicht ausreichenden quantitativen und/oder qualitativen IT-Personalbedarfs nicht unbegrenzt möglich, weil für die Durchführung von IT-Integrationsprojekten ein genaues Verständnis der bestehenden Alt-Systeme beider Unternehmen notwendig ist, so dass externe IT-Spezialisten nur in begrenztem Umfang und mit gesteigertem Schulungsaufwand eingesetzt werden können (vgl. Müller 2000).

Den Verantwortlichen des Personalveränderungsprozesses ist daher aus dem IT-Integrationsprozess heraus ein möglichst exaktes Bild des entstehenden IT-Integrationsaufwandes zu geben. Dies hilft zum Einen das Ausmaß der notwendigen Personalmaßnahmen im IT-Bereich besser abschätzen zu können. Zum Anderen entsteht so insbesondere bezüglich der notwendigen technischen Anpassungen an der IT-Infrastruktur ein genaueres Bild über die im Rahmen der Integration benötigten Qualifikationen.

Das auf dieser Basis zu erzielende IT-seitige Ergebnis des Pre-Closing-Integration-Plan sind konkrete Maßnahmen zur Erreichung des angestrebten IT-Personalbestands und eine Kostenabschätzung, die mit diesen Maßnahmen verbunden ist (vgl. Lucks/Meckl 2002, 139).

Mit der Entscheidung zum Integrationsgrad von IT-Organisation & IT-Personal sowie der IT-personalwirtschaftlichen Festlegungen sind nun für sämtliche IT-Ressourcen, wie sie in Abschnitt 4.1 definiert wurden, die für die weitere Integrationsplanung grundlegenden Entscheidungen getroffen.

6.3.2 Quantifizierung des IT-Synergiepotenzials

Mit der Festlegung des IT-Integrationsgrades und den daraus abgeleiteten IT-Personalmaßnahmen sind aber noch nicht alle Aktivitäten des IT-Integrationsprozesses im Rahmen des Pre-Closing-Integration-Plan abgearbeitet. Zusätzlich ist auf Basis der nun vorliegenden Entscheidungen, das entstehende IT-Synergiepotenzial zu schätzen und in den Maßnahmenplan aus Abbildung 24 zu integrieren.

Obwohl die geschätzten Zahlen aufgrund der ungenügenden Informationslage so nicht eintreffen werden, entsteht durch sie ein Zielkorridor und ein Gefühl für die zu erreichenden Wertsteigerungspotenziale (vgl. Lucks/Meckl 2002, 113). Die Realitätsnähe dieser Daten ist IT-seitig durch die bestmögliche Schätzung der Wertsteigerungseffekte der IT-Integration zu unterstützen. In Bezug auf diese Wertsteigerungseffekte wurde der Begriff „Synergien“ eingeführt. Abbildung 32 zeigt die Arten möglicher Synergien und ordnet ihnen exemplarisch Realisierungsmaßnahmen zu (vgl. zu weiteren Maßnahmen Koch 2000, 346-348). Demnach kann zwischen Umsatz-, Kosten und Vermögenssynergien unterschieden werden.

Für die IT-Integration stellt sich zunächst die Frage, was IT-Synergien sind. So erscheint der IT-Bereich auf den ersten Blick nicht als Quelle von Umsatz-Synergien, da die IT-Funktion an sich keine Umsätze generiert. Mittelbar besitzt die IT-Integration dennoch über das IT-Integrationsziel „Operative Unterstützung des integrierten Geschäfts" einen Einfluss auf mögliche Umsatzsynergien. So lassen sich beispielsweise angestrebte zusätzliche Umsatzpotenziale durch ein verstärktes Cross-Selling, das durch die Zusammenführung der beiden Kundenstämme beider beteiligten Unternehmen entstehen kann, zumeist erst für eine Umsatzsteigerung ausnutzen, wenn die notwendigen Kundeninformationen durch die technische Datenmigration in einer gemeinsamen Anwendungslandschaft zur Verfügung stehen. Dennoch sollen solche Umsatzsynergien in dieser Arbeit eher den fachseitigen Integrationsbereichen zugeordnet werden und somit nicht als IT-Synergien gelten.

Synergien: Zusätzliche positive und negative Ergebnis-/Cash-Effekte, die nach Übernahme und (Teil-) Integration auftreten

Arten von Synergien	Beispiele
Umsatz-Synergien	+ Zusatzumsätze durch Komplementarität im Produktspektrum bzw. in Regionen - Abschmelzungsverluste
Kosten-Synergien	+ Kosteneinsparungen durch Volumeneffekte im Überlappungsbereich (Produkte, Regionen, Wertschöpfungsstufen) + Restrukturierungsgewinne (z.B. „Asset Stripping", bessere Führung) - Restrukturierungskosten (z.B. Mitarbeiter-Abbau)
Vermögens-Synergien	+ Wirkungen Asset-Management - Zusätzliche Kapitalbindung (Anlagevermögen, Working Capital)

Abbildung 32: Arten von Synergien (vgl. Lucks/Meckl 2002, 114)

Demgegenüber hat der vorangegangene Abschnitt gezeigt, dass insbesondere die im Rahmen der IT-Integration angestrebte Zusammenlegung von Rechenzentren und WAN's wie auch die Standardisierung der übrigen Ressourcen üblicherweise mit dem Ziel der Senkung der laufenden IT-Kosten verfolgt wird, so dass die IT-Integration in erster Linie als Quelle von Kosten-Synergien betrachtet werden kann (vgl. auch Abschnitt 1.1).

Letztlich bleiben die Vermögenssynergien. Diese beziehen sich jedoch auf die Möglichkeit der Verbesserung des Asset Managements und die verbesserte Kapitalbeschaffungsfähigkeit eines integrierten und üblicherweise gewachsenen Unternehmens. Obwohl eher den Kostensynergien zuzuordnen ist für den IT-Bereich der Aspekt der externen Beschaffung von Standardsoftware zumindest konzeptionell den Vermögenssynergien ähnlich. Hier bietet die üblicherweise nach der Integration gewachsene Anwenderanzahl des Unternehmens unter Umständen die Möglichkeit, verbesserte Konditionen in der Softwarebereitstellung mit dem Hersteller der Standardsoftware zu vereinbaren, wodurch sich Einsparungen der laufenden IT-Kosten ergeben.

Nachdem die Charakterisierung der IT-Synergien erfolgt ist, kann nun die Beschreibung des IT-Integrationsprozesses wieder aufgenommen werden. Im Rahmen der Synergieermittlung ist wie in Abbildung 33 dargestellt für jede IT-Integrationsmaßnahme eine Zahlungsreihe zu schätzen, in der die Aufwendungen aus der Umsetzung der jeweiligen Maßnahme mit den erwarteten Einspareffekten saldiert werden. Konzeptionell sollte dabei wie im allgemein für das M&A-Projekt festgelegten Planungsformat zur Quanitifizierung der Synergien vorgegangen werden, damit die Aggregation der Werte über alle Maßnahmen der verschiedenen Funktionsbereiche gewährleistet wird.

Die IT-Einzelwerte aus der jeweiligen Zahlungsreihe müssen zu diesem Zweck diskontiert werden (vgl. zur Diskontierung Abschnitt 6.5.1.2). Als Diskontierungssatz sollte ebenfalls aus diesem Grund derselbe Prozentsatz verwendet werden, der bei der Diskontierung der Zahlungsreihen aus den übrigen betrieblichen Funktionen zur Anwendung kommt. Über eine Addition der IT-Einzelwerte wird somit für den IT-Bereich ein Synergiebarwert ermittelt. Dieser Wert fließt in den Pre-Closing-Integration-Plan ein, in dem er anschließend mit den Synergiebarwerten der übrigen Funktionsfelder zum Gesamtwert der Synergien aufaddiert wird.

IT-Integrationsmaßnahmen (+ Werttreiber)	Verantwortlicher und Termin	Barwert Jahre 1-5	Zahlungsreihen				
			1	2	3	4	5
Reduzierung der Anzahl der Rechenzentren ▪ Konsolidierungsaufwand ▪ Einsparung von Hardware-Kosten ▪ Einsparung von Personalkosten ▪ Einsparung von Facility-Kosten ▪ ...							
Wide Area Network-Konsolidierung ▪ Konsolidierungsaufwand ▪ Kostensenkungspotentiale aufgrund räumlicher Überschneidungen der bestehenden Netze ▪ ...							
Standardisierung von dezentraler Hardware und Systemsoftware ▪ Standardisierungsaufwand ▪ Einsparungen durch Zentralisierung von Benutzerservice und Netzwerkadministration ▪ Einsparung durch verringerten Know-How Bedarf ▪ Einsparungen durch verringerten Wartungsaufwand ▪ ...							
Standardisierung der Anwendungssysteme und Datenbestände ▪ Standardisierungsaufwand ▪ Schulungsaufwand ▪ Einsparungen in der Softwareentwicklung, -betrieb und -wartung ▪ Einsparungen durch verringerten Know-How Bedarf ▪ ...							
Verschmelzung der IT-Organisationen ▪ Integrationsaufwand ▪ Einsparungen aufgrund von Skaleneffekten durch Zusammenlegung gleichartiger Aktivitäten ▪ ...							

Abbildung 33: Quantifizierung von IT-Synergien

Bei der Ermittlung der Zahlungsreihen für die einzelnen IT-Integrationsmaßnahmen ist der in Abbildung 24 dargestellte Maßnahmenplan zu Grunde zu legen. Die zu schätzenden Aufwände entsprechen dabei weitgehend den erforderlichen Investitionen sowie den Migrationskosten. Für die Schätzung der Einspareffekte ist wie folgt vorzugehen. Zunächst sind für beide vorliegenden IT-Infrastrukturen Stand-Alone-Pläne zu erstellen, die unter der Weiterführungsprämisse die künftig jeweils zu erwartenden IT-Kosten in einer Cash Flow-Reihe darstellen. Anschließend ergibt sich die jährliche Einsparung aus der Differenz zwischen der Summe der jährlichen Kosten beider Stand-Alone IT-Infrastrukturen und den zu schätzenden laufenden Kosten der anzustrebenden gemeinsamen IT-Infrastruktur, zu der bislang als Planungsgrundlage lediglich der anzustrebende Integrationsgrad vorliegt (vgl. auch Abschnitt 6.3.1).

Ein Problem liegt dementsprechend in der Schätzung der Werte, die den Zahlungsreihen zu Grunde liegen (vgl. Lucks/Meckl 2002, 113). So kann die Schätzung möglicher IT-Synergien nur sehr grob auf Basis des anzustrebenden Integrationsgrads der einzelnen IT-Ressourcen erfolgen, da die konkrete Ressourcenausstattung zu diesem Zeitpunkt noch nicht festgelegt worden ist. Damit ist es nur schwer möglich insbesondere den durch die IT-Integration entstehenden Entwicklungsaufwand zu schätzen. Die Wirtschaftlichkeit eines IT-Projekts kann jedoch nur dann ermittelt werden, wenn auch der Erstellungsaufwand bekannt ist.

Den dominierenden Anteil am Erstellungsaufwand haben Personalkosten, die vielfach lediglich aufgrund subjektiver, persönlicher Erfahrungen geschätzt werden und in der Tendenz zu optimistisch sind (vgl. Gerken 1988, 127). Ebenso kann kaum eine Aussage über die Effekte aus der verbesserten Beschaffung von externer Standardsoftware getroffen werden, so lange nicht festgelegt ist, welche Anwendungssysteme weiterhin zum Einsatz kommen.

Dementsprechend unterliegen diese Werte der großen Gefahr, dass die Schätzungen zu hoch bzw. zu niedrig angesetzt sind, da mit der IT-Integration offensichtlich erhebliche Risiken verbunden sind, die dazu führen dass das Synergiepotenzial aufgrund einer falschen Einschätzung der Qualität der IT-Infrastruktur des Zielunternehmens oder einer verspäteten Realisierung der IT-Integration so nicht eintritt. Problematisch ist die Quantifizierung dieses Risikos. Von der Systematik her müsste die sich ergebende Cash Flow-Reihe periodenbezogen reduziert werden (vgl. Lucks/Meckl 2002, 186).

Eine Möglichkeit, ein Gefühl für die Risiken zu bekommen, besteht in der Durchführung von Sensitivitätsanalysen, in deren Rahmen zu prüfen ist, welche Auswirkungen der Wegfall einzelner Werttreiber der IT-Integration auf das IT-Synergiepotenzial besitzen (siehe zu Werttreibern Abbildung 33). Die Gesamtheit dieser quantitativen Informationen ist auch für die folgende Aktivität Detailbewertung äußerst relevant.

Eine möglichst realistische Bewertung der Synergien erfordert daher in der Regel neben den in der IT Due Diligence erhobenen internen Daten auch die Einbeziehung von externen Vergleichswerten (Benchmarks), wie sie etwa über so genannte Analogieverfahren gewonnen werden (vgl. Handschuh/Buchta 2000, 32). Bei einem Analogieverfahren wird der Aufwand für das IT-Integrationsprojekt durch den Vergleich mit bereits abgeschlossenen IT-Integrationsprojekten geschätzt (vgl. dazu und zu alternativen Verfahren Gerken 1988, 128-140).

Die geschilderten Unsicherheiten bei der Ermittlung des IT-Synergiepotentials lassen eine Mitwirkung des Controllingprozesses, wie sie in Abschnitt 3.2.7 beschrieben wurde, besonders relevant erscheinen. Unter den anfallenden Kontrollen ist dabei für den Erfolg der IT-Integration in ganz besonderem Maße die Durchführungskontrolle relevant.

So ist sicherzustellen, dass der für die Entscheidung über den anzustrebenden IT-Integrationsgrad herangezogene Auswahlalgorithmus sauber auf alle Auswahlalternativen angewandt wurde. Zudem ist anschließend die Realitätsnähe der IT-Integrationspläne insbesondere durch eine Durchführungskontrolle der IT-Synergieermittlung sicherzustellen. Diese Realitätsnähe bestimmt sich im Rahmen der IT-Integration dabei in ganz besonderem Maße überhaupt erst über die grundsätzliche Realisierbarkeit der geplanten Maßnahmen, die oftmals technischen Restriktionen unterliegt, wie sie insbesondere in Abschnitt 6.5.2.1 beschrieben werden.

Weiterhin ist im Rahmen der Fortschrittskontrolle auf die Vollständigkeit und zeitliche Abstimmung der geplanten IT-Integrationsmaßnahmen zu achten. Schließlich muss die Ergebniskontrolle gewährleisten, dass die IT-Integrationsplanung des Pre-Closing-Integration-Plan mit den strukturellen und strategischen Zielvorgaben kompatibel ist. Damit ist die Darstellung des Pre-Closing-Integration-Plan abgeschlossen.

6.4 Detailbewertung

In der Transaktionsphase liegt mit der Randaktivität *Detailbewertung* noch eine weitere Aktivität des IT-Integrationsprozesses vor, die genau wie der Pre-Closing-Integration-Plan von der verbesserten Datenlage aus der Due Diligence profitiert (siehe Abbildung 21). Die Detailbewertung stellt die Hauptaktivität des Bewertungsprozesses dar, deren Funktion es ist, den Unternehmenswert aus Käufersicht zu ermitteln (vgl. Abschnitt 3.2.5).

Das mit Blick auf die IT-Integration wesentliche Ziel des Bewertungsprozesses besteht dementsprechend im Rahmen der Detailbewertung konkret darin, den Wertanteil möglichst exakt in die Unternehmensbewertung mit einfließen zu lassen, der durch die Integration der IT-Ressourcen entsteht.

Die Aufgabe des IT-Integrationsprozesses besteht hier folglich darin, den für die Durchführung der Unternehmensbewertung Verantwortlichen Informationen über das IT-Synergiepotenzial und Informationen über die erwarteten Kosten der IT-Integration zur Verfügung zu stellen. Zusätzlich ist aber auch zu ermitteln, in wie weit sich aus den beschlossenen IT-Integrationsmaßnahmen Restrukturierungsgewinne ergeben können, die hauptsächlich durch die Veräußerung von nach der IT-Integration nicht weiter benötigten IT-Ressourcen entstehen. Die Verwendung dieser Informationen im Rahmen der Unternehmensbewertung wurde in Abschnitt 3.2.5 kurz erläutert.

Mit der Detailbewertung enden die Aktivitäten des IT-Integrationsprozesses in der Transaktionsphase. Ohne Beteiligung der IT-Verantwortlichen kommt es nun auf dieser Basis zur internen Beschlussfassung über die Fortführung des Projekts. Dies wird der Ausgangspunkt der Verhandlungen mit dem Kaufobjekt. Nach der Unterzeichnung der Kaufverträge endet die Transaktionsphase mit der kartellrechtlichen Prüfung. Es erfolgt der Eintritt in die Integrationsphase.

6.5 Post Closing Integration Plan

6.5.1 Festlegung der anzustrebenden IT-Architektur

6.5.1.1 Alternative Ziel-IT-Architekturen

Wie die vorangegangenen Abschnitte gezeigt haben, liegt eine wesentliche Unzulänglichkeit der IT-Integrationsplanung darin, dass in der Regel keine konkrete Vorstellung von der anzustrebenden IT-Landschaft besteht. Es ist somit erfolgsentscheidend, dieses Manko in der Integrationsphase so schnell wie möglich zu beseitigen und damit die Voraussetzung für die Umsetzung der IT-Integration zu schaffen. Abbildung 34 zeigt diesbezüglich die Aktivitäten des IT-Integrationsprozesses in der Integrationsphase.

Die erste Aktivität des IT-Integrationsprozesses in der Integrationsphase ist demnach der *Post-Closing-Integration-Plan*. Wie Abbildung 34 zeigt, ist innerhalb dieser Maßnahme insbesondere die anzustrebende IT-Infrastruktur mit der Ziel-Anwendungsarchitektur als wichtigster Einzelentscheidung auszuwählen und anschließend ein Meilensteinplan zur Umsetzung der IT-Integration aufzusetzen. Zusätzlich sind konkrete personalwirtschaftliche Maßnahmen im IT-Bereich festzulegen. Der vorliegende Abschnitt beschreibt als ersten dieser Schritte die Auswahl der anzustrebenden IT-Infrastruktur.

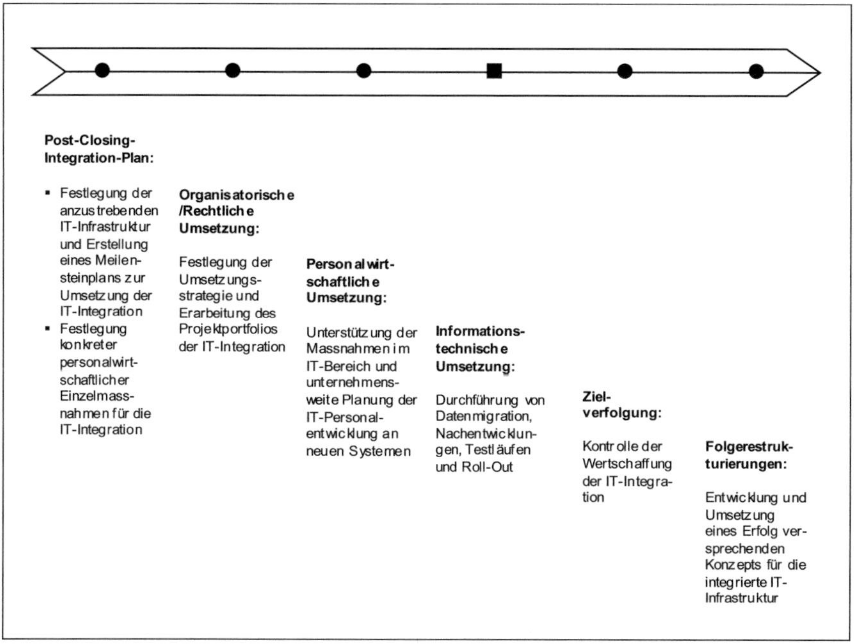

Abbildung 34: Aktivitäten des IT-Integrationsprozesses in der Integrationsphase

Das Ziel des Post-Closing-Integration-Plan liegt darin, die im Pre-Closing-Integration-Plan festgelegten Maßnahmen in ein konkretes Zielmodell hinsichtlich der zu integrierenden Ressourcen zu überführen. Der Erfolg einer IT-Integration hängt nun insbesondere von der schnellen und klaren Festlegung einer Ziel-Architektur für die Anwendungssysteme des integrierten Unternehmens ab, die der Unterstützung des zuvor festgelegten IT-Integrationsgrads dient und in die die vorhandenen Datenbestände migriert werden können (vgl. Meier/Spang 2000, 8).

Durch die Signalwirkung kommt dieser Entscheidung eine besondere Bedeutung zu, da hierdurch die in beiden Unternehmen herrschende Unsicherheit bezüglich der anwendungstechnischen Unterstützung des integrierten Geschäfts vermindert werden kann (vgl. Lauritzen 2000, 22). Gleichzeitig beeinflusst diese Entscheidung die Auswahl der weiteren IT-Ressourcen. Spätestens 60 Tage nach Bekanntgabe der Transaktion sollte daher eine mit den Fachbereichen abgestimmte Ziel-Anwendungsarchitektur vom Projektbüro ausgewählt sein (vgl. Berensmann/Spang 1998, 37; Penzel/Fuchs 1998, 28).

Der IT-Integrationsprozess ist dementsprechend so zu strukturieren, dass eine zeitnahe und aktive Abstimmung mit den Fachbereichen gewährleistet ist. Die Abstimmung mit den Fachbereichen hat sich dabei an der im Strukturprozess entwickelten Organisation des Integrationsprozesses zu orientieren. Vor allem für große IT-Integrationsprojekte bei M&A ist eine eigene Teamstruktur zu implementieren, die von der Integrationsleitung gesteuert wird.

Die Integrationsmatrix aus Abbildung 35 gibt dabei an, wie sich die IT-Task Force bei der Festlegung der Ziel-Anwendungsarchitektur inhaltlich mit den fachseitigen Task Forces abzustimmen hat. Eine solche Integrationsmatrix fungiert als organisatorisches Gerüst zur Koordination. An der Spitze jeder Task Force steht als Verantwortlicher ein Integrationsmanager. Frühzeitig muss demnach ein IT-Integrationsmanager bestimmt werden, der an der Spitze der Task Force IT steht und für die IT-Integration die Verantwortung trägt sowie üblicherweise auch eine Führungsposition in der späteren integrierten Einheit übernimmt.

Die Integrationsmatrix trägt dazu bei, Integrationswiderstände aufzudecken und zu überwinden, die zum Einen durch Unterschiede in den Managementsystemen zum Anderen aber auch durch kulturelle Unterschiede entstehen können (vgl. zu Integrationswiderständen im Detail z.B. Gerds 2000, 58). Kommt es diesbezüglich in der Abstimmung der Task Forces zu Konflikten, wird die Integrationsleitung eingeschaltet, die Grundsatzfragen entscheidet.

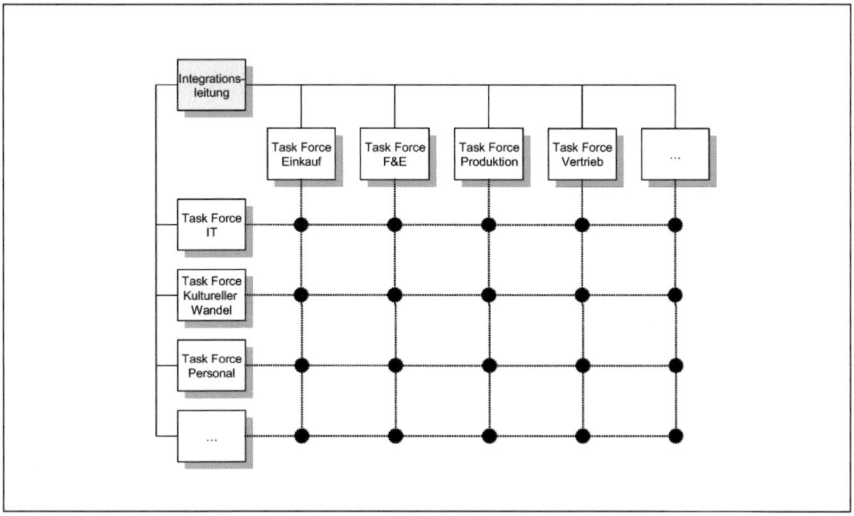

Abbildung 35: Die "Integrationsmatrix" (vgl. Lucks/Meckl 2002, 122)

Im Zusammenhang mit der IT-Integration ist die Integrationsmatrix als ein Mittel zur Koordination und Informationsbeschaffung bei der nun anstehenden Auswahl der anzustrebenden Ziel-Anwendungsarchitektur innerhalb der zweiten Auswahlstufe des entscheidungstheoretischen Modells zu sehen. Um eine Auswahlentscheidung bezüglich der Ziel-Anwendungsarchitektur vornehmen zu können, ist gemäß dem entscheidungstheoretischen Modell jedoch zunächst eine Identifikation der grundsätzlich zur Verfügung stehenden Auswahlalternativen durchzuführen. Diese Auswahlalternativen sind in Abbildung 36 aufgelistet und werden in diesem Abschnitt eingehend erläutert.

Die *Separate Fortführung* der Anwendungssysteme als erster Auswahlalternative ist durch die Unterlassung jeglicher Verbindung der Anwendungssysteme der an einer M&A-Transaktion beteiligten Unternehmen gekennzeichnet (vgl. Kromer 2001, 61-62). Dieser Ansatz bietet sich aufgrund der nicht vorgesehenen Integration der akquirierten IT-Ressourcen vor allem für den Integrationsansatz Finanzholding an. Für M&A mit explizitem Synergieziel ist die separate Fortführung demgegenüber keine Alternative, da eine Verknüpfung der Anwendungssysteme eine notwendige Voraussetzung der Realisierung fachseitiger als auch IT-bezogener Synergiepotenziale darstellt (vgl. Müller 2000).

Ziel-Anwendungsarchitektur	Vorteile	Nachteile
Separate Fortführung	▪ Kein Ressourcen- und Zeitbedarf der Implementierung ▪ Kein Projektrisiko ▪ Hohe Akzeptanz	▪ Verzicht auf Synergiepotentiale ▪ Erhöhte Betriebskosten durch parallele Anwendungssysteme
Datenaustausch über Middle-Ware	▪ Softwaretechnische Flexibilität ▪ Hohe Akzeptanz	▪ Weitgehender Verzicht auf Synergiepotentiale ▪ Erhöhte Betriebskosten durch parallele Anwendungssysteme und Kosten für Middle-Ware-Betrieb
Best-of-Breed Kombination	▪ Optimale Abdeckung fachlicher Anforderungen ▪ Hohe Akzeptanz	▪ Hoher Zeit- und Ressourcenaufwand der Implementierung ▪ Erhöhtes Projektrisiko
Auswahl der Anwendungssysteme eines Unternehmens bzw. 80:20-Lösung	▪ Geringer Ressourcen- und Zeitbedarf der Implementierung ▪ Begrenztes Projektrisiko ▪ Geringe Betriebskosten durch Standardisierung	▪ Begrenzte Akzeptanz in Fach- und IT-Bereichen ▪ Begrenzte Abdeckung fachlicher Anforderungen
Ablösung durch neue Anwendungssysteme	▪ Optimale Abdeckung fachlicher Anforderungen ▪ Optimale Informationssystemarchitektur ▪ Hohe Akzeptanz	▪ Hoher Zeit- und Ressourcenbedarf der Implementierung ▪ Hoher Schulungsaufwand ▪ Erhöhtes Projektrisiko

Abbildung 36: Alternative Ziel-Anwendungsarchitekturen (vgl. ähnlich Kromer 2001, 67)

Datenaustausch über Middle-Ware stellt einen ersten Schritt zur Verbindung der Programmbausteine und Datenbestände eigenständiger Anwendungssysteme dar (vgl. Kromer 2001, 62). Unter Middle-Ware werden Systeme zusammengefasst, die auf Basis standardisierter Protokolle Dienste für eine transparente Kommunikation zwischen heterogenen Anwendungssystemen bereitstellen (vgl. Ließmann/Kaufmann/Schmitzer 1999, 12). Auf diese Weise wird ein Datenaustausch zwischen den beiden beteiligten und weiterhin parallel existierenden Anwendungslandschaften ermöglicht, wie er insbesondere für den Integrationsansatz Erhaltung beschrieben wurde. Allerdings kann dieser Ansatz in der Umsetzung sehr aufwendig sein und birgt zudem sehr wenig Kostensenkungspotenziale (vgl. Brüning/Pedain/Deasley 2002, 139).

Im Fall einer *Best-of-Breed Kombination* werden im paarweisen Vergleich die jeweils besten Anwendungssysteme mit den zugehörigen Prozessen identifiziert und zu einer Anwendungsarchitektur maximaler Funktionalität integriert (vgl. Kromer 2001; 63). Diese Alternative bietet eine Reihe von starken Vor- und Nachteilen. Fachseitig handelt es sich hierbei um die beste Lösung, weil diese Alternative die bestmögliche Abdeckung fachlicher Anforderungen gewährleistet (vgl. Schüllermann 1999). Zudem findet ein solches Vorgehen üblicherweise hohe Akzeptanz sowohl bei IT-Mitarbeitern als auch bei Anwendern aller beteiligten Unternehmen (vgl. Kromer 2001, 63).

Neben diesen Vorteilen existieren aber auch massive Nachteile. So ist die Best-of-Breed Kombination extrem komplex. Die paarweise Substituierbarkeit der Anwendungssysteme beider Unternehmen ist nur sehr eingeschränkt gegeben. Zum Einen decken die zu integrierenden Anwendungen nicht exakt die gleichen Funktionalitäten ab, zum anderen schweben sie gleichsam nicht im luftleeren Raum, sondern sind in ihrer jeweiligen Anwendungslandschaft über eine Vielzahl von divergierenden Schnittstellen miteinander verbunden (vgl. Penzel/Fuchs 1997, 17).

Diese zwei Aspekte haben zur Folge, dass die Best-of-Breed Kombination durch die erforderlichen Anpassungen der Formate der Stamm- und Bewegungsdaten, Buchungslogiken und des Laufzeitverhaltens in Abhängigkeit von der Kompatibilität der Anwendungssysteme mit einem erheblichen Entwicklungsaufwand verbunden ist (vgl. Lehmann/Scheuse 2000, 16; Johnston/Yetton 1996, 206). Eine Schätzung geht im Vergleich zur Integrationsalternative „Auswahl der Anwendungssysteme eines Unternehmens" von bis zu 60% höheren Einmalkosten sowie einer Verdopplung der Projektlaufzeit und deutlich höheren operativen Risiken aus (Berensmann/Spang 1998, 40). Möglicherweise helfen jedoch moderne modulare IT-Architekturen mit XML-basierten (Extensible Markup Language) Anwendungssystemen die geschilderten Nachteile überwinden zu können (vgl. Geiger 2002, B6).

Bei der *Auswahl der Anwendungssysteme eines Unternehmens* wird die Anwendungsarchitektur eines Unternehmens in Gänze ausgewählt, um mit dieser die gesamten Anwendungssysteme der anderen Firma zu ersetzen (vgl. Kromer 2001, 64). Dies führt zu einer vollständigen Standardisierung auf die ausgewählte Architektur.

Auch diese Alternative besitzt einige Vor- und Nachteile. Die Vorteile dieser Lösung liegen in einem vergleichsweise geringen Zeit- und Ressourcenbedarf sowie einem begrenzten Risiko der Implementierung (vgl. Lehmann/Scheuse 2000, 16). Außerdem reduziert die Standardisierung die Betriebskosten, und das für Betrieb und Weiterentwicklung notwendige Know-How wird nicht weiter ausgedehnt (vgl. Müller 1999; Harvey 1990).

Der Hauptnachteil ist, dass diese Form der Integration eine Auswahl und Übertragung der Geschäftsprozesse, wie sie das Prozessintegrationsmodell aus Abbildung 45 empfiehlt, unmöglich macht, da mit der Auswahl der gesamten Anwendungssysteme eines Unternehmens auch die gesamten Geschäftsprozesse auf das andere Unternehmen übertragen werden. Dies führt aufgrund des resultierenden mangelnden fachlichen Abdeckungsgrads sowie der Änderung sämtlicher Strukturen, Prozesse, Bildschirmanwendungen, Formulare, Listen und Symbole zu Widerständen und Akzeptanzproblemen bei Anwendern und IT-Verantwortlichen der abgelösten Anwendungssysteme (vgl. Kromer 2001, 65; Lehmann/Scheuse 2000, 16).

Darüber hinaus ist die ausnahmslose Ablösung aller nicht zur ausgewählten Architektur gehörenden Anwendungssysteme meistens aus sachlichen Gründen nicht möglich, weil beispielsweise gesetzliche Auflagen oder komplementäre Produkte und Dienstleistungen die Übernahme von Anwendungen erfordern, die zu der abzulösenden Architektur gehören (vgl. Penzel/Fuchs 1997, 17). Aufgrund des hohen erreichbaren Integrationsgrades und der Dominanz der Ressourcen eines Unternehmens scheint diese Alternative jedoch insbesondere für den Integrationsansatz Absorption zielführend.

Neben dieser Alternative kann die Auswahl der Anwendungssysteme eines Unternehmens aber auch im Rahmen der *80:20-Lösung* den Ausgangspunkt eines tragfähigen Ansatzes für den Integrationsansatz Symbiose darstellen. Die Basissysteme (Buchungs- und Stammdatensysteme) müssen dazu im Sinne eines Trägersystems aus der Anwendungslandschaft eines Unternehmens kommen. Dieses Trägersystem (circa 80% der Ziel-Anwendungslandschaft) bestimmt die Architektur und damit die Schnittstellenformate.

Einige weitgehend in sich geschlossene Anwendungssysteme mit begrenzten Schnittstellen können jedoch aus dem anderen Unternehmen ergänzt werden (höchstens 20% der Ziel-Anwendungslandschaft). Entweder werden dabei deren Schnittstellen so umgeschrieben, dass die Programme kompatibel zu der Architektur der zentralen Systeme werden (vgl. Lehmann/Scheuse 2000, 16), oder man übernimmt keine Systemteile sondern lediglich die dazugehörigen Fachkonzepte und programmiert die entsprechenden Anwendungen im Rahmen der Nachentwicklung ein weiteres Mal (vgl. Penzel/Pietig 2000, 117).

In beiden Fällen sind aus sämtlichen überlegenen Leistungsprozessen der zu eliminierenden Anwendungslandschaft diejenigen Anwendungen zu identifizieren und auszuwählen, die im Rahmen der 20%-Auswahl für die neue Anwendungsarchitektur die größten Wertsteigerungspotenziale versprechen. Hier ist es entscheidend, zur Auswahl eine Priorisierung der dadurch entstehenden Nachentwicklungsarbeiten vorzunehmen und die einzelnen Teil-Integrationsprojekte klar festzulegen (vgl. Handschuh/Buchta 2000, 32).

Grundsätzlich stellt die 80:20-Lösung beim gegenwärtigem Stand der Technik in den meisten Fällen das einzig tragfähige Konzept zur symbiotischen Integration der Informationsverarbeitung dar (vgl. Brüning/Pedain/Deasley 2002, 140). Als weitergehende fachseitige Optimierung kann eine durch diese Lösung festgelegte Ziel-Anwendungsarchitektur durch weitere Funktionalitäten ergänzt werden, die aus keiner der IT-Landschaften stammen, aber nachentwickelt werden.

Letztendlich kann eine vollständige Standardisierung der Ziel-Anwendungslandschaft auch durch die *Ablösung der beiden existierenden Anwendungslandschaften* erfolgen, die durch eine komplett neue Architektur ersetzt werden (vgl. Kromer 2001, 65). Der wesentliche Vorteil dieser Alternative liegt darin, dass die Transaktion als Ausgangspunkt einer umfassenden Neuausrichtung und Restrukturierung genutzt werden kann. Dies bietet die Möglichkeit, neue Geschäftsprozesse optimal zu unterstützen, wodurch eine hohe fachliche und IT-seitige Akzeptanz zu erwarten ist (vgl. Brüning/Pedain/Deasley 2002, 139).

Allerdings birgt diese Alternative auch viele Risiken der Implementierung (vgl. Müller 1999). Darüber hinaus benötigt sie analog zur Best-of-Breed Kombination einen gesteigerten Zeitbedarf, der der Maxime einer schnellen Integration zuwider läuft (vgl. Lehmann/Scheuse 2000, 16). Zudem bringt sie einen hohen Schulungsaufwand aller Anwender mit sich.

Zusammenfassend illustriert Abbildung 37 an einem Fallbeispiel die deutlichen Unterschiede im Entwicklungsaufwand der oben genannten Ziel-Anwendungsarchitekturen, die zu einem hohen Grad an Integration führen. Allgemein kann eine grobe Schätzung der Entwicklungsaufwendungen anhand einer in der Praxis bewährten Faustformel vorgenommen werden, die zu Näherungswerten der unten illustrierten Abbildung führt (vgl. dazu Penzel/Pietig 2000, 118-119). Dabei wird der Fall gesetzt, dass sich eine Integration durch Auswahl einer Anwendungsarchitektur in einem Jahr bewältigen lässt. Der dafür notwendige Aufwand entspricht dem Faktor 1.

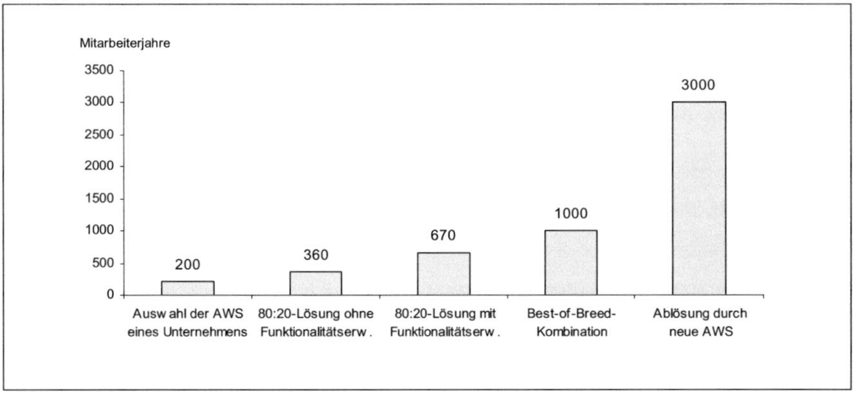

Abbildung 37: Beispielhaft geschätzte IT-Integrationsaufwendungen (vgl. Penzel/Pietig 2000, 118)

Demgegenüber liegt eine Integration durch Auswahl einer Anwendungsarchitektur mit anschließenden Funktionalitätserweiterungen wie auch eine 80:20-Lösung ohne Erweiterungen beim Aufwandsfaktor 2. Eine 80:20-Lösung mit Funktionalitätserweiterungen liegt etwa beim Faktor 4, und eine Best-of-Breed-Kombination erfordert einen Aufwand bis zum Faktor 8. Eine Ablösung der bestehenden Anwendungslandschaften durch eine neue Anwendungslandschaft würde schließlich deutlich darüber liegen und kann durchaus bis zum Faktor 16 reichen.

Zusammenfassend kann dementsprechend festgestellt werden, dass aufgrund des sehr hohen technologischen Risikos und des sehr hohen Entwicklungsaufwands einer Best-of-Breed Kombination sowie einer Ablösung der beiden existierenden Anwendungslandschaften kaum praktische Bedeutung zukommen, da diese Alternativen die Umsetzungskapazitäten der IT-Organisationen beider Unternehmen überfordern (vgl. Berensmann/Spang 1998, 40).

Die aus Aufwandssicht daher zumeist einzig praktikable Alternative besteht in der Auswahl der Anwendungssysteme eines der beiden Unternehmen bzw. in der 80:20-Lösung. Somit stellen die Best-of-Breed Kombination und die Neuentwicklung keine echten Auswahlalternativen zur Ziel-Anwendungsarchitektur dar, so dass sich im Fall eines hohen anzustrebenden Integrationsgrads die Entscheidungssituation auf die Auswahl der Systeme eines Unternehmens beschränkt, wobei weiterhin zu prüfen ist, in wie weit diese Systeme durch Anwendungssysteme des Partnerunternehmens im Rahmen der 80:20-Lösung zu ergänzen sind.

Bei den Erläuterungen wurde sich bislang auf die Anwendungssysteme und Daten konzentriert. Zusätzlich ist aber im Rahmen der zweiten Auswahlstufe des entscheidungstheoretischen Modells (und damit im Post-Closing-Integration-Plan) auch für die weiteren IT-Ressourcen eine genaue Festlegung der Ausstattung der IT-Infrastruktur zu definieren. So ist anhand einer quantitativen Bewertung der vorhandenen Alternativen festzulegen, welche der beteiligten Rechenzentren als aufnehmende Standorte weiterzuführen sind und welche Rechenzentren aufgegeben werden. Hier gibt es eindeutig größengetriebene Komponenten, wie Speicherkapazitäten und zentrale Verarbeitungseinheiten, die nach der Zusammenlegung von Rechenzentren den neuen Volumen der zu speichernden bzw. gleichzeitig zu verarbeitenden Daten angepasst werden müssen (vgl. Penzel/Pietig 2000, 122).

Den geringsten Integrationsaufwand und das geringste Risiko verspricht daher üblicherweise die Lösung, auf die Rechenzentren des - hinsichtlich der für die IT-Integration relevanten Geschäftseinheiten - größeren Partners zu verdichten; dies selbst in Fällen, in denen dies die Rechenzentren des zu erwerbenden Unternehmens und nicht die des Käufers sind (vgl. Kromer 2001, 178). Wird eine regionen-/landesspezifische Rechenzentrenkonsolidierung angestrebt, kann im regionalen Rahmen dementsprechend verfahren werden.

Wird zudem eine weitgehende Konsolidierung der WAN's angestrebt, ist diese Entscheidung durch die Auswahl des weiterzuführenden WAN's zu konkretisieren. Üblicherweise ist es auch hier wieder unter Wirtschaftlichkeits- und Risikoaspekten vorteilhaft, das Wide Area Network des - hinsichtlich der für die IT-Integration relevanten Geschäftseinheiten - größeren Partners zur Weiterführung auszuwählen (vgl. Kromer 2001, 186). Eine Vereinheitlichung der dezentralen Hardware und Systemsoftware erfolgt dabei aus Wirtschaftlichkeits- und Risikoüberlegungen üblicherweise ebenfalls durch Übertragung der Standards des – hinsichtlich der für die IT-Integration relevanten Geschäftseinheiten - größeren Partners auf die dezentrale Hardware und Systemsoftware des kleineren Partners (vgl. Kromer 2001, 193).

Die Entscheidung über die Systemsoftware beeinflusst dabei zusätzlich die Auswahl der dezentralen Hardware. Die dezentralen Hardware-Komponenten müssen gegebenenfalls ein neues Betriebssystem verkraften, das andere Anforderungen an die Hardware stellt, so dass dadurch ein Austausch der dezentralen Rechnereinheiten (Clients und Server) notwendig werden kann (vgl. Penzel/Pietig 2000, 123).

Als letzte Ressource bleiben die IT-Organisationen beider Unternehmen, deren Integration im Rahmen der Organisatorischen/Rechtlichen Umsetzung vorzunehmen ist. Sollte sich im Pre-Closing-Integration-Plan für einen hohen Integrationsgrad der beiden beteiligten IT-Organisationen entschieden worden sein, ist diese Festlegung durch die Gestaltung einer konkreten Aufbau- und Ablauforganisation zu untermauern.

Im Rahmen der Ablauforganisation ist eine Festlegung der künftigen Prozesse innerhalb der IT-Organisation zu treffen. Zur Ausgestaltung einer gemeinsamen Aufbau- und Ablauforganisation im Rahmen der Post-Merger-Integration liegen jedoch im allgemeinen M&A-Prozess bereits detaillierte Gestaltungsmethoden vor, die in Abschnitt 3.2.2 angerissen worden und für die IT-Organisation anzuwenden sind. Somit ergeben sich für diese zu integrierende Ressource konzeptionell abweichende Schritte in der zweiten Auswahlstufe des entscheidungstheoretischen Modells.

6.5.1.2 Auswahl der anzustrebenden IT-Architektur

Im vorangegangenen Abschnitt wurde mit der Darstellung der Auswahlalternativen die Entscheidungssituation spezifiziert, die im Rahmen der IT-Integration im Post-Closing-Integration-Plan grundsätzlich vorliegt. Die konkrete Auswahl der weiterzuführenden Ausstattung des gemeinsamen Unternehmens mit IT-Ressourcen ist nun in solchen Fällen besonders relevant, in denen sich im Pre-Closing-Integration-Plan für einen hohen Grad an Integration entschieden wurde, aus dem sich die Notwendigkeit der Zusammenlegung und damit der Reduzierung von IT-Ressourcen ableiten lässt (z.B. „Vollständige Standardisierung").

Aus dem Wertsteigerungsziel des M&A-Projekts ergibt sich dabei die Notwendigkeit, die Ressourcenfestlegung so zu treffen, dass der Wertbeitrag der IT-Integration zum M&A-Projekt maximiert wird. Aus diesem Grund ist hier ein quantitatives Vorgehen erforderlich, dass für die verbleibenden Alternativen der Gestaltung der IT-Infrastruktur die monetären Konsequenzen aufzeigt, so dass die Alternative, die den höchsten Wertbeitrag liefert, erkennbar wird. Für die IT-Integrationsverantwortlichen ist dementsprechend hier die Unterstützung durch die Verantwortlichen des Bewertungsprozesses hilfreich. Der Grund ist, dass das im Bewertungsprozess verfügbare Know-How, nun für die konkrete Auswahl der Ressourcen der anzustrebenden IT-Infrastruktur eingesetzt werden kann.

Bevor mit der eingehenden Erläuterung eines möglichen Vorgehens zur Auswahl der fortzuführenden IT-Ressourcen begonnen wird, soll zunächst die Entscheidungssituation nochmals näher betrachtet werden. Dabei stehen die Verantwortlichen der IT-Integration zunächst vor der Aufgabe, zu identifizieren, in wie weit Ressourcen aufgrund des anzustrebenden IT-Integrationsgrads jeweils zusammenzulegen sind. Eine Auswahlentscheidung wird dabei immer dann notwendig, wenn im Rahmen des IT-Integrationsgrads keine separate Fortführung oder bloße Kopplung der Ressourcen angestrebt wird.

Im zweiten Schritt sind anschließend die verbleibenden Auswahlalternativen zu identifizieren, die im Rahmen der Entscheidung berücksichtigt werden müssen (vgl. dazu Abschnitt 4.2). Bei der Entscheidung, welche dieser Möglichkeiten jeweils verfolgt wird, ist neben dem oben gebrachten Argumenten ein objektiver Entscheidungsprozess auch deshalb unumgänglich, damit unter den Mitarbeitern beider beteiligten Unternehmen keine Sieger- und Verlierermentalität entsteht (vgl. Berensmann/Spang 1998, 39).

Ein mögliches quantitatives Bewertungsmodell zur objektiven Auswahl der Ausstattung der integrierten Einheit mit IT-Ressourcen ist in Abbildung 38 dargestellt. Entsprechend des entscheidungstheoretischen Modells wird dabei nicht in einem

Schritt gesamthaft für die komplette IT-Infrastruktur vorgegangen, sondern gemäß der IT-Ressourcenaufteilung aus Abschnitt 4.1 die Bewertung der vorliegenden Auswahlalternativen jeweils auf abgrenzbare Teilbereiche der IT-Infrastruktur angewandt.

Dabei ist aus fachseitiger Sicht die wichtigste Einzelentscheidung die Festlegung der Ziel-Anwendungsarchitektur durch Auswahl der weiterzuführenden Anwendungssysteme (vgl. Berensmann/Spang 1998, 39). Da diese Entscheidung zudem einen großen Einfluss auf die anzustrebende Konfiguration der übrigen IT-Ressourcen besitzt, ist sie im Rahmen der zweiten Auswahlstufe des entscheidungstheoretischen Modells zuerst durchzuführen.

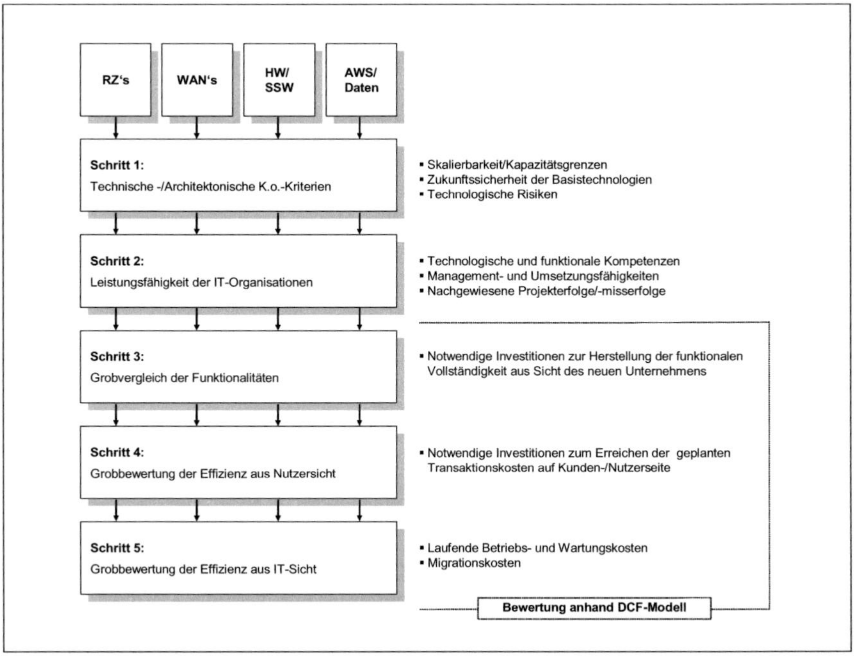

Abbildung 38: Auswahl der weiterzuführenden IT-Ressourcen (vgl. ähnlich Berensmann/Spang 1998, 39)

Der Auswahlprozess ist in fünf Schritte gegliedert, wobei in den ersten beiden Schritten generelle K.o.-Kriterien der jeweils betrachteten IT-Ressource überprüft werden und im weiteren Verlauf eine Bewertung aus wirtschaftlicher Sicht erfolgt (in Anlehnung an Berensmann/Spang 1998, 39):

- *Schritt 1:* Der erste Schritt bezieht sich auf die Prüfung technischer oder architektonischer K.o.-Kriterien wie etwa die mögliche Skalierbarkeit der betrachteten IT-Ressource auf die zukünftigen gemeinsamen Daten- und/oder Transaktionsvolumina oder beispielsweise die geographische Reichweite eines Netzwerks. Außerdem sind die Risiken und die Zukunftssicherheit der verwendeten Basistechnologien zu bewerten. Ergeben sich aus dieser Untersuchung K.o.-Kriterien für eine der IT-Ressourcen, kann bereits an dieser Stelle eine Auswahl der anderen Ressource vorgenommen werden. Falls sich für beide Ressourcen K.o.-Kriterien ergeben, ist sich zu Gunsten der externen Beschaffung einer entsprechenden IT-Ressource zu entscheiden.
- *Schritt 2:* Falls nach dem ersten Schritt eine Auswahl noch nicht möglich ist, werden im zweiten Schritt die beiden beteiligten IT-Organisationen auf K.o.-Kriterien im Hinblick auf die Betreuung und Weiterentwicklung der zukünftig gemeinsamen IT-Ressource getestet. Drastische Unterschiede zwischen beiden Organisationen in den Bereichen der technischen sowie funktionalen Kompetenz und Management- sowie Umsetzungsfähigkeiten werden für eine der beiden betreuten IT-Ressourcen zum K.o.-Kriterium. Die Entscheidungsgrundlage kann dabei beispielsweise die Projekthistorie beider Organisationen sein.
- *Schritt 3:* Im Rahmen des Informationsprozesses wurden die beiden IT-Infrastrukturen auf Vollständigkeit hinsichtlich der Anforderungen des gemeinsamen Unternehmens überprüft. Aus diesen Informationen müssen im dritten Schritt für die jeweiligen IT-Ressourcen beider IT-Infrastrukturen die notwendigen Investitionen zum Schließen der wichtigsten funktionalen Lücken quantifiziert werden (zu unterschiedlichen Verfahren der Aufwandsschätzung von IT-Projekten vgl. z.B. Biethahn/Muksch/Ruf 2000, 355; Gerken 1988, 171-172). Je mehr Nutzer und Mandanten bereits in einem System arbeiten, desto geringer ist dabei üblicherweise der Entwicklungsaufwand (vgl. Penzel/Pietig 2000, 120).
- *Schritt 4:* Darüber hinaus wurden im Informationsprozess die aus den beiden IT-Infrastrukturen resultierenden Transaktionskosten auf Kunden- bzw. Nutzerseite ermittelt. Im vierten Schritt sind nun die notwendigen Investitionen bis zum Er-

reichen der für die integrierte Einheit vorgesehenen Soll-Transaktionskosten zu berechnen.

- *Schritt 5:* Im letzten Schritt werden die laufenden Betriebs- und Wartungskosten der beiden IT-Infrastrukturen in der integrierten Welt geschätzt (vgl. zur Schätzung von Betriebs- und Wartungskosten Gerken 1988, 172-174). Zusätzlich werden die Einmalaufwendungen der Zusammenlegung/Migration der Ressourcen abgeschätzt. Diese Aufwendungen hängen von der Integrationsfähigkeit der Ressourcen ab. Die Integrationsfähigkeit der Kategorie „Anwendungssysteme und Daten“ hängt dabei stark davon ab, ob parametrisierte Systeme mit Mandantenfähigkeit vorliegen, die in der Lage sind, unterschiedliche Datenlogiken mit geringeren Anpassungen zu verarbeiten (vgl. Penzel/Pietig 2000, 120). Weitere Kostenfaktoren sind beispielsweise Abschreibungen auf Rechner, die nach der Fusion nicht mehr benötigt werden, oder die weiterlaufende Miete für ein geschlossenes Rechenzentrum (vgl. Müller 2002, 86).

Diese Schritte sind für jede Ressourcenkategorie einzeln durchzuführen. Die aus den Schritten 3 bis 5 resultierenden Investitionen und laufenden Kosten jeder Auswahlalternative sind jeweils in einer Cash Flow-Reihe zusammenzuführen, deren Barwert zu berechnen ist, so dass man die aus der Auswahlalternative resultierenden abdiskontierten Gesamtkosten für den in der Schätzung vorgesehenen Planungshorizont erhält (siehe Abbildung 39). Als Planungshorizont sollten dabei nicht zuletzt aufgrund der üblicherweise raschen Veränderungen im Bereich der Informationstechnologie nicht mehr als fünf Jahre angesetzt werden.

Ab Periode 5 wird unternehmensweit häufig mit konstanten Cash Flows oder mit Cash Flows, die eine konstante Wachstumsrate aufweisen, gearbeitet (vgl. Lucks/Meckl 2002, 181). Letztlich ist pro Ressourcenkategorie die Auswahlalternative auszuwählen, die im direkten Vergleich den geringeren Gegenwartswert besitzt. Der Gegenwartswert berechnet sich dabei gemäß der Discounted Cash Flow-Formel nach dem in Abbildung 40 dargestellten Berechnungsschema.

Durch eine solche quantitative Bewertung der Auswahlalternativen mittels der DCF-Methode werden sowohl politische Argumentationen (z.B. „Das System des Käufers ist immer das bessere.“, „Größere Systeme sind überlegen.“, „Der Fachbereich X wird nie etwas anderes akzeptieren.“), als auch qualitative Argumentationen (z.B.

„Die Systemauswahl ist eine rein strategische Entscheidung.“, „Jeder kennt nur sein System. Wie sollen wir da systematisch entscheiden?“, „Wir sollten das System wählen, das wir kennen.“, „Die Plattformen sind nicht vergleichbar.“) objektiviert (vgl. Berensmann/Spang 1998, 39-40).

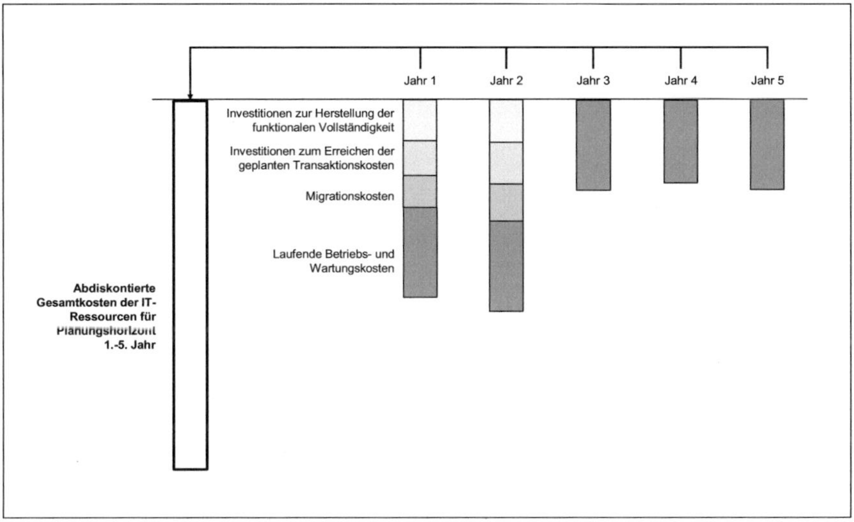

Abbildung 39: Barwertermittlung potenzieller IT-Kosten anhand einer Cash Flow-Reihe

$$\mathbf{BW} = \sum_{t=1}^{n} \frac{CF_t}{(1+i)^t} + \frac{RW_n}{(1+i)^n}$$

BW = Barwert

CF_t = Cash Flow der Periode t

i = Diskontierungssatz

RW = Restwert in Periode n mit $RW_n = \frac{CF_{n+1}}{i}$ und konstantem CF_t ab Periode n+1.

Abbildung 40: Discounted Cash Flow (vgl. Gerken 1988, 176)

Nach Abschluss der anhand des Bewertungsmodell getroffenen Auswahl an IT-Ressourcen kann somit im Post-Closing-Integration-Plan eine genaue Festlegung der in der integrierten Einheit künftig zum Einsatz kommenden Anwendungssysteme, Rechenzentren, und WAN's sowie der einzusetzenden dezentralen Hardware und Systemsoftware dokumentiert werden. Anhand dieser Auswahl sollte der dadurch erhöhte Detaillierungsgrad der Planungen im Anschluss dazu genutzt werden, das IT-Synergiepotenzial entsprechend der Erläuterungen aus Abschnitt 6.3.2 erneut zu bestimmen und den Verantwortlichen des Strukturprozesses zur Verfügung zu stellen, die bislang mit einer gröberen Schätzung arbeiten mussten.

Angesichts der grundlegenden Bedeutung der Auswahl zukünftig zum Einsatz kommender IT-Ressourcen für die anstehenden Umsetzungsmaßnahmen ist es besonders relevant, den Controllingprozess bei der Überprüfung der Ergebnisse einzubinden. So ist im Rahmen der Prämissenkontrolle für sämtliche IT-Ressourcen zu prüfen, ob die jeweiligen Auswahlalternativen zur anzustrebenden Ressourcenkonfiguration auch tatsächlich mit dem im Pre-Closing-Integration-Plan festgelegten Integrationsgrad konsistent sind. Anschließend muss im Rahmen der Durchführungskontrolle sichergestellt werden, dass bei der Auswahl einer IT-Ressource der festgelegte Auswahlalgorithmus sauber auf sämtliche Alternativen angewandt wird, wodurch auf inhaltlicher Ebene insbesondere auch die Konsistenz zwischen Planung und Umsetzbarkeit der auszuwählenden Ressourcenkonfiguration sichergestellt wird.

6.5.2 Meilensteinplanung der Umsetzung der IT-Integration

6.5.2.1 Planung der informationstechnischen Umsetzung

Nachdem ein klares Bild über die anzustrebende IT-Infrastruktur und gewonnen wurde, steht im *Post-Closing-Integration-Plan* anschließend die Festlegung der im Rahmen der Informationstechnischen Umsetzung durchzuführenden Maßnahmen zur Realisierung der gewählten IT-Infrastruktur mit dem jeweiligen Startzeitpunkt und einem Zeithorizont im Vordergrund. Zur Erfassung der geplanten Umsetzungsaktivitäten der IT-Integration bietet sich ein Meilensteinplan an, wie er exemplarisch in Abbildung 41 dargestellt ist.

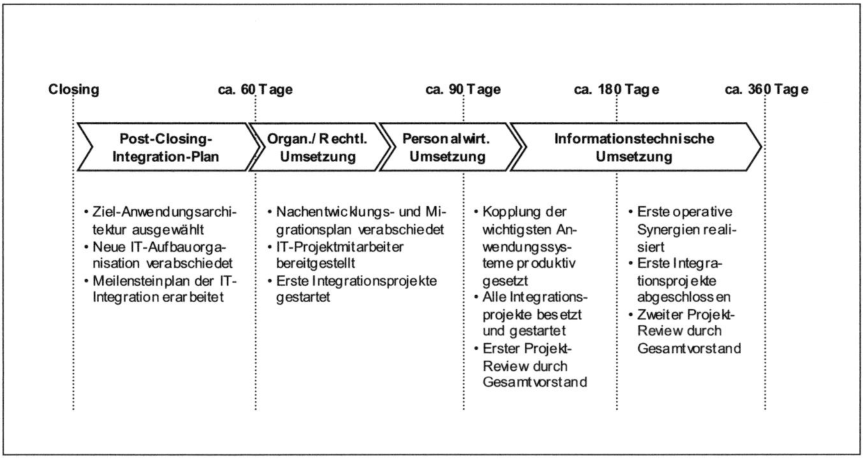

Abbildung 41: Exemplarischer Meilensteinplan der IT-Integration bei M&A-Projekten (vgl. ähnlich Berensmann/Spang 1998, 37)

In Bezug auf die zeitliche Festlegung der Meilensteine sind einige grundsätzliche Aspekte als Einflussfaktoren zu berücksichtigen. So steigt die Wahrscheinlichkeit eines Misserfolgs der IT-Integration üblicherweise mit zunehmender Projektlänge, weil insbesondere auf der „Verliererseite" zunehmend die Gefahr besteht, dass die Motivation der Mitarbeiter sinkt (vgl. Berensmann/Spang 1998, 37).

Darüber hinaus lässt sich beobachten, dass die fachseitigen Unternehmensbereiche mit zunehmender Projektdauer das IT-Integrationsbudget nutzen, um bereits seit langem gewünschte Systemverbesserungen zu realisieren, die ansonsten am IT-Investitionscontrolling scheitern würden (vgl. Berensmann/Spang 1998, 37). Aus diesen Gründen ist eine ausgewogene Zeitplanung notwendig, die einen Ausgleich zwischen den Gefahren einer zunehmenden Projektdauer und dem Risikopotenzial eines überhasteten Vorgehens findet.

Inhaltlich ist der dargestellte Meilensteinplan noch sehr grob, da er etwa mit der Festlegung des Startzeitpunkts der Umsetzung oder den von der Geschäftsleitung durchzuführenden Projekt-Reviews lediglich Rahmenfestlegungen für die Umsetzung liefert. Der Meilensteinplan ist daher weiter zu konkretisieren. Dazu müssen zunächst sämtliche Maßnahmen, die für die IT-Integration notwendig sind, einzelnen IT-Integrationsprojekten (als Teilprojekte der IT-Integration) zugeordnet werden. Daraus ergibt sich das Projekt-Portfolio der IT-Integration.

Gleichzeit ist im Zuge der Umsetzungsplanung die Reihenfolge, in der die Teilprojekte durchgeführt werden müssen, festzulegen. Dabei ist die Reihenfolge der Integration der einzelnen IT-Ressourcen nicht beliebig. Vielmehr bedarf es eines systematischen Vorgehens, wie es das in Abbildung 42 dargestellte Abfolgemodell der IT-Integration veranschaulicht.

Abbildung 42: Temporäre Abfolge der IT-Integration (vgl. ähnlich Penzel/Fuchs 1997, 20)

Diesem Modell liegt eine weitgehende Differenzierung der Ressourcenkategorie der Anwendungssysteme zu Grunde. Dabei werden die funktionsorientierten Anwendungssysteme in die drei Kategorien *Basissystem* (Buchungs- und Stammdatensysteme), *Vor- und Randsysteme* sowie *Berichtssysteme* (Geschäftssteuerung) unterteilt (vgl. auch Abschnitt 4.1). Die übrigen IT-Ressourcen werden der Kategorie *Technik* zugeordnet.

Das Abfolgemodell zeigt, wie die vier Kategorien in übereinander liegenden Schichten angeordnet sind. Diese Schichtenanordnung bestimmt die Reihenfolge der einzelnen Integrationsprojekte, indem bei der Integration der einzelnen Ressourcen von „unten nach oben" vorgegangen werden muss (vgl. Penzel/Fuchs 1997, 20). Die Vorteilhaftigkeit dieses Vorgehens ergibt sich bereits aus der folgenden beispielhaften Überlegung.

Anwendungssysteme greifen unter anderem auf Kern- und Stammdatenbestände des Basissystems zurück. Würde man nun die Integration der Anwendungssysteme vorziehen und die neuen Anwendungssysteme zunächst in das alte, abzulösende Basissystem einfügen, wäre man nach der anschließenden Integration des Basissystems gezwungen, die Anwendungssysteme erneut auf das möglicherweise im Rahmen der Integration veränderte Buchungs- und Stammdatensystem anzupassen (vgl. Penzel/Fuchs 1997, 20). Dies veranschaulicht, dass die Planung des Projekt-Portfolios der IT-Integration bestimmten technischen Gegebenheiten zu folgen hat. Diese sollen nun detailliert für jede der vier Schichten erläutert werden.

Zunächst sind in der untersten Ebene *Technik* die technischen Voraussetzungen der Integration zu schaffen. Dafür ist vor der ersten möglichen Vereinheitlichung von Anwendungssystemen zuerst die Integration der Rechenzentren und eine Kopplung oder Konsolidierung der Netzwerke durchzuführen (vgl. zur Durchführung der Konsolidierung von Rechenzentren Windfuhr 1993, 520; vgl. zur Kopplung von Netzwerken Hesselink 1999). Auf dieser Grundlage ist über temporäre Schnittstellen ein Datenaustausch zwischen den beiden beteiligten IT-Infrastrukturen (Alt-Welt) und zur integrierten neuen IT-Infrastruktur (Neu-Welt) herzustellen (vgl. zur Veranschaulichung Kelch 1999).

Eine solche Übergangslösung kann darin bestehen, den notwendigen Datenaustausch zwischen der integrierten Ziel-Anwendungslandschaft und der abzulösenden Anwendungslandschaft zu ermöglichen, indem das Rechenzentrum der abzulösenden Landschaft komplett in das Rechenzentrum der Ziel-Anwendungslandschaft verlagert wird, in dem vorübergehend beide Welten parallel betrieben werden und über temporäre Schnittstellen ein erster Verbund zwischen den Rechnern eingerichtet wird (vgl. Penzel/Fuchs 1997, 21). Dies bildet die Integrationsumgebung. Sie bildet darüber hinaus auch das Fundament der Entwicklungsumgebung der anstehenden Nachentwicklungsleistungen und der Produktionsumgebung für den künftigen operativen Geschäftsbetrieb.

Die Zusammenführung des Alt- und Neu-Basissystems in der zweiten Schicht *Basissystem* zielt darauf ab, die buchhalterisch zu erfassenden Umsätze beider Unternehmen technisch in das jeweilige Umsatzformat der Anwendungsarchitektur des anderen Unternehmens zu konvertieren (vgl. ähnlich Penzel/Fuchs 1997, 21). Dabei sind zwei Schritte zu unterscheiden.

Zunächst muss die Geschäftstätigkeit durch eine temporäre Kopplung von Alt- und Neu-Basissystem sichergestellt werden. Dazu ist, wie in Abbildung 43 illustriert, über eine Middle-Ware ein Schlüssel einzuführen, der die Stammdatensystematiken beider Unternehmen abbilden kann, wodurch zusätzlich eine sehr hohe Flexibilität bezüglich der Reihenfolge und des Zeitablaufs der Anbindung der Verwaltungs- und Berichtssysteme ermöglicht wird (vgl. Penzel/Fuchs 1997, 21).

Anschließend ist eine echte Integration der Buchungssysteme durchzuführen, an deren Ende ausschließlich die Buchungsanwendungen der Neu-Welt produktiv sind (vgl. zur Veranschaulichung Schmid 1999). Zu diesem Zweck ist auch die Migration der Kern- und Stammdatenbestände durchzuführen.

Nachdem die Basissysteme integriert wurden, und nun eine einheitliche Stammdatensystematik vorliegt, können in der dritten Schicht *Vor- und Randsysteme* die vielen kleineren funktionsorientierten Anwendungssysteme, von denen zunächst insbesondere die umsatzerzeugenden Systeme von Bedeutung sind, integriert werden. Hier sind zahlreiche Fachbereichsmitarbeiter betroffen, wobei mehrere komplexitätssteigernde Faktoren aufeinander treffen. Je Mitarbeiter sind besonders viele neue Systeme zu implementieren. Ein Teil der Software ist gekoppelt an neue, jeweils zu installierende Hardware. Es gibt andere Anwendungen, die für alle regional verteilten Standorte zum selben Zeitpunkt umgestellt werden müssen, was die Logistik erschwert (vgl. Penzel/Fuchs 1997, 21). Dies erfordert eine eigene Task Force, die für die Erarbeitung und den Test der Hardware/Software-Lösung, die Einrichtung eines zentralen Help-Desks, die Schulungen und die Installationen verantwortlich ist.

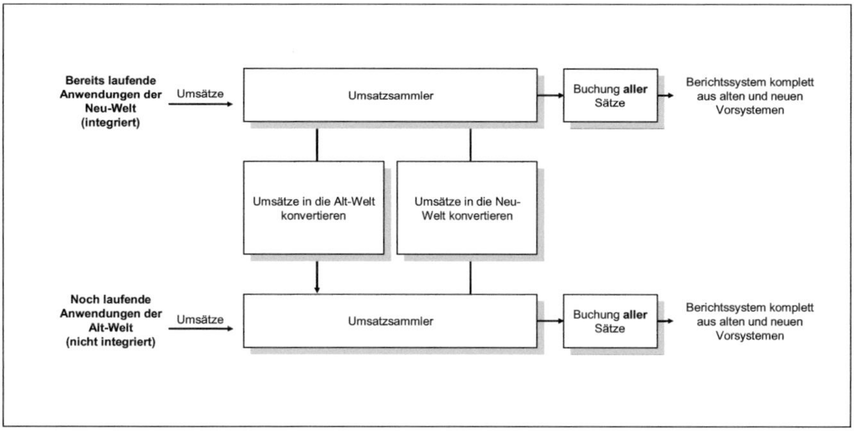

Abbildung 43: Konvertierung zwischen den Umsatzsystemen beider Unternehmen (vgl. Penzel/Fuchs 1997, 20)

Die Integration der *Berichtssysteme* bildet den Abschluss des Abfolgemodells. Hier erfolgt insbesondere die Harmonisierung der finanziellen Berichtseinheiten, Kalkulationsverfahren, Kostenstelleninhalte und Kostenrechungsabläufe sowie bei internationalen M&A eine Anpassung der unterschiedlichen Rechnungslegungssysteme (vgl. Schmidt/Lehner 1999, 186).

Abbildung 42 suggeriert ein rein sequentielles Vorgehen. Um jedoch die erwarteten Synergien so früh wie möglich realisieren zu können, sollten die Integrationsarbeiten an sämtlichen Integrationsebenen weitgehend parallel beginnen, falls die Ressourcenausstattung des Integrationsprojekts es zulässt, so dass sich nach erfolgter Integration auf einer Ebene so schnell wie möglich die Integration der nächst höheren Ebene anschließen kann. Zu diesem Zweck können parallel zu den produktiven Systemen in einer technischen Entwicklungsumgebung Kopieversionen der zu integrierenden Systeme mit testweise zu verwendenden Daten eingerichtet werden, in denen die anstehenden Datenmigrationen ausreichend vorbereitet und getestet werden können. Die eigentliche Datenmigration kann so ohne Zeitverzug erfolgen. Als besondere Schwierigkeit ist dabei das Problem zu bewältigen, dass das jeweilige Ziel-Datenmodell Veränderungen unterliegen kann, die aus der Integration der jeweils unteren Schicht entstehen, so dass hier in Teilen wahrscheinlich iterativ vorgegangen werden muss.

Mit der Fertigstellung eines diesen Einflussfaktoren und Beschränkungen entsprechenden Meilensteinplans der IT-Integration endet die Planung der informationstechnischen Umsetzung innerhalb des Post-Closing-Integration-Plan. Aus den getroffenen Festlegungen sind im Anschluss im Rahmen der Informationstechnischen Umsetzung konkrete Handlungsanleitungen der IT-Integration abzuleiten.

6.5.2.1 Planung der personalwirtschaftlichen IT-Maßnahmen

Neben der im vorangegangenen Abschnitt erläuterten Klärung informationstechnisch orientierter Fragestellungen zur IT-Infrastruktur ist im Post-Closing-Integration-Plan jedoch zusätzlich eine Planung der Personalentwicklungsmaßnahmen im IT-Bereich vorzunehmen. Mit Hilfe dieser Planung können letztlich neben den technischen Aktivitäten auch die personalwirtschaftlichen Maßnahmen der IT-Integration als Vorbereitung der Personalwirtschaftlichen Umsetzung geplant werden.

Der Post-Closing-Integration-Plan ist eine Hauptaktivität des Personalveränderungsprozesses, und es liegt dementsprechend in der Verantwortung des Personalveränderungsprozesses, die in der Transaktionsphase entwickelten personalwirtschaftlich orientierten IT-Integrationspläne der Aktivität Pre-Closing-Integration-Plan weiter zu detaillieren und umzusetzen.

Die konkrete Ausgestaltung der Personalmaßnahmen im IT-Bereich wird jedoch angesichts des dafür benötigten Verständnisses der im vorangegangenen Abschnitt geschilderten technischen Zwänge und Abhängigkeiten ohne die Unterstützung des IT-Integrationsprozesses kaum sachgerecht erfolgen können. Die Aufgabe des IT-Integrationsprozesses besteht dementsprechend darin, die Verantwortlichen des Personalveränderungsprozesses bei der Entwicklung eines Planes zu Unterstützen, der konkrete personalwirtschaftlich orientierte IT-Integrationsmaßnahmen enthält, die einerseits in Übereinstimmung mit den Festlegungen zum IT-Integrationsgrad im Pre-Closing-Integration-Plan stehen und andererseits den anstehenden Umsetzungserfordernissen gerecht werden.

Abbildung 44 zeigt eine mögliche Struktur der Planentwicklung für die IT-Organisation, wobei auf der ersten Ebene nach personalwirtschaftlichen Funktionsfeldern unterschieden wird. Auf der zweiten Ebene wird für beide Unternehmen eine Einteilung nach den Funktionsfeldern innerhalb der IT-Organisation eingeführt. Dabei stellt der dargestellte Meilensteinplan die höchstaggregierte Form der Planung dar, die durch Erläuterungen zu den einzelnen Maßnahmen zu ergänzen ist (vgl. Lucks/Meckl 2002, 143).

Maßnahmenkategorie	Anzahl Mitarbeiter	Kosten-abschätzung	Zeithorizont/ Zwischenergebnisse	Ver-antwortlicher
IT-Personalfreisetzung: Unternehmen A • Rechenzentren • Netzbetreuung • Anwendungssystembetreuung • ... Unternehmen B • ...				
IT-Personalbeschaffung: Unternehmen A • Rechenzentren • Netzbetreuung • Anwendungssystembetreuung • ... Unternehmen B • ...				
IT-Personalentwicklung: Unternehmen A • Rechenzentren • Netzbetreuung • Anwendungssystembetreuung • ... Unternehmen B • ...				

Abbildung 44: Der Meilensteinplan für den Personalveränderungsprozess in der IT-Organisation

Neben der IT-Organisation selbst ergeben sich personalwirtschaftliche Fragestellungen der IT-Integration aber auch in den Fachbereichen, weil die durch die IT-Integration veränderte Anwendungsarchitektur neue Arbeitsabläufe mit sich bringt und viele der Fachbereichsmitarbeiter entsprechend geschult werden müssen (vgl. Penzel/Fuchs 1998, 29).

Diese Personalentwicklungsmaßnahmen sind unbedingt im Meilensteinplan des Personalveränderungsprozesses in den jeweiligen Fachbereichen als Anwenderschulung zu berücksichtigen. Hier ist es entscheidend, dass die Verantwortlichen des

Strukturprozesses die genaue Ausgestaltung der Ziel-Anwendungsarchitektur frühzeitig an die Verantwortlichen des Personalveränderungsprozesses kommunizieren. Die dabei bereitzustellenden Informationen über die neuen oder geänderten Anwendungssysteme müssen die Identifikation der betroffenen Mitarbeiter und der Personalentwicklungsinhalte ermöglichen.

Im Rahmen der Durchführung der personalwirtschaftlichen Meilensteinplanung ist zunächst jeweils die Anzahl der von den Maßnahmen jeweils betroffenen Mitarbeiter festzulegen. Im Anschluss sind die Kosten der jeweiligen Maßnahmen zu schätzen, die die Basis für das spätere Controlling bilden. Diese Werte sind stark vom Einzelfall abhängig, weshalb auf unternehmensindividuelle Erfahrungswerte oder externes Beraterwissen zurückgegriffen werden sollte (vgl. Lucks/Meckl 2002, 145). Letztlich ist ein Zeithorizont für die Maßnahmen festzulegen und jeder Maßnahme ein Verantwortlicher zuzuordnen.

Der Controller hat dabei insbesondere zu überwachen, dass das Budget zur Umsetzung der Ziel-Anwendungsarchitektur realistisch ermittelt wird und nicht den wirtschaftlich akzeptablen Rahmen sprengt. Wie für die M&A-Integration insgesamt ist auch für die IT-Integration wichtig, dass die IT-Integrationspläne vollständig sind. Dazu gehören neben der Festlegung der einzelnen Maßnahmen vor allem die Benennung des jeweils für die Durchführung Verantwortlichen und der Zeithorizont der Maßnahme (vgl. allgemein Lucks/Meckl 2001, 218). Damit endet die Darstellung der IT-Integrationsaktivitäten im Post-Closing-Integration-Plan

6.6 Organisatorische/Rechtliche Umsetzung

Die folgende Aktivität mit Beteiligung des IT-Integrationsprozesses ist die *Organisatorische/Rechtliche Umsetzung* (Siehe Abbildung 34). Sie ist eine Hauptaktivität des Strukturprozesses. Für die IT-Integration ist dabei vor allem die organisatorisch orientierte Integration der Unternehmensprozesse von besonderer Bedeutung. Der Grund besteht darin, dass für die Umsetzung der IT-Integration nun in erster Linie die genaue fachliche Deckungslücke ermittelt werden muss, die die zur Fortführung ausgewählten Anwendungssysteme aus Sicht des „neuen“ Unternehmens aufweisen (vgl. zum Beitrag der Fachabteilungen in dieser Aufgabe auch McAfee 2006, 6). Das

Ziel des IT-Integrationsprozesses liegt dementsprechend darin, aus der Organsatorischen/Rechtlichen Umsetzung die Informationen zu gewinnen, die für eine Schließung der funktionalen Lücken im Rahmen der anstehenden Nachentwicklung der ausgewählten Ziel-Anwendungsarchitektur benötigt werden.

Ein konzeptionelles Modell zur Festlegung der zukünftigen gemeinsamen Geschäftsprozesse anhand der Unterschiedlichkeit und Qualität der vorhandenen Prozesse liefert Abbildung 45 (vgl. Clever 1993, 88). Den idealen Integrationsfall stellen dabei zwei relativ identische und qualitativ hochwertige Prozesse dar, die nur noch leicht aufeinander abgestimmt und teilweise optimiert werden müssen. Gibt es inhaltliche Unterschiede zweier an sich hoch-qualitativer Prozesse, ist möglichst unter Einbezug von Elementen beider Abläufe eine Vereinheitlichung anzustreben. Eindeutiger ist der Fall, falls bei erheblichen Unterschieden zwischen den Prozessen ein Modell wesentliche qualitative Vorteile aufweist. Dieser Prozess ist zu übernehmen. Falls beide Prozesse als geringwertig angesehen werden, ist die Integration Anlass zur Neugestaltung eines Prozesses.

	Erhebliche Unterschiede der Prozesse	Geringe Unterschiede der Prozesse
Qualität beider Geschäftsabläufe hoch	Vereinheitlichung der Geschäftsabläufe	Übernahme und Optimierung der Geschäftsabläufe
Qualität eines Geschäftsablaufs hoch	Übernahme und Optimierung des überlegenen Modells	X
Qualität beider Geschäftsabläufe gering	Neugestaltung der Geschäftsabläufe	

Abbildung 45: Entscheidungsmodell der prozessorientierten Integration (vgl. Clever 1993, 88)

Aus dem Modell zur Prozessintegration ergibt sich, dass im Rahmen der Untersuchung der funktionalen Abdeckung durch die Anwendungssysteme zwischen übernehmbaren Prozessen und neu zu gestaltenden Prozessen zu unterscheiden ist. Durch eine enge Koordination mit den Verantwortlichen der prozessualen Integration ist sicherzustellen, dass sich im Rahmen der Analyse der anwendungstechnischen Unterstützung zunächst auf solche Geschäftsprozesse konzentriert wird, die im Strukturprozess als übernehmbare Prozesse definiert worden sind, und im Anschluss die systemtechnische Unterstützung der neu zu gestaltenden Soll-Prozesse untersucht wird (vgl. Clever 1993, 99-102; Quack 2001).

Diese Differenzierung ist notwendig, weil der Fall eintreten kann, dass in einem Unternehmen zwar anwendungstechnisch hervorragend unterstützte Prozesse vorliegen, diese Prozesse aber nach der prozessualen Integration in einer veränderten Art und Weise durchgeführt werden müssen. In einem konkreten Fall fand sich beispielhaft eine Anwendung zur Unterstützung der Produktionsplanung und Steuerung, die unter großem Aufwand für ein Unternehmen individuell entwickelt worden ist (vgl. zum Beispielfall Clever 1993, 99). Die Anwendung war gut geeignet, die bisherigen Aufgaben zu unterstützen. Im Rahmen der Analyse stellte sich jedoch heraus, dass sich das Anwendungssystem nicht in einen gemeinsamen Produktionsverbund einbinden ließ. Das Ziel war dabei, eine standortübergreifende Produktionsplanung zu entwickeln, um die in mehreren Werken an verschiedenen Standorten erstellten Halbfabrikate an einem Standort just-in-time zu montieren. In diesem Fall wurde entschieden, das individuell entwickelte Anwendungssystem gegen ein im Unternehmensverbund bereits eingesetztes Anwendungssystem auszutauschen.

Folglich kann bei anzupassenden Geschäftsabläufen die Analyse des fachlichen Abdeckungsgrads der jeweiligen Anwendungssysteme nicht anhand der vorhandenen Prozesse vollzogen werden. Statt dessen sind zunächst die zukünftigen Soll-Prozesse festzulegen, damit auf deren Basis untersucht werden kann, welcher Entwicklungsaufwand anfällt, um die unterstützenden Anwendungssysteme an die neuen Soll-Prozesse anzupassen. Dies verdeutlicht zudem, dass weniger die Qualität der derzeitigen Anwendungssysteme über ihre Fortführung entscheidet, sondern der im Rahmen der Integration notwendige Nachentwicklungsaufwand von entscheidender Bedeutung ist.

Im Rahmen einer 80:20-Lösung liefert dieser funktionale Abgleich der Anwendungslandschaften die Datenbasis zur Auswahl einzelner Anwendungssysteme der aufzugebenden IT-Landschaft, die im Rahmen der Nachentwicklung in die Ziel-Anwendungsarchitektur zu integrieren sind (vgl. dazu Abschnitt 6.8.3). Ausgangspunkt und Datenbasis der Untersuchung sollte eine detaillierte Dokumentation der beiden Anwendungsarchitekturen sein.

Ein mögliches Dokumentationsschema liefert Abbildung 46 (Ein analoges Dokumentationsschema sollte bereits im Post-Closing-Integration-Plan zur generellen Auswahl der Ziel-Anwendungsarchitektur erstellt werden, das in diesem Schritt detailliert werden könnte.). Dabei ist getrennt nach Unternehmen für jeden Unternehmensbereich eine Beschreibung der jeweiligen Anwendungssysteme erstellt worden.

Anwendungssysteme	Unternehmen A	Unternehmen B
Versand • Auftragseingang • Inventar • Transport • Lagermanagement • Einkauf • Lieferungsüberwachung	• Beschreibung der Funktionalität • Erreichbare Prozessdurchlaufzeiten • Alter des Anwendungssystems • Technologiebasis • Lfd. Betriebs- und Wartungskosten • Anzahl Anwendungsbetreurer • Etc.	
Produktion • Fertigungssysteme • Inventar • Lagerauffüllung • Produktentwicklung • Einkauf		
Vertrieb/Marketing • Berichtswesen • Mahnwesen • Entscheidungsunterstützung		
Finanz-/Rechnungswesen • Gehaltsabrechnung • Hauptbuchanwendungen • Anlagebuchhaltung • Investor Relations • Entscheidungsunterstützung		
Personalwesen		
Forschung und Entwicklung • Produktentwicklung • Prozessentwicklung		

← Überprüfung der funktionalen Vollständigkeit →

← Identifikation von Nachentwicklungen →

Abbildung 46: Dokumentation der Ist-Anwendungsarchitekturen (vgl. ähnlich Main 1989, 479)

Anstatt einer Einteilung nach Unternehmensbereichen kann hier auch eine Gruppierung nach logisch zueinander gehörenden Anwendungssystemgruppen vorgenommen werden, wie etwa Anwendungen zur Abwicklung von Auftragseingängen, die sich als Prozess über mehrere Unternehmensbereiche erstrecken (vgl. Main 1989, 478).

Über die wichtigsten Prozesse hinweg ermöglicht nun eine Analyse in vertikaler Richtung die Beurteilung der funktionalen Vollständigkeit der bestehenden Anwendungssysteme aus Sicht des neuen Unternehmens. Bei der Ermittlung der künftigen Anforderungen ist vor allem auf die strukturellen Festlegungen des Pre- und Post-Closing-Integration-Plan zurückzugreifen, anhand derer eine Reihe von Fragen wie zum Beispiel „In wie weit unterstützt das vorliegende Anwendungssystem die Kundenbetreuungsphilosophie (ganzheitlich oder nach Produktsegmenten)?“, „Welche zukünftig anzubietenden Produkte werden anwendungstechnisch unterstützt?“, „Werden die künftigen Vertriebswege anwendungstechnisch unterstützt?“ oder „Ist das Anwendungssystem kompatibel zu den künftigen internen Steuerungssystemen?“ zu beantworten sind (vgl. Penzel/Pietig 2000, 119).

Neben einer rein funktionalen Beschreibung der jeweiligen Anwendungssysteme sollte zudem auf keinen Fall auf die Erfassung quantitativ verwertbarerer Daten verzichtet werden. Dazu zählen auf fachlicher Seite Angaben zur Anzahl der Benutzer und Mandanten eines Anwendungssystems sowie auf Anwenderseite entstehende Kosten einer Anwendungstransaktion. Genauso sind aber auch IT-seitig die laufenden Kosten für Betrieb und Wartung eines Anwendungssystems zu erfassen.

Zusätzlich ist in horizontaler Richtung in Abbildung 46 ein Qualitätsvergleich der sich jeweils entsprechenden Anwendungssysteme beider Unternehmen vorzunehmen. Abbildung 47 zeigt eine beispielhafte Konzeption zum Vergleich der Qualität der anwendungstechnischen Unterstützung von Unternehmensprozessen.

Dieser Qualitätsvergleich der Anwendungssysteme beider Unternehmen dient sowohl dazu, die verbleibenden 20 Prozent der Ziel-Anwendungsarchitektur festzulegen, als auch dazu, den sich hieraus ergebenden Nachentwicklungsaufwand zu bestimmen (vgl. Penzel/Pietig 2000, 120). Die so gewonnenen Ergebnisse fließen in den Nachentwicklungs- und Migrationsplan ein (siehe dazu Abschnitt 6.8).

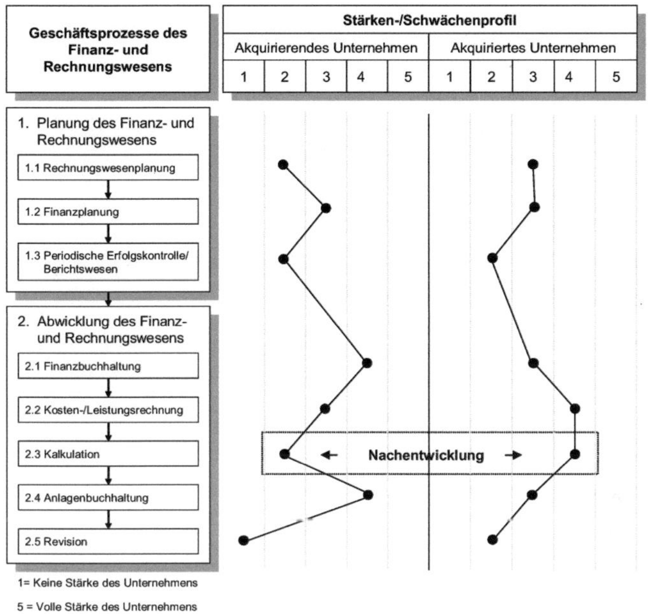

Abbildung 47: Analyse der Qualität der anwendungstechnischen Unterstützung (vgl. Clever 1993, 101)

6.7 Personalwirtschaftliche Umsetzung

Bevor mit der Umsetzung der IT-Integrationsmaßnahmen begonnen werden kann, ist zunächst noch der personelle Rahmen für das wie oben geschildert zumeist sehr aufwandsintensive Umsetzungsprojekt zu schaffen. Aus diesem Grund ist für den IT-Integrationsprozess die folgende Aktivität *Personalwirtschaftliche Umsetzung* von Bedeutung (vgl. Abbildung 34). Dies ist eine Hauptaktivität des Personalveränderungsprozesses, die durch den IT-Integrationsprozess erfolgswirksam unterstützt werden kann. Den Personalverantwortlichen sind dazu die Spezifika des anstehenden informationstechnischen Umsetzungsarbeiten mitzuteilen, so dass dort ein genaues Bild der notwendigen IT-Personalmaßnahmen entsteht.

Für die IT-Integration liegt das Ziel konkret darin, die Planungsgrößen zum Personalbestand der IT-Organisation und zur fachseitigen Anwenderschulung aus dem Post-Closing-Integration-Plan in konkrete Maßnahmen umzusetzen. Dementsprechend ist festzulegen, wie der jeweils angestrebte quantitative bzw. qualitative Personalbestand durch die drei Komponenten Personaleinsatz, Personalentwicklung und/oder Personalfreisetzung erreicht werden kann.

Im Bereich des Personaleinsatzes geht es bei der Umsetzung vor allem um Fragen zur Stellenbesetzung und Auswahl von Kandidaten. Generell sollte bei der Auswahl und Besetzung von Stellen darauf geachtet werden, dass ein möglichst transparenter und fairer Prozess angewandt wird, bei denen rationale, ökonomische und individuell qualitative Kriterien im Vordergrund stehen (vgl. allgemein Penzel/Ratzke 2000, 24). Im Folgenden wird nicht näher auf die externe Personalbeschaffung eingegangen, da hier keine M&A-spezifischen Kriterien auftreten (vgl. Lucks/Meckl 2002, 146). Während die Stellenbesetzung durch interne Suche von einiger Brisanz ist, weil im Zuge der Synergierealisierung üblicherweise mehr Bewerber als Stellen zur Verfügung stehen, und darüber hinaus ständig die Frage im Raum schwebt, Stellen mit Mitarbeitern aus dem kaufenden Unternehmen zu besetzen, liegen für den Personaleinsatz in der IT-Organisation in dieser Frage einige Besonderheiten vor.

So ist es zum Einen nicht möglich, IT-Organisationseinheiten, deren Anwendungssysteme nicht in die Ziel-Anwendungsarchitektur übernommen wurden, sofort zu schließen. Stattdessen sind die Einheiten weiterzuführen, bis der jeweils vorgesehene Integrationszeitpunkt erreicht ist. Die betreffenden IT-Mitarbeiter dürfen daher nicht aus der Alt-Verantwortung entlassen werden, bis das von ihnen betreute Altanwendungssystem endgültig abgeschaltet ist oder die aufnehmende Einheit es explizit mit allen Rechten und Pflichten übernommen hat, was unter Umständen mehrere Jahre dauern kann und im Rahmen des Personaleinsatzes und der Personalfreisetzung zu berücksichtigen ist (vgl. Penzel/Fuchs 1998, 26).

Zum Anderen ist im Rahmen des Personaleinsatzes auch zu berücksichtigen, dass nicht nur die IT-Organisation selbst, sondern auch die Projektorganisation, die die üblicherweise sehr umfangreiche Umsetzung der IT-Integration durchzuführen hat, mit ausreichend qualifizierten IT-Mitarbeitern ausgestattet werden muss.

Zur Bereitstellung von IT-Mitarbeitern speziell für die Umsetzungsaktivitäten der IT-Integration sind daher die bisherigen IT-Projektportfolios beider Unternehmen neu zu priorisieren, um die Zahl der außerhalb der IT-Integration laufenden IT-Projekte drastisch zu reduzieren, wie Abbildung 48 veranschaulicht (vgl. Berensmann/Spang 1998, 37). Das Ziel ist es dabei, rund 50% der Kapazitäten für das IT-Integrationsprojekt freizusetzen.

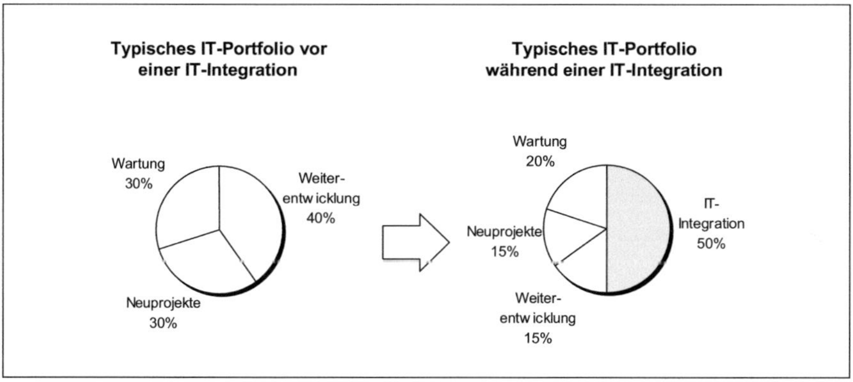

Abbildung 48: Neu-Priorisierung des IT-Projektportfolios (vgl. Meier/Spang 2000, 10)

Während der IT-Personaleinsatz innerhalb der operativen Ebene dementsprechend durch technische Notwendigkeiten und den umfangreichen IT-Integrationsaufwand geprägt ist, ist die Auswahl der IT-Führungskräfte durch Problemstellungen geprägt, wie sie ähnlich auch in den anderen Unternehmensbreichen anfallen. So liegt es häufig im Interesse des kaufenden Unternehmens durch Plazierung eigener Führungskräfte schnell die Kontrolle in der integrierten IT-Organisation zu übernehmen und den Wissenstransfer sowie die Kulturassimilation voranzutreiben (vgl. Lucks/Meckl 2002, 147). Dieses Verhalten führt aber schnell zu Abwehrhaltungen in der erworbenen Einheit. Parallelorganisationen oder Doppelleitungen sind strikt abzulehnen, denn dort werden sich die Mitarbeiter der beiden alten, konkurrierenden Unternehmen stets gegenseitig zu beweisen versuchen, dass die eigene IT-Infrastruktur die bessere ist (vgl. Penzel/Fuchs 1998, 26).

Die Personalfreisetzung zielt darauf ab, durch die Zusammenlegung gleichartiger IT-Leistungen, die vor der M&A-Transaktion von beiden beteiligten Unternehmen separat erbracht wurden Skaleneffekte zu realisieren und IT-Stellen zu konsolidieren (vgl. Kromer 2001, 215). Die Möglichkeiten im Bereich der Personalfreisetzung werden jedoch eingeschränkt. So ist unter anderem aus dem Blickwinkel der Betriebssicherheit fraglich, welche Motivation die Mitarbeiter besitzen, die die Alt-Anwendungssysteme noch bis zu deren Abschaltung betreuen und gleichzeitig befürchten müssen, nach der Integration obsolet zu werden (vgl. Penzel/Fuchs 1998, 26; vgl. zum Umgang mit Personalfreisetzungen unter Motivationsgesichtspunkten auch Harding/Rouse 2007, 7). Zudem ergibt sich aus dem IT-Integrationsziel des Erhalts von Know How Trägern die Notwendigkeit neben der Entlassung von IT-Mitarbeitern nach Alternativen zu suchen.

Als eine bedeutende Alternative waren dabei in der Vergangenheit Umsetzungen auf andere Stellen oder Entwicklungsprojekte, wie etwa E-business-Projekte ein Mittel der Wahl, wodurch es oftmals möglich wurde, die Anzahl externer IT-Fachkräfte zu reduzieren (vgl. Kromer 2001, 215). Eine umfangreiche Entlassung von IT-Mitarbeitern findet hauptsächlich bei solchen M&A-Transaktionen statt, im Rahmen derer die Hard- und Software des kleineren Unternehmens vollständig durch Lösungen des größeren Partners ersetzt wurden, und ein Bedarf an Kompetenzen und Kapazitäten der IT-Mitarbeiter der kleineren Einheit mithin nur in sehr eingeschränktem Umfang bestand (vgl. Kromer 2001, 216). Generell sind bei Freisetzungen die individuellen Arbeitsverträge, betriebliche- und Tarifvereinbarungen sowie gesetzliche Auflagen zu beachten.

Die Personalentwicklung setzt an der festgestellten Deckungslücke zwischen qualitativem Personalbedarf der integrierten IT-Organisation und der Projektorganisation zur Umsetzung der IT-Integration sowie dem Qualifikationsprofil des Ist-Personalbestandes beider Unternehmen an (vgl. allgemein Lucks/Meckl 2002, 149). Adressaten der IT-Personalentwicklungsmaßnahmen sind grundsätzlich alle IT-Mitarbeiter beider Unternehmen, für die sich eine inhaltliche Änderung der Aufgaben durch die Integration ergibt. Von herausragender Bedeutung für die IT-Integration ist zunächst die Sicherstellung der unternehmensübergreifenden Zusammenarbeit durch Personalentwicklungsmaßnahmen in Bezug auf die zu übernehmenden ablauforganisatorischen Prinzipien in der IT-Organisation. Dabei ist auch auf die

Schulung in Bezug auf Dokumentations- und Controllingvorgaben im Bereich der Anwendungssystementwicklung einzugehen, die von den „neuen“ IT-Mitarbeitern in der entwicklungstechnischen Umsetzung der IT-Integration umgehend anzuwenden sind.

Grundsätzlich sind mit Abschluss der Personalentwicklung alle personalwirtschaftlichen Maßnahmen abgearbeitet, um die Umsetzung der IT-Integration im Rahmen der informationstechnischen Umsetzung erfolgreich beginnen zu können. Wie oben angesprochen zählen zu den Adressaten der IT-Personalentwicklung aber auch sämtliche fachseitigen Mitarbeiter beider Unternehmen, für die sich nach der erfolgten IT-Integration eine Veränderung im Umgang mit den Anwendungssystemen ergeben wird. So können IT-Integrationsprobleme entstehen, auch wenn die technische Integration der IT-Ressourcen ein Erfolg gewesen ist, die damit zusammen hängen, dass die fachseitigen Mitarbeiter Schwierigkeiten haben, sich auf die neuen Strukturen einzustellen (vgl. N.N. 2003, 21). Somit ist in den Fachbereichen die Deckungslücke zwischen den benötigten und tatsächlich vorhandenen Kenntnissen im Umgang mit der Ziel-Anwendungsarchitektur in beiden Unternehmen zu ermitteln.

Diese Maßnahme kann aufgrund der im Allgemeinfall noch nicht vollständig vorliegenden fachlichen und technischen Konzepte der zukünftigen Anwendungssysteme gegebenenfalls erst im Lauf der anschließenden Informationstechnischen Umsetzung in der notwendigen Detaillierung vorgenommen werden. Anschließend ist für den Bereich der Schulung der fachseitigen Mitarbeiter eine eigene Trainingsorganisation aufzusetzen, die Vorschulungen zeitlich vor der Installation der Anwendungssysteme vornimmt und Nachschulungen sowie eine Betreuung nach erfolgter Installation mittels eines zentralen Help-Desks und/oder einer telefonischen Hotline gewährleistet (vgl. Penzel/Fuchs 1997, 21; N.N. 2003, 21). Zusätzlich können Fachbereichsmitarbeiter in Seminaren auf den Systemen beider IT-Welten geschult werden, so dass sie als Multiplikator zwischen beiden Welten „vermitteln“ können (vgl. N.N. 2003, 21).

Als Abschluss der Überlegungen zu den IT-Integrationsaktivitäten innerhalb der Personalwirtschaftlichen Umsetzung ist noch die Frage für die Trägerschaft der personalwirtschaftlichen IT-Integrationsaktivitäten zu klären. Während für den allgemeinen M&A-Prozess hier die beiden Personalabteilungen der beteiligten Unternehmen mit einem Schwerpunkt im kaufenden Unternehmen die Führung besitzen, ist insbesondere bei Fragestellungen der Neu-Priorisierung des IT-Projektportfolios zur Bereitstellung von IT-Mitarbeitern für die Umsetzung der IT-Integration und der Personalentwicklung an den neuen Anwendungssystemen IT-Know How gefragt, das üblicherweise nur in den beteiligten IT-Organisationen vorliegt.

Welche der beiden IT-Organisationen dabei federführend sein sollte hängt weniger von der Frage ab, wer dem erwerbenden Unternehmen angeschlossen ist, sondern ist wesentlich durch die Auswahl der Ziel-Anwendungsarchitektur bestimmt. Diesbezüglich sollte die IT-Organisation federführend sein, deren Anwendungssysteme grundlegend für die anzustrebende Ziel-Anwendungsarchitektur sind, und die damit ein tieferes Know How in Bezug auf die Ziel-Anwendungsarchitektur in sich trägt.

6.8 Informationstechnische Umsetzung

6.8.1 Kurzfristige Sicherstellung gegenseitiger Informationszugriffe

Es folgt mit der in dieser Arbeit neu in das M&A-Prozessmodell aufgenommenen Aktivität *Informationstechnische Umsetzung* die einzige Hauptaktivität des IT-Integrationsprozesses. Nach der Schaffung der personellen Voraussetzungen besteht das Ziel nun in der effizienten und risikoarmen Umsetzung der in den vergangenen Aktivitäten geplanten Maßnahmen. Die Umsetzung der IT-Integration sollte gemäß des in Abschnitt 6.5.2.1 erläuterten Abfolgemodells damit beginnen, dass durch die Zusammenlegung der Rechenzentren und die Kopplung bzw. Konsolidierung der WAN's eine Integrationsumgebung geschaffen wird, in der dann die eigentliche Integration der Anwendungssysteme und Datenbestände stattfinden kann.

Als Übergangslösung sind zunächst die Buchungs- und Stammdatensysteme beider Unternehmen während deren Koexistenz derart über temporäre Schnittstellen zu koppeln, dass ein Datenaustausch und damit auch ein einheitlicher Außenauftritt des Gesamtunternehmens möglich ist (vgl. Berensmann/Spang 1998, 37; Komus/Reiter 2000, 39). Die Kopplung der Buchungs- und Stammdatensysteme sichert zudem insbesondere die Aufrechterhaltung des Geschäftsbetriebs und durch die Zusammenführung der Buchungsdaten die Erstellung eines Konzernanschlusses zur Erfüllung prüfungsrechtlicher Anforderungen.

Zusätzlich sollten sich die Mitarbeiter beider Unternehmen so früh wie möglich über Bürokommunikationseinrichtungen austauschen können. Um die Kommunikation zwischen den Mitarbeitern zu ermöglichen, sollten die Office-Systeme so schnell wie möglich gekoppelt werden. Schließlich ist sicherzustellen, dass die Mitarbeiter problemlos bis zur vollendeten IT-Integration auf die elektronisch gespeicherten Datenbestände des jeweils anderen Unternehmensteils zugreifen können, um die Kunden auch in der Integrationsphase sachgerecht bedienen zu können. Ebenso muss die Unternehmensführung bei der Risikobeurteilung ad hoc auf einen konsolidierten Datenbestand des Managementinformationssystems zugreifen können.

Ein Zugriff auf zentral gespeicherte Datenbestände setzt zum Einen voraus, dass die unterschiedlichen Zugriffsprofile, in denen festgelegt ist, welcher Mitarbeiter auf welche Anwendungen zugreifen darf, je Stelleninhaber bekannt sind und abgeglichen wurden, um einen Datenmissbrauch zu vermeiden. Ansonsten kann es passieren, dass beispielsweise ein Mitarbeiter aus Unternehmen A für Anwendungssysteme in Unternehmen B freigeschaltet wird, das betreffende Profil in Unternehmen B aber deutlich weniger Zugriffsrechte vorsieht als das entsprechende Profil in Unternehmen A (vgl. Penzel/Pietig 2000, 133).

Für den Abgleich der Zugriffsprofile empfiehlt es sich, einen zentralen und gesamtverantwortlichen Projektleiter zu benennen, damit die Berechtigungsvergaben, insbesondere bei Zugriffen auf Daten, die über die definierten Standards hinausgehen, nicht zum „Stolperstein“ für die Benutzung der neuen Anwendungen werden. Im Allgemeinfall sollte jedoch für jeden Beschäftigten ein Funktionsschlüssel hinterlegt sein, der einen standardmäßigen Datenzugang erlaubt. Die Mitarbeiter, die im Lauf der IT-Integration schon auf dem Ziel-System arbeiten, können bereits auf alle nicht speziell zugangsberechtigten Anwendungen zugreifen. Die Mitarbeiter des Nicht-Zielsystems werden zum Starttermin für alle allgemein zugänglichen Anwendungen freigeschaltet. Dazu ist zu gewährleisten, dass die fachseitigen Mitarbeiter mit den Anwendungssystemen des jeweils anderen Unternehmens auch umgehen können (vgl. Penzel/Pietig 2000, 133).

Eine Reihe von Informationen aus den zentralen Systemen wird, soweit erforderlich, auf Listen ausgedruckt und weitergegeben. Es ist daher rechtzeitig zum offiziellen Start des Unternehmens zu gewährleisten, dass diese geschäftsrelevanten Mitteilungen trotz zahlreicher Veränderungen aufgrund von Bereichs- und Abteilungszusammenlegungen auch weiterhin pünktlich beim richtigen Adressaten vorliegen. Probleme sind hier insbesondere im Verteilungsprozess zu erwarten, der dezentral organisiert sein sollte, wobei die dezentralen Einheiten Gesamtlisten aus der Zentrale erhalten und deren Teile weiter an die Adressaten verteilen. Dies ist umso wichtiger, wenn die Listensteuerung historisch gewachsen und nicht gezielt und flexibel über ein Programm zu steuern ist (vgl. Penzel/Pietig 2000, 134). Daher wird auf zentraler Ebene ein Projektverantwortlicher benötigt, der in der Integrationsphase für die Listensteuerung verantwortlich ist und den Versand an die dezentral Verantwortlichen koordiniert.

6.8.2 Datenmigration

6.8.2.1 Herleitung des grundlegenden Migrationskonzepts

Das Abfolgemodell hat gezeigt, dass große Teile der Umsetzung der IT-Integration bei M&A durch technische Notwendigkeiten festgelegt sind. Flexibilität in der Planung der Reihenfolge der Teilprojekte liegt praktisch nur nach der Implementierung der oben dargestellten Konvertierungslogik der Basissysteme vor, so dass das Vorgehen zur tatsächlichen Integration der Basissysteme, der Vor- und Randsysteme und der Berichtssysteme einer eigenen Entwicklungsplanung zur Erstellung der im Post-Closing-Integration-Plan ausgewählten Ziel-Anwendungsarchitektur unterliegen muss.

Diese Planung sollte neben zeitlichen Festlegungen auch konkrete Angaben zur Wertschaffung der einzelnen Teilprojekte beinhalten. Sie ist zudem frühzeitig durchzuführen, sobald mit der Auswahl einer Ziel-Anwendungsarchitektur, der Bedarf an Nachentwicklungen und die „Richtung“ der Datenmigration erkennbar werden. Diese Planung geschieht im Nachentwicklungs- und Migrationsplan für Anwendungen und Datenbestände, wie er exemplarisch als Meilensteinplan einer Integration der Anwendungssysteme nach der 80:20-Regel in Abbildung 49 dargestellt ist.

Zwingend für eine IT-Integration sind dabei zunächst Datenmigrationsprojekte (vgl. Penzel/Pietig 2000, 129). Die Verfügbarkeit qualitativ hochwertiger Daten ist bei M&A die Voraussetzung für eine schnelle Integration und ein zuverlässiges Bedienen der

Außenbeziehungen zu Kunden, Lieferanten oder etwa Finanzinstitutionen des zu integrierenden Unternehmens (vgl. Rufa/Kubela 1999).

Die Datenmigration ist somit vor den Nachentwicklungsprojekten zu definieren und ihre Realisierung schmälert zunächst die freie Kapazität für gegebenenfalls notwendige Projekte zur Nachentwicklung von Anwendungssystemen (vgl. Penzel/Pietig 2000, 129). Entsprechend der ausgewählten Ziel-Anwendungsarchitektur muss die Datenmigration für jedes Anwendungssystem und alle Stamm- und Bewegungsdaten geplant, durchgeführt und kontrolliert werden. Dies geschieht innerhalb des übergreifenden Projekts „Datenmigration".

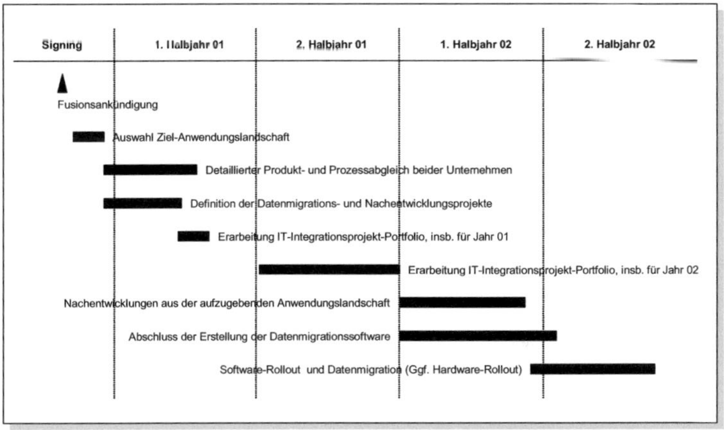

Abbildung 49: Exemplarischer Nachentwicklungs- und Migrationsplan (vgl. ähnlich Penzel/Pietig 2000, 129)

Aufgrund dieser Bedeutung der Datenmigration soll dieser spezielle Aspekt der IT-Integration in diesem und den folgenden Abschnitten erläutert werden. Als Grundlage dienen dabei hauptsächlich aus Praxiserfahrungen abgeleitete allgemeine

Handlungsempfehlungen der Unternehmensberatung Accenture (vgl. Accenture Knowledge Database (KX) 2005).

Die Grundlage der Migrationsplanung ist die ausgewählte Ziel-Anwendungsarchitektur, in die die Daten der aufzugebenden Anwendungssysteme migriert werden müssen. Grundsätzlich ist es hier ratsam, eine Versionierung des jeweils fortzuführenden Anwendungssystems vorzunehmen, so dass die Datenmigration jeweils in eine neue Version der Ziel-Anwendungssysteme erfolgt.

Von zentraler Bedeutung bei der Planung der Datenmigration und der Nachentwicklungen ist die Sicherstellung des laufenden Betriebs. Dementsprechend ist für die aufzugebenden Systeme genau festzulegen, zu welchem Zeitpunkt keine Änderungen mehr an den Systemen vorgenommen werden dürfen. Zu möglichen Änderungen zählt etwa die Einspielung von Neudaten oder die Durchführung von Buchungsvorgängen.

Ohne die Durchführung solcher Änderungen stehen die aufzugebenden Anwendungssysteme praktisch nur noch als Auskunftsbetrieb zur Verfügung, bis sie dann endgültig abgeschaltet werden. Die Zeitpunkte, ab denen keine Änderungen mehr an den Systemen vorgenommen werden dürfen, und der vollständigen Übernahme der der betrieblichen Funktionalitäten durch die aufnehmenden Zielsysteme sind so zu wählen, dass zwischen Ihnen keine betrieblichen Geschäftszeiten liegen und darüber hinaus auch keine Batch-Verarbeitungsprozesse geplant sind.

Da dieser Zeitraum im Allgemeinfall nur sehr kurz sein wird, ist die Datenmigration für jedes einzelne System exakt zu planen, wobei die Möglichkeit berücksichtigt werden sollte, die Migration in mehrere aufeinanderfolgende Teilmigrationen aufzuteilen.

Der Erfolg der Migration und jede Ihrer Teilmigrationen sind zudem intensiv zu testen, bevor die durch die Migration entstehende gemeinsame Anwendungslandschaft produktiv gesetzt werden kann. Dementsprechend ist im Rahmen der Migrationsplanung neben der Durchführung der Produktivmigration auch ausreichend Zeit für die Testdurchführung einzuplanen.

6.8.2.2 Erarbeitung des Fachkonzepts zur Datenmigration

Die Migration ist für das Unternehmen, dessen Anwendungssystem weitergeführt wird, lediglich technischer Natur, weil das Zielsystem dem Ursprungssystem der Daten entspricht. Hier müssen die Daten „lediglich" in die neue Systemversion transferiert werden.

Für die Daten aus dem aufzugebenden System ist demgegenüber auch eine fachliche Migration erforderlich, da der Umstieg auf eine andere System- und Datenbankstruktur eine Neuordnung und Umformung der Quelldaten für das Zielsystem bedingt. So müssen zunächst fachliche Schlüsselwerte des Ursprungssystems an die Schlüssel des neuen Systems angepasst werden, um einerseits datentechnisch kompatibel sein zu können und um andererseits der womöglich divergierenden fachlichen Semantik des Zielsystems zu entsprechen.

Werden beispielsweise im Liquiditätsmanagement des einen Unternehmens unter dem Begriff „Cash" nur kurzfristige Anleihen subsumiert, während im zweiten Unternehmen, dessen Systeme weitergeführt werden, zur Position „Cash" auch Bankeinlagen zählen, ist sicherzustellen, dass bei Überspielung der Bankeinlagendaten eine neuartige Attribuierung als „Cash" erfolgt, um diese Position in weiterverarbeitenden Systemen korrekt berücksichtigen zu können.

Die erste Aufgabe zur Durchführung der Konvertierung ist es, alle Daten der aufzugebenden Systeme zentral mit einer genauen fachlichen und technischen Beschreibung der einzelnen Datenarten bereitzustellen. Anhand dieses Datenbestands können anschließend Überführungsgespräche mit den Fachbereichen beider Unternehmen geführt werden. Dies ist ein wesentlicher Schritt bei der Erstellung des Fachkonzeptes zur Konvertierung der Daten der aufzugebenden Systeme.

Um Überführungsgespräche planen und durchführen zu können, müssen sämtliche Datenfelder des Zielsystems und des Ursprungssystems bekannt sein. Das Ziel der Gespräche wird es sein, die Datenfelder aus dem Ursprungssystem zu identifizieren, aus denen die Datenfelder des Zielsystems befüllt werden können.

Da jedoch im Allgemeinfall auch fachlich sehr ähnliche Daten aus Ziel- und Quellsystem in Bezug auf Format und Semantik voneinander abweichen, gehört pro Datenfeld auch die Definition der anzuwendenden Konvertierungsregel zum Ziel eines solchen Gesprächs. Die Konvertierungsregel beschreibt die durchzuführenden formellen und inhaltlichen Umformungen eines Datenfelds des Quellsystems, die nötig sind, damit der Inhalt dieses Feldes zum Zielsystem kompatibel wird und in den Zielsystemfunktionalitäten weiterverarbeitet werden kann.

Eine solche Problemstellung kann beispielsweise bezüglich der in den Alt-Systemen zum Einsatz kommenden mathematischen Algorithmen vorliegen. Liegen in den beiden Unternehmen divergierende Definitionen für eine an sich gleiche Kennzahl vor, so ist zu definieren, wie die im aufzugebenden System bestehenden Kennzahlen in eine dem Zielsystem konforme Definition überführt werden können.

Beispielsweise kann folgender Fall vorliegen, in dem die beiden Unternehmen in unterschiedlicher Art und Weise den Verkaufsgewinn für ein Wertpapier in ihren Controllling-Systemen erfassen. Der Verkauf sowie die ursprüngliche Anschaffung des Papiers wurden dabei in einer Fremdwährung vollzogen. Dementsprechend liegen zwei Effekte vor:

- Titeleffekt: Im Titeleffekt wird der Verkauferlös in Fremdwährung berücksichtigt. Liegt dieser über dem Erwerbspreis liegt ein Titelgewinn vor. Im anderen Fall entsteht ein Titelverlust.
- Deviseneffekt: Im Deviseneffekt wird berücksichtigt, dass der Wechselkurs, der bei Erwerb des Wertpapiers vorlag, sich vom Wechselkurs bei Verkauf des Papiers verbessert oder verschlechtert haben kann. Dementsprechend tritt im Vergleich zum Erwerb eine Devisengewinn oder -verlust ein, sobald der Verkaufserlös in die eigene Bilanzwährung umgetauscht wird.

Wenn das Unternehmen, dessen Controlling-System aufgegeben werden soll, bei der Ermittlung des Gewinns aus dem Verkauf eines solchen Wertpapieres sowohl den Titel- wie auch den Deviseneffekt berücksichtigt, im Zielsystem jedoch nur der Titeleffekt berücksichtigt wird, während der Deviseneffekt gesondert ausgewiesen wird, muss diese Gewinnkennzahl im Rahmen der Konvertierung um den Deviseneffekt bereinigt werden.

Als ein besonderes Problem bezüglich der Konvertierung stellt sich das Datenfeld „Kunden-/Kontonummer“ dar, falls dieses „sprechend“ ist (vgl. Penzel/Pietig 2000, 130). So sind oftmals bestimmte Nummernkreise für bestimmte Produkte oder für bestimmte Regionen reserviert. Das gemeinsame Zielsystem muss aber alle Kunden- und Kontendaten aus beiden Quellsystemen verarbeiten können. Mit Blick auf die Bequemlichkeitserwartungen der Kunden sollten sich die Nummern optimalerweise nicht ändern. Gleichzeitig muss aber im Sinne der Aufwandsminimierung der Programmieraufwand beherrschbar bleiben.

Als Kompromiss zwischen Kundenorientierung und Entwicklungsaufwand bietet es sich an, in alle relevanten Programme ein zusätzliches Konvertermodul einzubauen, das die Kontonummernlogik des Nicht-Zielsystems in eine zu verarbeitende Logik des Zielsystems übersetzt (vgl. Penzel/Fuchs 1997, 16). Dadurch ist es nicht mehr erforderlich, alle Anwendungen, die Kontonummern verarbeiten, umzuschreiben, was zu einer erheblichen Aufwandsreduzierung führt. Unternehmensintern kann dann mit den angepassten Konten-/Kundennummern gearbeitet werden, während der Kunde seine gewohnte Nummer weiter verwenden kann, weil an jeder Schnittstelle nach außen weiterhin die angestammte Nummer angezeigt wird.

6.8.2.3 Erarbeitung des technischen Konzepts zur Datenmigration

Die zentrale Komponente innerhalb der technischen Migrationsarchitektur bildet ein gemeinsamer Daten-Pool. Hierein werden die zu übertragenden Daten aus dem Quellsystem geliefert und dann durch Programme des Migrationssystems ausgelesen, verarbeitet und in das Zielsystem geschrieben. Abbildung 50 veranschaulicht die weiteren logischen Bestandteile der Migrationsarchitektur.

Zunächst werden die zu übertragenden Daten aus dem Quellsystem in eine Schnittstellendatei entladen. Aus der Schnittstellendatei werden die Daten anschließend in den Daten-Pool übertragen. Im Pool erfolgt im ersten Schritt eine Sortierung der Daten unter datentechnischen Gesichtspunkten wie etwa nach Stamm- und Bewegungsdaten, die unterschiedlichen Konvertierungsmechanismen unterliegen. Über vorab definierte und im Pool implementierte Plausibilisierungslogiken werden die eingehenden Daten zunächst einer Qualitätsprüfung unterzogen.

Plausible Daten können anschließend in das Format und die Logik des aufnehmenden Systems konvertiert werden. Diese Daten werden über eine weitere Schnittstelle aus dem Pool geladen und in das Zielsystem überspielt. Sobald die Daten erfolgreich in das Zielsystem eingespielt worden sind, können sie im Pool gelöscht werden, damit Speicher- und Verarbeitungskapazität für neue Daten frei wird.

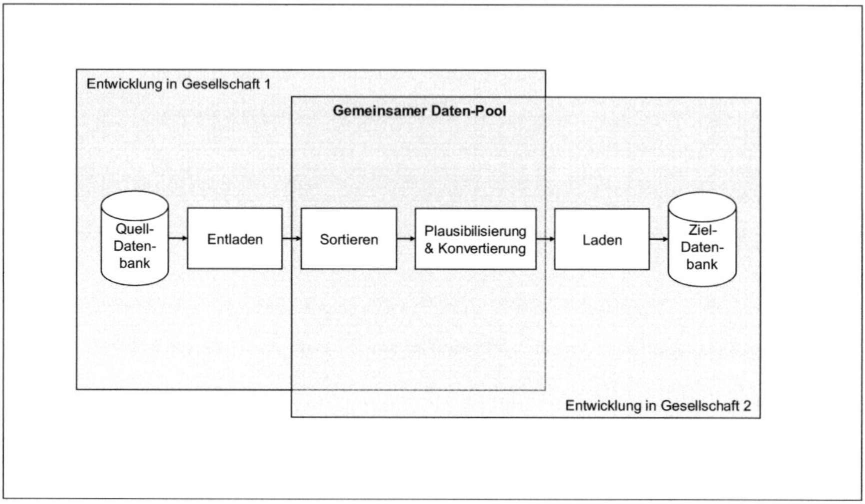

Abbildung 50: Migrationsarchitektur (vgl. Accenture Knowledge Database (KX) 2005)

Bevor die im Daten-Pool implementierte Migrationslogik jedoch für die Durchführung der Datenmigration eingesetzt werden darf, ist sie einer Reihe von Tests zu unterziehen, die den korrekten Ablauf der Migration gewährleistet.

6.8.2.4 Durchführung der Datenmigration

Die oben beschriebenen Elemente der Migration müssen in einer Gesamtplanung zusammengeführt werden. Dabei ist insbesondere auch die Planung der Migration in eine Urladung sowie folgende Vor- und Nachmigrationen zu detaillieren und die genaue Abfolge festzulegen, in der einzelne Datenpakete zu migrieren sind.

So kann bei der Hauptmigration während der Dauer des Urladens der Daten in den meisten Fällen wahrscheinlich nicht auf den Produktionsbetrieb der Alt-Systeme verzichtet werden. Der weiterlaufende Produktionsbetrieb ändert jedoch die Daten in den Alt-Systemen nach der Urladung, so dass es zu Inkonsistenzen zwischen Alt- und Neu-Systemen kommt. Diese inkonsistenten Daten müssen durch anschließende „Delta-Ladungen“ harmonisiert werden, die jeweils ausschließlich die eingetretenen Änderungen migrieren. Zum Zeitpunkt der letzten Deltaladung dürfen keine Änderungen mehr an den Alt-Systemen vorgenommen werden.

Konzeptionell kann die Migrationsplanung anhand der exemplarischen Matrix in Abbildung 51 durchgeführt werden, die für jede Migrationsstufe die zu migrierenden Datenpakete anzeigt. Die in den einzelnen Stufen zu migrierenden Datenbestände sollten so geplant sein, dass eine nach jeder Migrationsstufe vorzunehmende fachliche Prüfung der migrierten Daten einen in sich möglichst abgeschlossenen Datenbereich zur Verfügung hat, bei dem zudem frühzeitig durch Vorhandensein voneinander abhängiger Daten die Weiterverabeitungsfähigkeit in den Zielsystemlogiken getestet werden kann.

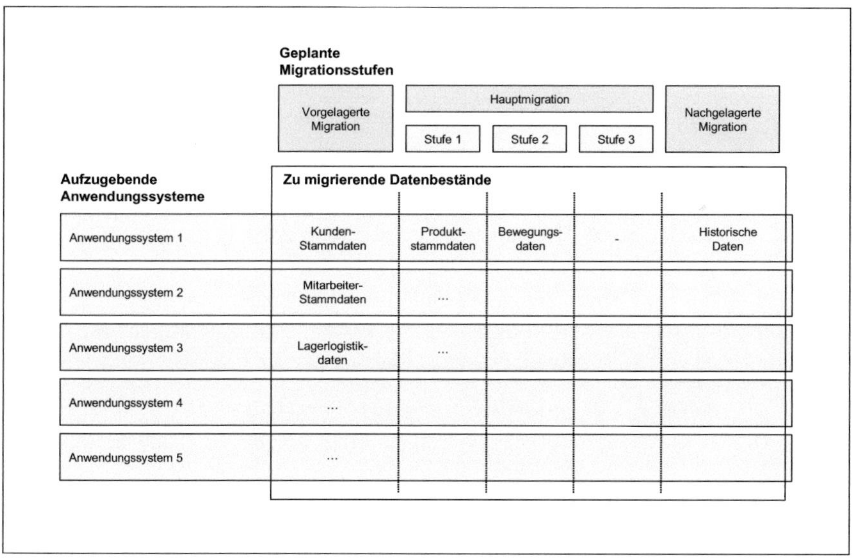

Abbildung 51: Planung der Produktivmigration (vgl. Accenture Knowledge Database (KX) 2005)

Die technische Zusammenführung der Kundenstammdaten in einer vorgelagerten Migration ist eine Voraussetzung zur Migration aller weiteren Daten. In der Regel handelt es sich bei Kundendaten um Stammdaten wie Name, Adresse, abweichende Postversandadressen, zugeordnete Betreuer, etc. Sie werden in einer Kundendatenbank als eigenständiges System verwaltet, das Schnittstellen zu den Geschäftssystemen enthält.

Die Migration geschieht relativ problemlos, wenn folgende fachliche Voraussetzungen erfüllt sind (vgl. Penzel/Pietig 2000, 138):

- Über die Kriterien des Kundenbegriffs bzw. der Kundenverbünde wurde Einigkeit erzielt (z.B. rechtlich oder vertriebstechnisch).
- Die einzelnen Feldinhalte der Kundendatenbank sind bekannt, aktuell und korrekt gepflegt.
- Ein maschinelles oder maschinell unterstütztes Verfahren zur Erkennung dualer Kunden ist implementiert.
- Die Abhängigkeiten zu den Geschäftssystemen sind bekannt.

Im Rahmen der Hauptmigration sollten die Konto-/Produktstammdaten wie Konditionen oder Abschlussarten sowie die Bewegungsdaten wie Salden und Umsätze migriert werden. Diese Daten verteilen sich üblicherweise auf historisch gewachsene Anwendungen und Datenbanken (vgl. Rufa/Kubela 1999). Zur Migration dieser Daten bedarf es folgender Entscheidungen (vgl. Penzel/Pietig 2000, 138):

- In wie weit soll manuell oder maschinell migriert werden? Eine manuelle Vorgehensweise ist bei hoher Komplexität und kleinen Stückzahlen geboten. Umgedreht verhält es sich bei der maschinellen Migration.
- Soll sukzessiv (z.B. täglich) oder der gesamte Datenbestand zu einem einzigen Zeitpunkt migriert werden? Eine tägliche Teilmigration bietet sich bei zeitlich unkritischen Datenbeständen an, während bei zeitkritischen Beständen eine Einmal-Lösung in Betracht kommt, die aus Kapazitätsgründen darüber hinaus nicht neben dem Tagesgeschäft abgewickelt werden kann.

- In welchem Umfang sollen oder müssen Stakeholder-Interessen berücksichtigt werden? In der Planung zur Datenmigration ist zwischen einer für die Kunden möglichst komfortablen Lösung, die gegebenenfalls Übergangslösungen vorsieht und zu höheren Entwicklungskosten führt, sowie einer günstigeren Lösung, die aber gegebenenfalls zu fehlerhaften Prozessen und damit verbunden einem Imageschaden oder rechtlichen/wirtschaftlichen Implikationen führt, abzuwägen.

Neben der Migration der produktiven Datenbestände in die Ziel-Welt muss nachgelagert auch der Zugriff auf historische Datensätze sichergestellt werden. Dabei sind weniger die Datensätze an sich, sondern die Programme, die den Zugriff ermöglichen, problembehaftet. Da diese Programme in der Ziel-Welt nicht vorliegen, sind sie für einen begrenzten Teil von Recherche-Mitarbeitern auch auf Rechnern der Ziel-Welt erneut zur Verfügung zu stellen. Alternativ kann hier jedoch auch die Vorteilhaftigkeit der Auslagerung dieser Datenbestände geprüft werden.

6.8.3 Nachentwicklung von Funktionalitäten

Die Konzentration auf Datenmigrationsprojekte hat zur Folge, dass sich während der IT-Integration nur auf absolut notwendige Nachentwicklungen der Anwendungssysteme beschränkt wird. Dazu wurden in der Organisatorischen/Rechtlichen Umsetzung alle Anwendungssysteme der aufzugebenden Anwendungslandschaft identifiziert, die in der Ziel-Anwendungslandschaft nicht oder nicht identisch vorhanden sind.

Bei der Nachentwicklung von Anwendungen sollte sich die IT-Integrationsverantwortlichen nun auf diejenigen der so identifizierten Anwendungssysteme der Alt-Welt konzentrieren, deren Integration in die Ziel-Anwendungsarchitektur die höchsten Wertsteigerungspotenziale verspricht oder für die Erfüllung gesetzlicher Auflagen unersetzlich ist. Dies kann über eine Prioritätensetzung im Rahmen einer Value-Driver-Analysis geschehen, wobei eine hohe Priorität solche Maßnahmen kennzeichnet, die mit größtmöglicher Erfolgswahrscheinlichkeit in kürzestmöglicher Zeit zu einer größtmöglichen Wertsteigerung führen (vgl. Dicken 2000, 365).

Dazu sind Aufwand und Nutzen jeder potenziellen Nachentwicklung zu schätzen und dementsprechend zu priorisieren. Die am höchsten priorisierten Projekte werden in das Projektportfolio aufgenommen, bis dieses die maximale Kapazität erreicht hat. Unter Kapazitätsgesichtspunkten ist dabei nicht nur auf die verfügbaren internen und externen Gesamtkapazitäten an Mitarbeitern zu achten, sondern auch auf die nach eigentlicher Programmierung erforderlichen Testumgebungskapazitäten für funktionale Tests und Integrationstests.

Für die Umsetzung der ausgewählten Nachentwicklungen sollte ein genereller Entwicklungsprozess definiert werden, der anschließend für sämtliche Nachentwicklungsprojekte angewandt werden sollte. Dabei stellt sich insbesondere die Frage nach welchem grundsätzlichen Konzept die neuen Anwendungssysteme einzuführen sind. Hier bieten sich die zwei Alternativen „Big-Bang -„ oder „Step-by-Step Strategie“ an (vgl. Komus/Reiter 2000, 40; Müller 2000).

Im Rahmen der Big-Bang Strategie werden alle Nachentwicklungen mit der dazu notwendigen technischen Infrastruktur (Hardware, Systemsoftware, Netzwerke etc.) sowie alle organisatorischen Strukturen, Prozesse, Formulare, Listen und Bildschirmmasken des integrierten Unternehmens auf einen Schlag umgestellt (vgl. Penzel/Fuchs 1997, 20). Auch sämtliche vorzunehmenden Mitarbeiterschulungen müssen bis zum Umstellungstag durchgeführt werden (vgl. Lehmann/Scheuse 2000, 18).

Bei der Step-by-Step Strategie findet die Einführung der Nachentwicklungen für einzelne Module, Prozesse oder Abteilungen zeitlich versetzt statt. Das bedeutet, dass die integrierte IT-Landschaft in kleinen, iterativen Schritten produktiv gesetzt wird (vgl. Hansmann/Neumann 2002, 332). Für den M&A-Prozess scheint dabei ein solcher iterativer Nachentwicklungsprozess vorteilhaft zu sein, der darauf abzielt, abgrenzbare Komponenten eines Anwendungssystems in kurzer Zeit zu entwickeln, so dass schnell eine betriebsfähige Basisfunktionalität geschaffen werden kann, auf dessen Basis Erweiterungen/Verbesserungen stattfinden können (vgl. Papathanassis 2004, 152).

Nach der Step-by-Step Strategie werden die beschlossenen Nachentwicklungen den Nutzern in aufeinander folgenden „Releases“ zur Verfügung gestellt. Jedes Release setzt sich aus einer inhaltlich zusammengehörenden Anzahl von funktionalen Packeten zusammen. Die Entwicklung der jeweiligen funktionalen Pakete ist dabei in Arbeitsaufträge herunterzubrechen, die durch die am Projekt beteiligten Entwickler durch Programmierung umzusetzen sind. Die Implementierung eines solchen Releases umfasst dabei als Entwicklungsprozess jeweils die folgenden Schritte:

- Anforderungsanalyse: Für die Nachentwicklung der ausgewählten Anwendungssysteme sind zum Einen die Fachkonzepte zu übernehmen, die die betreffenden Geschäftsprozesse bis auf Transaktionsebene detailliert beschreiben und zum Anderen die Anforderungen der Ziel-Anwendungsarchitektur an die nachzuentwickelnden Anwendungssysteme zu identifizieren (vgl. Lehmann/Scheuse 2000, 18).
- Design: Für sämtliche so identifizierten Nachentwicklungsprojekte sind neben den fachseitigen Vorgaben klare Ziele in Form von angestrebten Kostenreduzierungen festzulegen.
- Programmierung: Die Integration der für die Nachentwicklung ausgewählten Anwendungen in die Ziel-Anwendungslandschaft erfolgt entsprechend der Soll-Vorgaben im Rahmen der Implementierung nach dem Muster, dass zunächst das jeweils neue Anwendungssystem entsprechend dem Fachentwurf eingeführt wird und anschließend testweise die Altdaten übernommen sowie die Schnittstellen zu den Umsystemen realisiert werden (vgl. Komus/Reiter 2000, 40).
- Test/Review: Anschließend erfolgen umfangreiche Systemtests und der Produktivstart. Im Rahmen der Tests wird überprüft, ob das jeweilige Anwendungssystem den zu Grunde liegenden Spezifikationen der implementierten Iteration entspricht und ob es in der dafür vorgesehenen Systemumgebung lauffähig ist (vgl. Stahlknecht/Hasenkamp 2002, 295; Hansen/Neumann 2001, 269).

Der Hauptvorteil einer solchen iterativen Entwicklungsmethode liegt in ihrem evolutionären Vorgehen. Auf der einen Seite gelingt es durch die geschickte Zerschneidung der Gesamtnachentwicklung in einzelne Releases die eine Implementierung begleitenden Risiken, wie etwa einen durch fehlerhafte Programmierung entstehenden Systemausfall, zu minimieren. Gleichzeitig wird der auf der IT-Integration lastende Druck, die von ihr erwarteten finanziellen Ziele so schnell wie möglich zu erreichen, berücksichtigt (vgl. Papathanassis 2004, 154-155):

- Zeitlich-gegliederte Nutzenrealisierung: Jedes Release stellt ein Funktionsbündel dar, das für sich genommen für eine Produktivsetzung ausreichend ist. Das bedeutet, dass mit dem Roll-Out des ersten Release bereits der erste organisatorische Nutzen entsteht. Zusätzlich entsteht durch den Release-Ansatz für das Projekt die Möglichkeit über die vorgelagrten Releases hinweg Erfahrungen zu sammeln und in den später gelagerten Releases auf diesem Weg zu operativen Verbesserungen in der Implementierung zu gelangen (vgl. Fichman/Moses 1999, 42).

- Beherrschbarkeit: Eine Vielzahl von Releases, wie auch die Vielzahl von Iterationen innerhalb eines Release stellen regelmäßige und sehr nahe liegende Meilensteine dar, die für das Controlling der IT-Integration wertvolle Ansatzpunkte sein können, indem sie auf der Steuerungsebene die Möglichkeit bieten, flexibel in den Nachentwicklungsfortschritt einzugreifen. Durch die relativ kleinen Iterationen gelingt es in der Steuerung zudem, negative Überraschungen - beispielsweise durch Entwicklungsfehler - in ihrem Ausmaß möglichst gering zu halten.

- Wahrnehmung und Nutzerakzeptanz: Die hohe Frequenz und die für die Anwender hohe Sichtbarkeit der Ergebnisse der Release-Produktivsetzungen stärken die Nutzerakzeptanz, weil sie helfen, sowohl das reale wie auch das vom Nutzer wahrgenommene Risiko zu minimieren. Mit jeder Produktivsetzung sinken die realen Risiken entsprechend. Gleichzeitig wird mit den oben beschrieben Kontrollmöglichkeiten das Vertrauen der Anwender in die Umsetzungsfähigkeit der IT-Integrationsorganisation gestärkt.

- Motivation und Team-Moral: Die Lieferung der Releases und deren Anwendung durch die Nutzer stellen Erfolgserlebnisse für das IT-Integrationsteam dar. Neben den unmittelbaren Erfolgserlebnissen bilden die erfolgreichen Produktivsetzungen aber auch ein gutes Gegengewicht gegen Misserfolge, die mit großer Sicherheit ebenfalls den Nachentwicklungsprozess begleiten werden. Ein solcher Misserfolg, beispielsweise die Zurückweisung einer mangelhaft implementierten Funktionalität im Rahmen des Test/Review ist leichter zu verarbeiten, wenn er einer Reihe von Erfolgserlebnissen folgt.

- Ausgeglichenere Ressourcenauslastung: Anstatt einer sequentiellen Abfolge der Entwicklungsschritte Anforderungsanalyse, Design, Implementierung und Test/Review ist es im Rahmen eines iterativen Entwicklungsprozesses möglich, die vier Entwicklungsschritte parallel ablaufen zu lassen. Während eines beliebigen Releases ist es beispielsweise möglich, dass die Programmierer die Programmierung der laufenden Iteration II vornehmen, die fachseitig orientierten Prozessoptimierer bereits die fachlichen Anforderungen an die Folge-Iteration III dokumentieren und Vertreter der Anwenderseite die Funktionalitäten der vorherigen Iteration I testen. Vor dem Hintergrund der in den Angaben zum Personalveränderungsprozess erläuterten Knappheit von IT-Ressourcen kann dieses Vorgehen somit helfen, den Ressourceneinsatz zu optimieren und die Gesamtdauer des IT-Integrationsprojekts zu verkürzen.

Die beschrieben Vorteile stellen eine starke Argumentation für ein iteratives Vorgehen dar. Dennoch enthält dieses Vorgehen auch eine Reihe von Risiken (vgl. Papathanassis 2004, 156-157):

- Beschränkung des Umfangs der Nachentwicklungen: Die Produktivsetzung eines voll funktionsfähigen Release oder auch nur die Präsentation eines Prototypen kann fälschlicherweise bei den Verantwortlichen der Anwenderseite den Eindruck vermitteln, dass der zu leistende Nachentwicklungsaufwand weitgehend abgeschlossen ist. Dementsprechend besteht die Tendenz, dass die noch nicht umgesetzten Arbeitspakete lediglich als „Extras“ angesehen werden und die vorgesehenen Zeit- und Ressourcenbudgets angesichts des erreichten Stands gekürzt werden. Dennoch ist es möglich, dass notwendige Funktionalitäten oder Arbeitspakete noch fehlen, die dem Anwender gegebenenfalls nicht sichtbar sind (z.B. Sicherheitsfunktionalitäten, die technische Dokumentation der Anwendung, aus der Nachentwicklung resultierende Anpassungen an der Anwendungsarchitektur oder weitergehende Datenmigrationsnotwendigkeiten). Angesichts des üblicherweise bestehenden Budgetdrucks besteht somit die Gefahr einer übermäßigen Beschneidung von für Einzel-Releases vorgesehenen Investments.

- Ausdehnung des Umfangs der Nachentwicklungen: Entgegen dem soeben erläuterten Punkt besteht die Gefahr, den Umfang der Nachentwicklungen durch die Definition einer weitgehenden Zahl von Releases und Iterationen zu stark auszudehnen. Dahinter steht der Wunsch, die Anwenderakzeptanz durch eine weitestgehende Abdeckung funktionaler Anforderungen zu erhöhen, die sich letztendlich in der anwendungstechnischen Abdeckung von fachseitig vorliegenden Ausnahmegeschäftsvorfällen niederschlägt, die im tatsächlichen Geschäftsverlauf sehr selten vorkommen.

- Unzureichende Standardisierung und mangelhaft konziperte Anwendungssysteme: „Wachsende“ Anwendungssysteme können sich auf lange Sicht als sehr nachteilhaft erweisen, wenn dieses Wachstum an abgedeckten Funktionalitäten nicht durch fest definierte Programmier- und Dokumentationsstandards begleitet wurde. So besteht die Gefahr, dass sich um einzelne Programmier-Teams herum Gebiete von Funktionalitäten bilden, die grundsätzlich individuellen Standards folgen und nicht zu den Funktionalitäten anderer Bereiche konsistent sind. Mit dem auf diese Weise durch jedes weitere release sinkenden Standardisierungsgrad steigt die Komplexität der Gesamt-Anwendungsarchitektur.

- Kosten- und Aufwandssteigerung: Die Aufteilung der Nachentwicklungen in mehrere Releases und Iterationen mag die die Nutzenbereitstellung beschleunigen. Es führt jedoch auch zu einem gewissen Grad an Aktivitätenwiederholung. Der Roll-Out der einzelnen Releases an die Anwenderorganisation umfasst Aktivitäten wie die Migration der Daten nach Maßgabe der Nachentwicklung, die Testvorbereitung, die Bereitstellung von Serverkapazitäten, die Behebung von Implementierungsfehlern oder die Durchführung von Anwenderschulungen. Neben diesen zu wiederholenden Aktivitäten fallen zudem indirekte Kosten durch die verschiedenen Release-Produktivsetzungen an. Dazu zählt beispielsweise mögliche Geschäftsunterbrechungen im Rahmen der Einführung der neuen Systeme

Die beschriebenen Vorteile und Risiken eines iterativen Vorgehens stellen die IT-Verantwortlichen im Rahmen der Nachentwicklung vor die Herausforderung eine Balance zwischen den Steuerungsvorteilen einer einzelnen Iteration und der Ausrichtung der Vielzahl an Releases und Iterationen mit den Gesamtzielen des IT-Integrationsprojekts sicherzustellen. Die konkrete Release-Planung ist transaktionsindividuell vorzunehmen.

6.8.4 Roll-Out und Abschaltung der Alt-Systeme

Mit der Planung des Abschaltvorgangs sollte begonnen werden, sobald entsprechende Kapazitäten dafür frei sind, was in der Regel erst zu Beginn der Haupt-Datenmigration der Fall ist (vgl. Penzel/Pietig 2000, 140). Die Abschaltstrategie ist mit allen Unternehmensbereichen abzustimmen, die Daten direkt aus der Alt-Welt benötigen. Neben den produktiven Anwendungen sind individuelle Datenbestandsanwendungen zusätzlich zu berücksichtigen. Außerdem ist die Systemnutzung durch Tochtergesellschaften (Mandanten) zu berücksichtigen.

Idealerweise wird ab dem Zeitpunkt, an dem alle Mitarbeiter auf Anwendungen der Ziel-Anwendungsarchitektur arbeiten, und alle Daten migriert wurden, das alte System nicht mehr bedient und entsprechend die alten Geschäftsprozesse aufgegeben (vgl. Penzel/Pietig 2000, 140). Im weiteren Verlauf werden die Anwender von einem Spezialistenteam betreut, welches auftretende Fehler im Betrieb der neuen Anwendungssysteme beseitigt (vgl. Kubilus 1991, 60)

Probleme entstehen beim Roll-Out, wenn sich der Produktivstart eines der Basissysteme verschiebt. Es kann dann zumeist keines der verbundenen Vor- und Randsysteme produktiv gesetzt werden, da ein Großteil der Daten in der Regel auf den Basissystemen gehalten wird (vgl. Komus/Reiter 2000, 40). Zur Vermeidung eines solchen Falles ist es eine Hauptaufgabe des Projektmanagements, über eine Termin- und Sachfortschrittskontrolle die Zielerreichung der Projektplanung zu überwachen und Ausweichszenarien zu entwickeln (vgl. Komus/Reiter 2000, 40).

6.8.5 Controllling der Informationstechnischen Umsetzung

Die Informationstechnische Umsetzung ist die Aktivität im IT-Integrationsprozess, die den größten Aufwand verursacht und bei der die meisten IT-Mitarbeiter direkt in einem der vielen, parallel laufenden IT-Nachentwicklungs- und Migrationsprojekte involviert sind. Zur Koordination ist wie oben bereits erwähnt hier ein strenges Controlling der einzelnen Arbeitsfortschritte besonders notwendig. Zunächst kommt dementsprechend die Fortschrittskontrolle zum Zuge, innerhalb derer der Fortschritt der einzelnen Teilprojekte der IT-Integration kontrolliert wird.

Die Fortschrittskontrolle umfasst dabei die zwei Kontrollbereiche Terminkontrolle und Aufwands-/Kostenkontrolle. Der Meilensteinplan der IT-Integration und der Nachentwicklungs- und Migrationsplan liefern die Soll-Vorgaben. Der Vergleich und die Prüfung der durchgeführten Maßnahmen auf Konsistenz mit den Planvorgaben führt gegebenenfalls zu Korrekturmaßnahmen (vgl. Lucks/Meckl 2001, 218). Die Überwachungsfunktion des Controlling ist hier insbesondere in Bezug auf den zeitlichen Projektfortschritt von Bedeutung. Verzögerungen bei der IT-Integration führen einerseits zu Verzögerungen bei der IT-Synergierealisierung und andererseits zu Verzögerungen bei der organisatorischen Integration der Prozesse beider Unternehmen.

Daher sollte die Einhaltung der festgelegten Meilensteine durch eine konsequente Terminkontrolle gesichert werden. Der erste Schritt der Terminkontrolle bezieht sich auf die Kontrolle der richtigen und vollständigen Terminrückmeldung. In der Terminrückmeldung muss der Leiter des IT-Integrationsprojekts von den Entwicklern den aktuellen Terminstand erhalten. Dies bezieht sich sowohl auf abgeschlossene, wie auch auf nicht abgeschlossene Nachentwicklungen und Migrationsprojekte. Bei den abgeschlossenen Arbeiten muss auf die richtige und vollständige Terminrückmeldung sowie auf die durchgeführte Ergebniskontrolle geachtet werden (vgl. Jenny 2001, 312).

Bei den nicht abgeschlossenen Arbeiten melden die Entwickler an die Projektleiter, ob der vorgegebene Termin gehalten, nicht gehalten oder vorverlegt werden kann. Obwohl diese Angaben nicht zwangsläufig zu einer Neuplanung führen müssen, geben sie dem Controller eine Tendenz an, die der Beurteilung der Gesamtlage dient. Im zweiten Schritt wird geprüft, ob die veränderten Termine nach deren Erfassung auch in den entsprechenden Plänen nachgeführt wurden, so dass sie allen Beteiligten des IT-Integrationsprojekts zur Verfügung stehen.

Wurde das Erfassen und Nachführen der Termine überprüft und sichergestellt, kann laufend die eigentliche Kontrolle, also der Vergleich zwischen den Planterminen und den voraussichtlichen Fertigstellungsterminen stattfinden (vgl. Jenny 2001, 314). Die Ergebnisse dieser Kontrolle können Abweichungen von den geplanten Soll-Werten aufzeigen, was die Projektverantwortlichen zwingt, korrigierende Maßnahmen einzuleiten. Dabei ist auf der Ebene der Kontrolle der einzelnen Teilprojekte zu prüfen, ob innerhalb des im Nachentwicklungs- und Migrationsplan gesetzten Termins die vorher festgelegten Funktionalitäten, die Qualität und die Verfügbarkeit der Anwendung mit den zuvor dem Projekt zugeteilten Ressourcen erreicht wurden.

Außerdem ist auf Ebene des Gesamt-IT-Integrationsprojekts eine Aussage über die Termintreue in Bezug auf den Meilensteinplan der IT-Integration zu treffen. Dazu sollte für jedes Teilprojekt folgender Quotient gebildet werden, der die Termintreue angibt: <Geplante Dauer>/<Geplante Dauer abzüglich Terminverzug>. Anschließend ist jeder Quotient mit der jeweils geplanten Dauer zu gewichten und über alle Quotienten der Mittelwert zu bilden. Multipliziert mit dem Wert 100 ergibt sich ein Prozentwert, der dem Controller eine Übersicht über die Gesamt-Projekt-Terminsituation gibt. Um eine „Frühwarnung" im IT-Integrationsprojekt zu ermöglichen, werden neben den allgemeinen Terminübersichtslisten weitere Listen erstellt, die explizit gefährdete Termine kennzeichnen.

Dadurch wird es den Projektteilnehmern leichter möglich, sich auf Arbeitspakete mit kritischen Terminen zu konzentrieren und im Fall der Verzögerung umgehend zu reagieren. Diese Listen enthalten Arbeitspakete mit Terminen, die bereits überschritten sind und Terminen, die wahrscheinlich nicht eingehalten werden können. Daraus lassen sich schließlich eine Meilenstein-Trendanalyse über die in der Zukunft zu erwartende Plantreue und eine detaillierte Risikoanalyse sämtlicher Teilprojekte der IT-Integration erstellen, die mit einer hohen Wahrscheinlichkeit den Plantermin überschreiten werden (vgl. Jenny 2001, 314).

Neben den zeitlichen Vorgaben, wie sie in der Terminkontrolle kontrolliert werden, sind auch die veranschlagten Kosten Gegenstand der Fortschrittskontrolle der IT-Integrationsmaßnahmen im Rahmen der Organisatorischen/Rechtlichen Umsetzung. Dieser Kontrollbereich findet innerhalb der Aufwands- und Kostenkontrolle statt. Im ersten Schritt ist dabei analog zur Terminkontrolle zu prüfen, ob die Erfassung des Aufwands und der Kosten durch die Mitarbeiter korrekt durchgeführt wurde. Dabei ist nicht nur auf Vollständigkeit sondern insbesondere in Bezug auf die Stundenkontierung der Mitarbeiter auch auf die Qualität der Aufwandszahlen zu achten. So sollte gewährleistet werden, dass Fremdleistungen, die keinen Bezug zum Projekt haben, aber von einem Projektmitarbeiter gegebenenfalls stundenweise durchgeführt wurden, nicht dem Projekt verrechnet werden.

Im Idealfall werden die Aufwände und Kosten detaillierten Arbeitspaketen zugeordnet (vgl. Jenny 2001, 315). Anschließend wird im Rahmen des Soll-Ist-Vergleichs der Aufwendungen bzw. Kosten der so genannte Budgetverbrauchsgrad als Budgetverbrauch im Verhältnis zum Budget gemessen (vgl. Jenny 2001, 316). Dazu ist zunächst zu ermitteln, wie viele der Arbeitspakete eines einzelnen Teilprojekts der IT-Integration bereits erledigt wurden. Dies lässt sich darstellen, indem die Anzahl der abgeschlossenen Arbeitspakete - multipliziert mit dem Wert 100 - durch die Anzahl der gesamten Arbeitspakete geteilt wird. Das Ergebnis ist eine Prozentzahl, die den Stand des Projektfortschritts illustriert.

Im zweiten Schritt sind demgegenüber die bereits angefallen Projektkosten mit den im Nachentwicklungs- und Migrationsplan veranschlagten Kosten zu vergleichen. Dazu werden die bereits aufgelaufenen Kosten – multipliziert mit 100 – durch die geplanten Gesamtkosten des Projekts dividiert. Bei Projektverspätungen müssen die geplanten Kosten mit den vorhandenen Ergebnissen in Beziehung gebracht werden (vgl. Jenny 2001, 316-317). Abbildung 52 veranschaulicht dieses Vorgehen. Zum Berichtstermin P2 hätten 70% der Projektarbeit erledigt sein sollen. Tatsächlich sind zu diesem Zeitpunkt aber nur 60% erledigt, wie sie dem Planungsstand bei Punkt P1 entsprochen hätten.

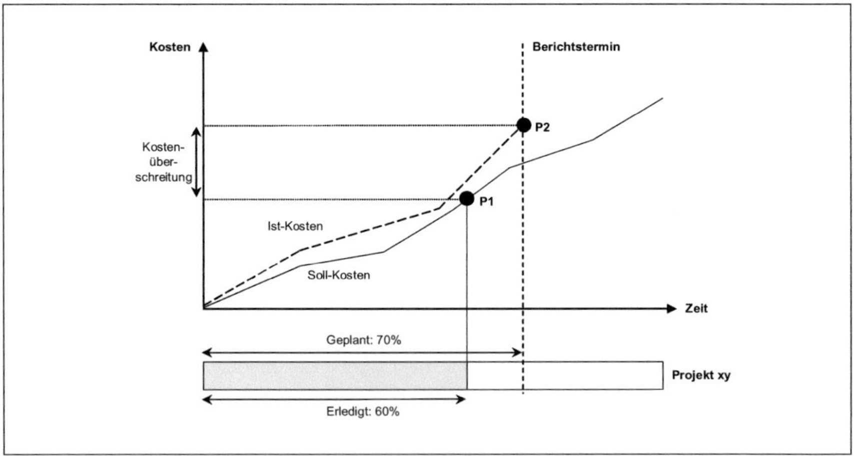

Abbildung 52: Termin- und Kostenabweichung (vgl. Jenny 2001, 317)

Durch diese Projektverspätung von 10% der geplanten Zeit, sind die bis zum Berichtstermin P2 angefallenen Ist-Kosten mit den für eine 60%-ige Aufgabenerfüllung geplanten Soll-Kosten am Punkt P1 zu vergleichen. Analog zur Terminkontrolle sollten auch die Ergebnisse des Soll-Ist-Vergleichs des Aufwands zur Trendanalyse genutzt werden. Die aktualisierten Planwerte sind dabei den Kosten und Aufwendungen der früheren Planwerte gegenüberzustellen (Plan/Plan-Vergleich) und über eine Extrapolation deren zukünftige Größen zu projizieren.

Neben der Fortschrittskontrolle ist auch die Ergebniskontrolle der IT-Integrationsaktivitäten innerhalb der Informationstechnischen Umsetzung relevant. Die Ergebniskontrolle der IT-Integrationsmaßnahmen hat hier das Ziel, die bereits fertig gestellten Elemente der IT-Infrastruktur auf ihre Konsistenz mit den Vorgaben aus dem Meilensteinplan der IT-Integration und dem Nachentwicklungs- und Migrationsplan sowie auf ihre Wirkung hin zu prüfen (vgl. allgemein Lucks/Meckl 2001, 218).

Die Konsistenzprüfung lässt sich relativ einfach über einen Vergleich durchführen. Dabei wird der Stand des IT-Integrationsprojekts gemessen, indem das für das gesamte IT-Integrationsprojekt geplante Arbeitsvolumen dem bereits erbrachten Arbeitsvolumen gegenübergestellt werden (vgl. Jenny 2001, 320). Die entsprechende Kennzahl ist der Fertigstellungsgrad.

Für die Wirkungsprüfung muss dagegen insbesondere anhand der zugrunde liegenden Fachkonzepte eine detaillierte Analyse der bereits eingerichteten Elemente der IT-Infrastruktur vorgenommen werden, um festzustellen, ob die beabsichtigten Ziele erreicht wurden. Dazu zählt unter anderem der Grad der Synergierealisierung. Gegliedert nach den Einzelmaßnahmen, die Synergien bringen sollen, können wieder nach dem Soll-Ist-Prinzip die Erfüllungsgrade überprüft werden (vgl. Lucks/Meckl 2001, 219).

Hierzu ist eine Arbeitswertbetrachtung durchzuführen, die den Wert der bis zu einem bestimmten Stichtag erbrachten Leistungen zu den anteiligen Plan- und Ist-Kosten ins Verhältnis setzt (vgl. Jenny 2001, 321). Falls die erbrachten Realisierungsergebnisse nicht den geforderten Leistungsmerkmalen entsprechen, lassen sich anschließend Restschätzungen in Bezug auf den Sachfortschritt und den zu erwartenden Aufwand vornehmen sowie gegebenenfalls zusätzliche Maßnahmen planen, die deutlich von den ursprünglichen IT-Integrationsplänen abweichen können.

Zusammen mit den Informationen aus der Fortschrittskontrolle sind die Informationen der Ergebniskontrolle letztlich Gegenstand des monatlichen Reporting im Projektfortschrittsbericht der IT-Integration.

Abschließend soll noch auf eine weitere IT-spezifische Nebenkontrolle eingegangen werden. So sollte im Rahmen einer Durchführungskontrolle zusätzlich die Wirksamkeit organisatorischer Festlegungen zur Qualitätssicherung überprüft werden (vgl. Jenny 2001, 321). Dabei ist insbesondere zu prüfen, in wie weit die Testverfahren der Nachentwicklungs- und Migrationsprojekte geeignet sind, zu einer frühzeitigen Fehlerbehebung in der Entwicklungsarbeit beizutragen. Mit diesen Aspekten zum Controlling der Informationstechnischen Umsetzung enden die Erläuterungen zur Informationtechnischen Umsetzung.

6.9 Zielverfolgung

Die nächste Aktivität des IT-Integrationsprozesses liegt in der Unterstützung der *Zielverfolgung*, die eine Hauptaktivität des Controlling-Prozesses ist. Dabei wird schwerpunktmäßig die finanzielle Sichtweise der M&A-Balanced Scorecard eingenommen und die Wertschaffung des Gesamt-M&A-Projekts überprüft. Als IT-Integrationsmaßnahme ist daher im Rahmen der Ergebniskontrolle zu überprüfen, ob die IT-Integration den von ihr in den Planungen erwarteten Beitrag zur Wertschaffung geleistet hat.

Der Zeitpunkt der Messung hat sich dabei am Zeitpunkt der generellen Überprüfung der Wertschaffung des M&A-Projekts zu orientieren, was prinzipiell erstmals bereits kurz nach Abschluss der Integrationsmaßnahmen möglich ist, da aus der IT-Integration hauptsächlich Kostensynergien entstehen, die zu diesem Zeitpunkt schon relativ gut bekannt sind (vgl. Lucks/Meckl 2002, 220). Als beste Möglichkeit der Kontrolle gilt der Soll-Ist-Vergleich, wobei die Sollgrößen aus der Planung der IT-Integration kommen, wodurch überprüft werden kann, ob oder in wie weit die gesteckten IT-Integrationsziele erreicht wurden (vgl. allgemein Lucks/Meckl 2002, 223). Bei quantitativen Zielen und insbesondere Kostensenkungszielen lässt sich das Ausmaß der Zielerreichung relativ einfach monetär quantifizieren (vgl. ähnlich Kargl 1994, 71).

Allerdings waren auch eine Reihe qualitativer Ziele handlungsleitend für die IT-Integration, deren Erfüllungsgrad ebenfalls nach Abschluss der IT-Integration überprüft werden sollte. Die Erreichung der qualitativen Ziele kann nur schwer direkt durch quantitative Wertansätze ermittelt werden (vgl. Kargl 1994, 72). Zur Ermittlung der Erreichung der qualitativen Ziele bietet sich unter anderem das Multifaktorenverfahren an (vgl. zu weiteren Verfahren Kargl 1994, 82-89). Dazu sind gemäß Abbildung 53 im integrierten Unternehmen insbesondere bei den Anwendern subjektive Einschätzungen zur Erreichung qualitativer IT-Integrationsziele im Rahmen einer Umfrage zu erheben.

Qualitative IT-Integrationsziele	**Erwarteter Nutzen**	**Zielerreichungsgrad**	**Erreichte Nutzenänderung**
Operative Unterstützung des laufenden Geschäfts	3	80%	2,4
Strategischer Impact	2	70%	1,4
Strategisches Alignment	2	90%	1,8
Funktionalitätsabdeckung	3	70%	2,1
Benutzerfreundlichkeit	2	80%	1,6
System- und softwaretechnische Qualität	2	80%	1,6
Datenqualität	3	90%	2,7
Durchschnitt	**2,4**	**80,8%**	**1,94**

Interpretation der Nutzenwerte:

+/- 3 = Erhebliche Nutzenänderung
+/- 2 = Deutliche Nutzenänderung
+/- 1 = Geringfügige Nutzenänderung
0 = Keine Nutzenänderung

Abbildung 53: Qualitative Zielerreichungskontrolle der IT-Integration (vgl. ähnlich Kargl 1994, 83)

Zunächst werden dazu die qualitativen IT-Integrationsziele nach Maßgabe des bei vollständiger Zielerreichung subjektiv erwarteten Nutzengewinns gewichtet. Dabei ist der erwartete Nutzengewinn jeweils anhand einer quantitativen Bewertungsskala festzulegen, wie sie beispielsweise in Abbildung 53 dargestellt ist. Auf diese Weise werden die qualitativen IT-Integrationsziele anhand der von ihnen erwateten Nutzensteigerung folglich in quantitative Zielvorgaben transformiert. Im zweiten Schritt ist im Rahmen der Ergebniskontrolle der jeweilige Zielereichungsgrad als Ausdruck der subjektiven Wirkungseinschätzung der geschaffenen IT-Infrastruktur durch Mitarbeiterbefragung zu ermitteln.

Durch Multiplikation des erwarteten Nutzens mit dem wahrgenommenen Zielerreichungsgrad ergibt sich das im Rahmen der IT-Integration geschaffene Ausmaß der Nutzensteigerung. Durch Bildung des Quotienten aus der durchschnittlich erreichten Nutzenänderung und dem durchschnittlich erwarteten Nutzengewinn ergibt sich schließlich der Erfüllungsgrad der qualitativen IT-Integrationsziele des M&A-Projekts.

6.10 Folgerestrukturierungen

Die letzte Aktivität des IT-Integrationsprozesses sind die *Folgerestrukturierungen*. Das IT-seitige Ziel dieser Hauptaktivität des Strukturprozesses ist es, die integrierte IT-Infrastruktur nach Abschluss der eigentlichen Integration umzustrukturieren, falls diese sich nicht gemäß der IT-strategischen Vorgaben entwickelt hat und wichtige Ziele verfehlt wurden. Die Voraussetzung, um gegebenenfalls solche IT-Folgerestrukturierungen durchführen zu können, wird mit Hilfe eines „Konfigurationsmanagements“ geschaffen, dass die Verwaltung und Überwachung von allen im Laufe einer Anwendungsentwicklung erstellten Dokumenten und Softwarekomponenten zum Gegenstand hat (vgl. Hansen/Neumann 2001, 274).

Um im konkreten Änderungsfall schnell alle Artefakte und/oder Personen identifizieren zu können, die von der Änderung betroffen sind, sollten diesbezüglich während der IT-Integration Informationen zur so genannten „Traceability“ (Nachvollziehbarkeit) aufgezeichnet werden (vgl. Hansen/Neumann 2001, 275). Dies schafft die Möglichkeit, Verbindungen zwischen verschiedenen Personen, Entscheidungen und Systembestandteilen zu speichern, um auch im Nachhinein feststellen zu können, wie diese zusammen gehören und warum ein bestimmtes Vorgehen den übrigen Alternativen vorgezogen wurde.

Beispielweise schafft die Verbindung einer bestimmten Anforderung an ein System mit der Person, die diese gefordert hat, im Fall einer Änderung die Möglichkeit, diese Person sofort zu identifizieren und um Rat zu fragen. Darüber hinaus sollte für jede Anforderung festgehalten werden, welche technischen Komponenten innerhalb des Systems diese Anforderungen realisieren, so dass im Fall einer Änderung die betroffenen Hard- und Software-Komponenten sofort identifiziert und angepasst werden können. Die Traceability-Information ist somit ein wichtiges Hilfsmittel für die Änderungen bestehender IT-Systeme.

Abschließend soll noch auf einen weiteren IT-spezifische Controlling-Aspekt eingegangen werden. So sollte im Rahmen einer Dokumentationskontrolle als Grenzbereich zwischen Ergebnis- und Durchführungskontrolle der Inhalt der Systemdokumentation zur geschaffenen IT-Infrastruktur überprüft werden, um sicherzustellen, dass eine adäquate Dokumentation der geschaffenen IT-Infrastruktur vorliegt.

Diese Dokumentation bildet später die Voraussetzung einer effizienten Folgerestrukturierung, die gegebenenfalls im Anschluss an die IT-Integration notwendig wird. Im Rahmen dieser Kontrolle sind dementsprechend die Dokumentnormen, -nummernsysteme, -ordnungen und -inhalte zu prüfen. Die Kontrolle des Dokumentationsinhalts befasst sich dabei mit der Prüfung, ob die vorliegenden systembeschreibenden Dokumente den Anforderungen an Vollständigkeit, Aktualität, Richtigkeit, Konsistenz und Verständlichkeit entsprechen (vgl. Jenny 2001, 324-325).

7 Koordination der M&A-Teilprozesse

7.1 Schnittstellenproblematik bei M&A-Prozessen

Um die Anknüpfungspunkte des IT-Integrationsprozesses an den M&A-Gesamtprozess exakt identifizieren zu können, hat sich das in dieser Arbeit verwandte M&A-Prozessmodell insbesondere auch aus dem Grund sehr gut geeignet, weil es in seiner Darstellung aus didaktischen Gründen die verschiedenen M&A-Teilprozesse jeweils getrennt voneinander betrachtet. Dadurch konnten die Spezifika jedes Teilprozessses gesondert erläutert werden.

Durch die getrennte Darstellung der M&A-Teilprozesse soll jedoch nicht der Eindruck entstehen, dass diese Teilprozesse bei der praktischen Abwicklung eines M&A-Projekts auch getrennt ablaufen sollen, denn der Erfolg von M&A-Projekten wird gerade durch die Vielzahl an Wechselwirkungen zwischen den einzelnen Aktivitäten und deren gezieltes Management determiniert (vgl. Lucks/Meckl 2002, 226). Die diversen Querverweise sowohl in Abschnitt 3 für das M&A-Projekt als auch in Abschnitt 6 für den IT-Integrationsprozess geben einen ersten Eindruck dieser Wechselwirkungen.

Das Ziel dieses Abschnitts besteht dementsprechend darin, die Notwendigkeit der Koordination der M&A-Teilprozesse systematisch zu behandeln und anschließend den Koordinationsbeitrag, den die Verantwortlichen des IT-Integrationsprozess zu liefern haben, herauszuarbeiten. Dazu soll in vier Schritten vorgegangen werden. Im ersten Schritt soll der Begriff der Schnittstelle näher erläutert werden, der die Querverbindungen zwischen den Einzelaktivitäten und Teilprozessen beschreibt. Anschließend werden in Abschnitt 7.2 die grundsätzlich möglichen Instrumente zur Gestaltung der Koordination an einer Schnittstelle dargestellt. Im dritten Schritt werden in Abschnitt 7.3 diese Instrumente auf die Koordination zwischen den M&A-Teilprozessen angewandt, wobei der sich daraus für den IT-Integrationsprozess ergebende Koordinationsbedarf identifiziert wird. Diese Erläuterungen werden im vierten Schritt in Abschnitt 7.4 weiter verdichtet, indem die Teilprozesse darstellungstechnisch zu einem Gesamtprozess zusammengefasst werden, so dass abschließend die IT-Integration in den M&A-Gesamtprozess eingeordnet werden kann.

Schnittstellen sind ganz allgemein dort erfolgswirksam, wo zwischen organisatorischen Teileinheiten aufgrund einer zielorientierten, arbeitsteiligen Erfüllung einer gemeinsamen Aufgabe ein wechselseitiger Austausch von Informationen und/oder Gütern auftritt, wobei die Teileinheiten in keinem Unter- oder Überordnungsverhältnis zueinander stehen (vgl. Meckl 1995, 2). Schnittstellenprobleme entstehen z.B. beim unkoordinierten Zugriff auf gemeinsame Ressourcen oder unklare Zuständigkeiten und dadurch einer divergierenden Wahrnehmung von Verantwortlichkeiten. Als Folge kommt es an den Schnittstellen zu Reibungsverlusten und suboptimalen Lösungen aufgrund von Abstimmungs-, Kommunikations-, Güteraustausch- und Entscheidungsproblemen, die bei M&A-Prozessen zu schwerwiegenden Beeinträchtigungen des Projekterfolgs führen können (vgl. Lucks/Meckl 2002, 227).

Das Schnittstellenmanagement hat hier die Aufgabe, die Verbindungsstellen zwischen den Koordinationspartnern durch geeignete Koordinationsinstrumente und -mechanismen so zu gestalten, dass Abstimmungsmängel an Team- und Abteilungsgrenzen aufgrund von Ressorteigenheiten, Sprachunterschieden oder anderen Verständigungsmängeln sowie Zeitdiskrepanzen, Zielkonflikte, Verteilungsprobleme oder kontroverse Machtansprüche unterbunden bzw. behoben werden können (vgl. Wurst/Högl 2000, 173; Meckl 1996; Lucks/Meckl 2002, 227). Bei M&A-Prozessen lassen sich verschiedene Arten von Schnittsstellen unterscheiden (vgl. Lucks/Meckl 2002, 227):

- Schnittstellen zwischen den beiden beteiligten Unternehmen,
- Schnittstellen innerhalb der Teilprozesse,
- Schnittstellen zwischen den Teilprozessen.

Das Management der *Schnittstellen zwischen den beteiligten Unternehmen* ist zumindest in der Vorfeld- und Transaktionsphase Aufgabe von Teilprozessen und wurde aus diesem Grund im Abschnitt 3.2 behandelt. In der Integrationsphase ist zwischen beiden Unternehmen aus IT-Sicht zusätzlich eine informationstechnische Schnittstelle zwischen den beiden beteiligten IT-Infrastrukturen zu erstellen. Die dazu notwendige Koordination ist Aufgabe der IT-Task Force aus der Integrationsmatrix und wurde in Abschnitt 6.5.1.1 erläutert.

Schnittstellen innerhalb der Teilprozesse werden bei der prozessorientierten Sichtweise dadurch entschärft, dass jeder Teilprozess mit einem Team aus Beteiligten mehrerer Fachrichtungen besetzt ist, die den Teilprozess durchgängig begleiten, so dass hier mit Blick auf die IT-Integration die Abstimmung zwischen IT- und Fachbereichen zu Schnittstellen innerhalb der Gruppe führt, die über ein Team-Management zu steuern sind (vgl. allg. Lucks/Meckl 2002, 227). Dies ist insbesondere während der Transaktionsphase für die IT-Integration ein wesentlicher Koordinationsmechanismus, bevor in der Integrationsphase u.a. mit der Einrichtung der Integrationsmatrix weitere Instrumente von IT- und fachseitiger Abstimmung innerhalb der Teilprozesse vorliegen.

Daher stellen die *Schnittstellen zwischen den Teilprozessen* das zentrale Koordinationsproblem im M&A-Prozess dar (vgl. Lucks/Meckl 2002, 228). Die zu koordinierenden Interdependenzen stellen sich dabei einerseits sachlogisch bei der gemeinsamen Abarbeitung der einzelnen Aktivitäten in mehreren Teilprozessen und andererseits chronologisch durch die zeitliche Abhängigkeit der einzelnen Aktivitäten untereinander dar.

Die Koordination der Einzelprozesse ist dabei aus mehreren Gründen unausweichlich. So ist grundsätzlich sicherzustellen, dass die Konzentration auf Teilprozessziele nicht dazu führt, dass das Gesamtziel der Unternehmenswertsteigerung aus den Augen verloren wird. Die Übergabe von Vorleistungen zur Erledigung der Prozessziele aus anderen Teilprozessen ist zu gewährleisten. Zudem ist die Abstimmung beim Führungswechsel zwischen den Haupt- und Randaktivitäten der unterschiedlichen Teilprozesse sicherzustellen. In zeitlicher Hinsicht ist zu gewährleisten, dass jeder Teilprozess so anläuft, dass die Interaktionspunkte mit den anderen Prozessen zeitgenau getroffen werden. Darüber hinaus ist im Konfliktfall zwischen Mitgliedern der Teilprozesse eine Lösung herbeizuführen, um den Prozess zügig fortsetzen zu können. Letztlich sollte durch den Einsatz von Koordinationsinstrumenten die Anzahl und der Aufwand notwendiger Iterationen minimiert werden.

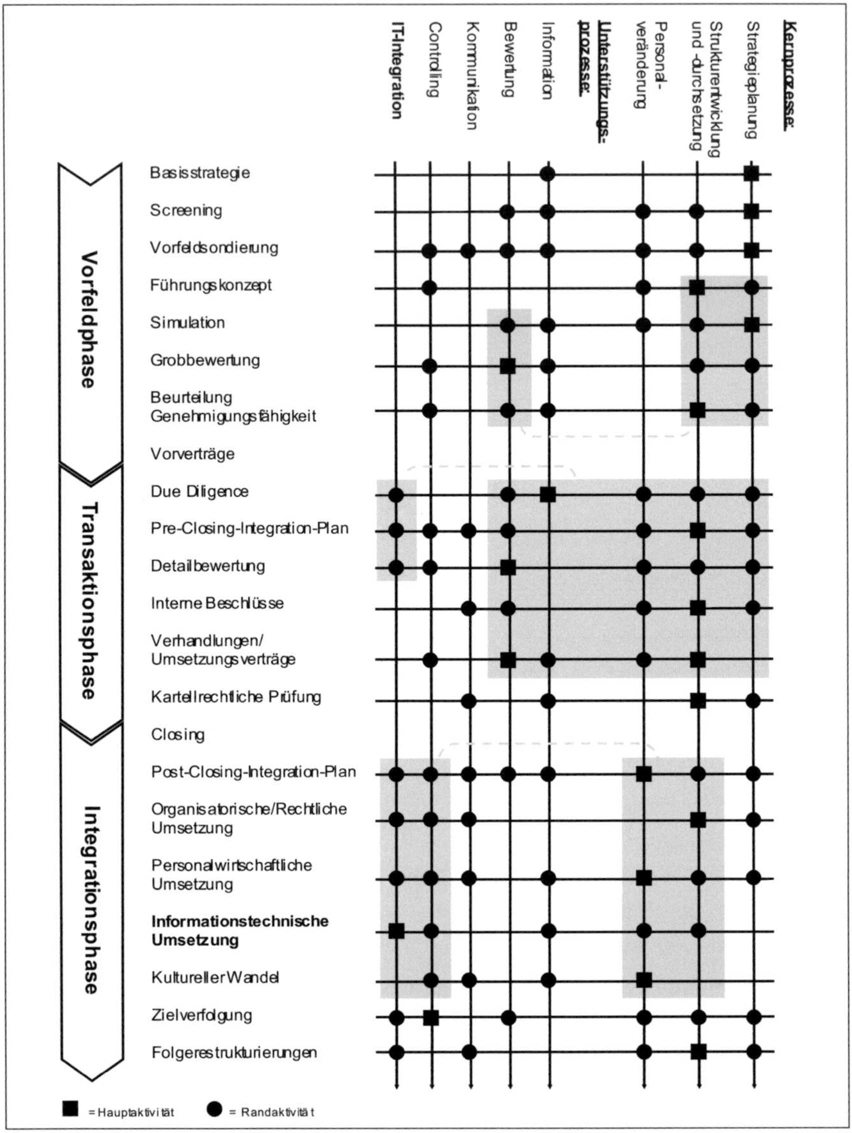

Abbildung 54: Phasen hoher Abstimmungsintensität zwischen den Teilprozessen aufgrund einer Parallelität der Aktivitäten (vgl. ähnlich Lucks/Meckl 2002, 231)

Erste Implikationen für die Abstimmung der Teilprozesse können bereits aus dem Prinzip der Knotenpunkte abgeleitet werden, welches die Reihenfolge der abzuarbeitenden Aktivitäten festlegt. Aus Übersichtlichkeitsgründen wurde dabei in den Abbildungen 4 und 20 eine sequenzielle Anordnung der Knotenpunkte vorgenommen. In der Praxis wird es im Rahmen der Abarbeitung der Aktivitäten aber häufig zu zeitlichen Überlappungen und Iterationen kommen, die die Reihenfolge der Abarbeitung zum Teil auflösen können (vgl. Lucks/Meckl 2002, 230).

Als Konsequenz ist festzuhalten, dass der Koordinationsbedarf dort am größten ist, wo es zu einer parallelen bzw. iterierenden Abarbeitung zwischen den Teilprozessen kommt. Abbildung 54 zeigt grau hinterlegt diejenigen Phasen des M&A-Prozesses, in denen dies vornehmlich der Fall ist.

Aufgrund der oben erläuterten Probleme ist ein effizientes Management dieser Schnittstellen zwischen den Teilprozessen durch geeignete Abstimmungsmaßnahmen erforderlich, die die Kooperation aller internen und externen Beteiligten optimieren (vgl. Bartholomäus 1997, 435). Entscheidend ist dabei, wie effizient die Abstimmung der interdependenten Aktivitäten gelingt. Zur Beurteilung der Abstimmungsmaßnahmen sind daher Effizienzkriterien zu heranzuziehen, die auf den folgenden Output-Komponenten basieren (vgl. Lucks/Meckl 2002, 228):

- *Integrationseffektivität*: Beurteilung, in wie weit die Schnittstelle ein mit den M&A-Gesamtzielen konformes Verhalten der Teilprozesse sicherstellt;
- *Lerneffektivität*: Beurteilung, in welchen Maß eine Schnittstelle in der Lage ist, den Austausch von Informationen und Wissen zu begünstigen, um so Lernfortschritte einzuleiten;
- *Adaptionseffektivität:* Beurteilung, ob den Schnittstelleninhabern ausreichend Flexibilität und Freiraum bleiben, um auf unvorhergesehene Entwicklungen schnell und angemessen reagieren zu können;
- *Konfliktlösungseffektivität:* Beurteilung, wie gut die Schnittstelle ihrer Gestaltung nach in der Lage ist, strukturelle Konfliktsituationen aus den zum Teil gegensätzlichen Kräften zwischen den Beteiligten zu vermeiden bzw. zu überwinden;

- *Geschwindigkeitseffektivität:* Beurteilung, in wie weit zur Minimierung der Abstimmungszeit an den Schnittstellen beigetragen wird.

Zur Abwägung der Effizienz können als Kostenkomponente aus Sicht des Transaktionskostenansatzes die im Rahmen der Koordination anfallenden Anbahnungs-, Abstimmungs- und Kontrollkosten definiert werden, so dass im folgenden Abschnitt die wichtigsten Koordinationsinstrumente im Hinblick auf ihren Beitrag zur Verknüpfung der Teilprozesse bewertet werden können.

7.2 Allgemeine Instrumente der Schnittstellenkoordination

Im vorliegenden Abschnitt sollen Instrumente zur effizienten Gestaltung einer Schnittstelle vorgestellt werden, die in den folgenden Abschnitten im M&A-Prozess zur Anwendung gebracht werden. Grundsätzlich kann dabei im Rahmen der Schnittstellenkoordination zwischen Maßnahmen zur Reduzierung des Koordinationsbedarfs durch Verringerung der Interaktionshäufigkeit und Maßnahmen zur Deckung des Koordinationsbedarfs unterschieden werden (vgl. Winkler 1999, 105).

Die Prozessorientierung im M&A-Projekt bietet bezüglich der Reduzierung des Koordinationsbedarfs bereits einige Vorteile gegenüber alternativen Organisationsformen. Zum Einen sind die Teilprozesse bereits durch ihre Orientierung am Gesamtziel aufeinander abgestimmt. Zum Anderen verhindert die durchgehende Verantwortung Koordinationsprobleme, die durch eine Übergabe der Verantwortung an andere organisatorische Einheiten entstehen würden. Gleichzeitig wird dadurch ein Erfahrungsschatz aufgebaut, der die Abschätzung konkreter Situationen erleichtert, wodurch iterative Neudurchläufe der Schnittstellen reduziert werden. Letztlich können nur in inhaltlich homogenen Teilprozessen die Schnittstellen so gewählt werden, dass die Zahl möglicher Interaktionsbeziehungen mit anderen Teilbereichen möglichst problemadäquat bleibt (vgl. Brockhof 1989, 7).

Maßnahmen zur Deckung des Koordinationsbedarfs sind Regelungen oder Instrumente zur Abstimmung von arbeitsteiligen Prozessen und zur Ausrichtung der Aktivitäten auf die Organisationsziele (vgl. Kieser/Kubicek 1992, 95-96). Der Einsatz dieser Instrumente zielt darauf ab, die M&A-Prozessorganisation strukturell zu verankern, was häufig zunächst durch die Festlegung von hierarchischen Strukturen geschieht. Im M&A-Prozess bedeutet dies die Einrichtung einer *Projektleitung* an der Spitze der Gesamt-Projektorganisation, die als Entscheidungs- und Problemlösungsinstanz mit durchgängiger Verantwortung über alle Phasen die einzelnen Glieder und Fachkompetenzträger des M&A-Prozesses derart integriert, dass die Gesamtorganisationsziele erreicht werden (vgl. Lucks/Meckl 2002, 233 und Abschnitt 8.2.2).

Die Projektleitung sollte durch ein Projektbüro unterstützt werden, dessen Aufgaben vor allem im administrativen Bereich liegen. Die Effizienz der Projektleitung hängt zum Einen von ihrem Zeit- und Ressourcenmanagement ab. Gleichzeitig ist die Leistungsfähigkeit der gesamten Prozessorganisation aber auch daran zu messen, in wie weit eine übergeordnete Instanz wie die Projektleitung im Rahmen der Abstimmung notwendig ist (vgl. Lucks/Meckl 2002, 234). So ist ein weiterer wesentlicher Hebel zur Leistungssteigerung der M&A-Prozessorganisation die Frage, inwiefern die Teams innerhalb der Teilprozesse in der Lage sind, durch direkten Austausch miteinander die sich überschneidenden Belange zu klären.

Das entsprechende, der hierarchischen Koordination entgegen gesetzte Instrument ist die *Selbstabstimmung*, deren Effektivität durch die eindeutige Zuweisung und Priorisierung von Zielen und Aufgaben sicherzustellen ist. Die Einteilung in Kern- und Unterstützungsprozesse sowie Rand- und Hauptaktivitäten schafft hier die notwendige Priorisierung, indem Ziele und Aufgaben zuvor den organisatorischen Teileinheiten eindeutig zugeordnet wurden (vgl. Lucks/Meckl 2002, Seite 234). Dabei geben die Kernprozesse und Hauptaktivitäten die Ziele vor und regen die Koordination an, während die Unterstützungsprozesse und Randaktivitäten ihnen untergeordnet sind.

Die hierarchische und selbstorganisatorische Abstimmung wird durch die Festlegung von allgemeingültigen Entscheidungsregeln, an die sich die Träger der einzelnen Aktivitäten zu halten haben, ergänzt. Solche *technokratischen Koordinationsinstrumente* regeln als Leitfaden der Transaktionsabwicklung die kommunikativen und inhaltlichen Austauschbeziehungen bereits vorab (z.B. durch Regeln der Kommunikation oder die Festlegung allgemein verbindlicher Prozesse, Prozess-Schritte und fachlicher Verantwortlichkeiten), sind dadurch jedoch wenig flexibel, was insbesondere beim inhaltlich schwer planbaren M&A-Prozess ein Nachteil ist (vgl. Lucks/Meckl 2002, 235).

Ein eher allgemeines technokratisches Instrument ist die Vorgabe von Regeln zur *Priorisierung von Teilaufgaben*. Eine Koordination findet dabei insofern statt, als dass je nach Priorität einer Teilaufgabe die Entscheidungskompetenzen unterschiedlich verteilt werden. Eine solche Priorisierung von Aufgaben kann anhand der Matrix in Abbildung 55 vorgenommen werden, die sich zwischen den Dimensionen „Mögliche finanzielle Auswirkungen“ und „Politische/Organisatorische Sensibilität“ aufspannt und drei Prioritätsfelder umfasst. Aufgaben geringer Priorität können unmittelbar durch Weisung des übergeordneten Prozesses entschieden werden, was ein schnelles Voranschreiten im Prozess sicherstellt. Aufgaben mittlerer Priorität bedürfen eines Konsenses zwischen den Teilprozessen, wodurch die Berücksichtigung unterschiedlicher Aspekte im Rahmen der Entscheidungsfindung sichergestellt wird. Aufgaben höchster Priorität sind darüber hinaus von der Projektleitung zu bewilligen.

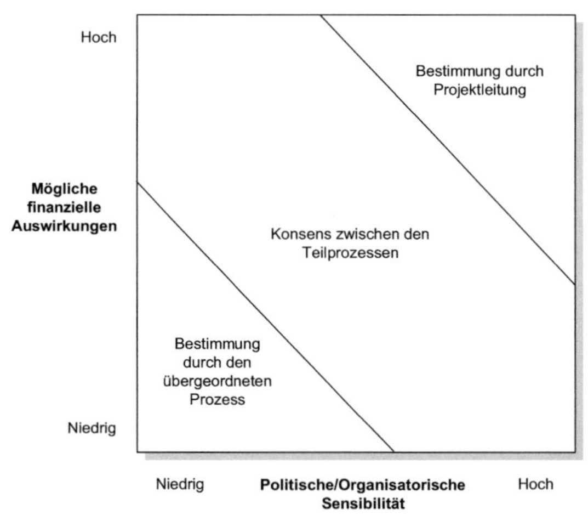

Abbildung 55: Priorisierung und Abwicklung der Teilaufgaben (vgl. Lucks/Meckl 2002, 236)

Ein oben bereits angesprochenes, eher indirektes Koordinationsinstrument zur Verknüpfung der Teilprozesse besteht in der *Zielorientierung der Teilprozesse*, die sich im Sinne einer Vorauskoordination am Gesamtziel des M&A-Projekts auszurichten haben. Die Harmonisierung der Teilziele mit Blick auf das Gesamtziel hat dabei sicherzustellen, dass sich die Teilziele zueinander komplementär verhalten (vgl. Freimuth 1986, 235). Zudem fördert die gemeinsame Zielentwicklung die Motivation und damit auch die Zusammenarbeit und Kommunikation der Aufgabenträger über einen längeren Zeitraum (vgl. Kern/Knauth 2000, 105). Schließlich entlasten vorweg definierte Ziele die Entscheidungsträger, indem sie durch Ausschluss nicht zielführender Handlungsoptionen zu einer Begrenzung der Handlungsspielräume beitragen (vgl. Gemünden 1995, 254-260).

Ein wesentlich konkreteres Koordinationsinstrument ist die *Einrichtung fester organisatorischer Strukturen* zwischen den zu koordinierenden Teileinheiten. Im M&A-Prozess sind solche Teileinheiten vor allem in Teams organisierte Gruppen. Die Art der Koordination zwischen den Teams hängt dabei insbesondere von der Häufigkeit, dem Formalisierungsgrad, der Struktur und der Offenheit der Kommunikation zwischen den Teams ab (vgl. Gemünden/Högl 2000, 20-21). Dabei lassen sich zwei Extremformen der Koordination zwischen Gruppen unterscheiden (vgl. dazu Zerbe/Krcmar 1999, 198-205). Das eine Extrem ist eine lose Zusammenarbeit beider Gruppen beim „Teamkontakt", die weitgehend autonom arbeiten und relativ selten in Interaktion treten.

Die eigentliche Koordination findet dabei im Vorfeld während der Definition der jeweils zu erbringenden Leistung statt. Im weiteren Verlauf findet die Kontaktaufnahme und Informationsvermittlung durch bestimmte Gruppenmitglieder statt, die eine Brückenfunktion ausüben. Diese Form empfiehlt sich für die Koordination zwischen Unterstützungsprozessen bzw. Randaktivitäten untereinander, bei denen üblicherweise eine hohe Geschwindigkeitseffektivität bei geringer Lerneffektivität erforderlich ist (vgl. Lucks/Meckl 2002, 238).

Das andere Extrem ist die sehr häufige Interaktion aller Teammitglieder beider Teams untereinander im Rahmen der „Teamfusion". Beide Teams können hier wie eine Leistungseinheit betrachtet werden. Diese Form besitzt eine hohe Lerneffektivität bei geringer Zeiteffektivität und ist eher für die Zusammenarbeit in Phasen mit starkem Koordinationsbedarf sinnvoll, wobei insbesondere auf eine hohe Konfliktlösungskompetenz der miteinander agierenden Teammitglieder zu achten ist (vgl. Lucks/Meckl 2002, 238). In der Praxis kommt es normalerweise zu Mischformen aus dem dazwischen liegenden Kontinuum möglicher Interaktionsbeziehungen.

Neben diesen Typen der Teamverbindung lassen sich weitere strukturelle Koordinationsmechanismen unterscheiden, die permanenter oder temporärer Art sein können sowie uni- oder multipersonal zu besetzen sind (vgl. Lucks/Meckl 2002, 239). Permanente multipersonale Einrichtungen sind Ausschüsse oder Komitees. Auf Ebene der Teilprozesse sind jedoch permanente unipersonale Einrichtungen vorteilhafter, um eine Überfrachtung des Prozesses mit strukturellen Einrichtungen zu verhindern. Unipersonale Einrichtungen haben die Aufgabe, meist unstrittige Abstimmungen zwischen den Teilprozessen ohne die Einschaltung einer übergeordneten Instanz bzw. ohne gemeinsame Diskussionssitzungen zu ermöglichen (vgl. Meckl 2000, 43). In der Literatur wird diese Rolle unter mehreren Bezeichnungen erläutert, die sich in ihrem Kern nicht unterscheiden. Dazu zählen Gatekeeper (vgl. Haspelagh/Jemison 1991, 175-176), Linking-Pins (vgl. Likert 1967), Macht-, Fach-, Prozess- und Beziehungspromotoren (vgl. beispielsweise Hauschildt 1993, 122), Interface-Manager (vgl. Meckl 1996, 87), Grenzgänger (vgl. Ortmann/Sydow 1999, 217) oder Boundary Spanners (vgl. Klein 1996, 262).

Neben diesen permanenten Einrichtungen sind für den M&A-Prozess insbesondere temporäre Einrichtungen wie multipersonale Workshops (vgl. Penzel/Pietig 2000, 65) oder Kollegien (vgl. Wermeyer 1994, 287) von Bedeutung. Diese bedürfen jedoch üblicherweise einer externen Moderation sowie einer Erfolgskontrolle bezüglich der ursprünglichen Zielsetzungen (vgl. Spickers 1995, 252) Bei besonderen Streitfällen bietet sich als temporäre unipersonale Einrichtung der Einsatz eines unabhängigen Dritten als Schlichter oder Schiedsrichter an (vgl. dazu Becker 2001, 39-54; Stein 1998, 88-96; Dietl 1995, 571-572).

Zur Sicherstellung des Informationsflusses haben *Berichtssysteme* als weiteres Koordinationsinstrument die Aufgabe, an die betroffenen Teilprozesse und die Projektleitung aktuelle Informationen über den Stand des Projekts zu liefern (vgl. Penzel/Pietig 2000, 67-68; Wurst/Högl 2000, 173-174). Als *informations- und kommunikationstechnologische Unterstützung* des Informationsflusses bieten sich zur Überwindung organisatorischer Schnittstellen neben E-Mail, Videokonferenzen und dergleichen auch das Intranet und Management-Informationssysteme an (vgl. Lucks/Meckl 2002, 240). Besonders relevant ist die Koordination durch ein den gesamten M&A-Prozess begleitendes *Controlling* auf Basis der M&A-Balanced Scorecard (vgl. Abschnitt 3.2.7).

Eine konkrete inhaltliche und zeitliche Abstimmung sämtlicher in den Teilprozessen entwickelten Teilpläne kann zudem durch die Erstellung eines *Masterplan* erreicht werden, der als Überblick durch Zusammenfassung aller Einzelpläne die schriftliche Dokumentation des gesamten Planungsvorhabens darstellt. Die Betrachtung des Masterplans bietet die Chance, zwischen den Teilplänen bestehende Inkonsistenzen aufzudecken und zu korrigieren. Aus diesem Grund sollte er zwar zentral erstellt werden, aber auch dezentral zur Verfügung stehen, was beispielsweise durch eine Projektmanagement-Software gewährleistet werden kann (vgl. Lucks/Meckl 2002, 240).

Schließlich fördern hierarchieneutrale Koordinationsinstrumente wie *Anreiz- und Entlohnungssysteme* die Orientierung an vorgegebenen Zielen (vgl. Wurst/Högl 2000, 175). Damit Anreiz- und Entlohnungssysteme dies im M&A-Prozess leisten können, wäre im Prinzip als Zielgröße die Wertschaffung des Projekts heranzuziehen. Diese ist aber, wie in Abschnitt 3.2.7 erläutert wurde, nur schwer zu ermitteln, so dass Sekundärkriterien wie der Abschluss der Transaktion, die Effizienz des Managements des M&A-Prozesses oder das Erreichen der vorgegebenen Ziele und die Einhaltung eines vorab bestimmten Zeitrasters herangezogen werden sollten.

Da aber Koordinationsinstrumente, wie sie bislang vorgestellt wurden, wohl nicht in der Lage sein werden, das gesamte Konfliktpotenzial abzudecken, ist zusätzlich die Installation effektiver *Konfliktlösungsmechanismen* zwischen den Teilprozessen bzw. den Teams von Bedeutung (vgl. Lucks/Meckl 2002, 241). Hier bieten sich insbesondere die oben erläuterten hierarchisch übergeordneten Stellen und externe Schlichter als Mechanismen zur Konfliktlösung an.

7.3 Koordination der Teilprozesse

Während in Abschnitt 6 durch die Zuordnung der IT-Integrationsmaßnahmen zu den M&A-Aktivitäten auf der Sachebene eine Verknüpfung von IT-Integration und M&A-Prozess hergestellt wurde, stellen im vorliegenden Abschnitt die in den Teilprozessen jeweils zum Einsatz kommenden Koordinationsinstrumente den Verbindungspunkt zwischen dem IT-Integrationsprozess und dem M&A-Prozess dar. Eine effiziente Koordination zwischen IT-Integration und M&A-Prozess soll dabei auf konzeptioneller Ebene dadurch sichergestellt werden, dass sich die IT-Integrationsverantwortlichen in den einzelnen Projektphasen an den zwischen den Teilprozessen jeweils notwendigen Koordinationsinstrumenten auszurichten haben.

Daher sollen die im vorangegangenen Abschnitt geschilderten, allgemein einsetzbaren Koordinationsinstrumente nun auf die M&A-Teilprozesse angewandt werden. Grundsätzlich erfolgt die Darstellung dabei phasenabhängig nach einem einheitlichen Raster, das sich nach der Reihenfolge der soeben auf allgemeiner Ebene beschriebenen Koordinationsprobleme und -instrumente richtet. Dabei wird zusätzlich an den Stellen, an denen der IT-Integrationsprozess einen wesentlichen Beitrag zur Koordination zu leisten hat, eine Spezifizierung der dazu notwendigen Maßnahmen gegeben.

Wie Abbildung 54 übersichtsartig gezeigt hat, ist in diesem Zusammenhang insbesondere in den Phasen, in denen generell eine hohe Abstimmungsintensität zwischen den Teilprozessen vorliegt, auch ein aktiver Koordinationsbeitrag der IT-Integrationsverantwortlichen zu leisten. Obwohl in der Vorfeldphase dementsprechend aus IT-Sicht keine Koordinationserfordernisse vorliegen, soll diese Phase der Vollständigkeit halber trotzdem im Hinblick auf die Koordination betrachtet werden, um in der Darstellung den gesamten M&A-Prozess abdecken zu können.

Koordination der Teilprozesse in der Vorfeldphase

In der Vorfeldphase arbeiten kleine, eng verbundene Teams unter größtmöglicher Geheimhaltung zusammen, wobei möglichst präzise Grundlagenentscheidungen an dieser Stelle die Abarbeitung der späteren Aktivitäten erleichtern (vgl. Lucks/Meckl 2002, 242). Bezüglich der Treiberfunktion liegt die Dominanz in der Vorfeldphase eindeutig beim Strategieprozess. Hier gilt der Grundsatz „Structure follows Strategy“

(vgl. Chandler 1962). Der M&A-Prozess ist in der Vorfeldphase zudem durch die große Breite an Handlungs- und Entscheidungsmöglichkeiten geprägt, die zumindest während der ersten Aktivitäten noch durch keine Grundsatzentscheidung eingeschränkt sind.

Für die Reihenfolge und Abstimmung der *Knotenpunkte* bedeutet dies, dass als Alternativen mehrere Basisstrategieanalysen und Sondierungsgespräche mit Transaktionskandidaten parallel durchzuführen sind, was insbesondere für den Strategieprozess aber auch für die Unterstützungsprozesse von Bedeutung ist. Als Schnittstelle zwischen der Unternehmensführung und den einzelnen M&A-Teams besteht die Herausforderung für die *Projektleitung* in der Vorfeldphase vor allem darin, die vorhandene Breite der Handlungsoptionen zu erfassen und für die einzelne Option jeweils die Implikationen für die späteren Phasen des M&A-Prozesses zu antizipieren und in die Planungen einzubeziehen (vgl. Lucks/Meckl 2002, 242).

Eine Differenzierung der Sichtweise ergibt sich zwischen den ersten drei Aktivitäten und den folgenden Aktivitäten. Die Basisstrategie, das Screening und die Vorfeldsondierung können noch sequenziell abgearbeitet werden, weshalb es möglich ist, dass die Randaktivitäten den Hauptaktivitäten zuarbeiten können, ohne ständige Wechselwirkungen und Abstimmungen zwischen den Hauptaktivitäten berücksichtigen zu müssen (vgl. Lucks/Meckl 2002, 243). Die Koordination zwischen den Teilprozessen erfolgt dabei nahezu ausschließlich über den Strategieprozess, der auf Basis fester Regeln zur Zusammenarbeit als Auftraggeber auftritt, wodurch eine hohe Integrationseffektivität erreicht wird. Zur Koordination zwischen den Prozessen sollten unipersonale Strukturen wie etwa Linking Pins gewählt werden, wodurch die Kosten der Abstimmung relativ niedrig gehalten werden können.

Bei den nachfolgenden vier Aktivitäten der Vorfeldphase wird die Koordination komplizierter, weil die Aktivitäten zum Teil parallel abgewickelt werden müssen, und die Dominanz des Strategieprozesses bei der Erstellung des Führungskonzepts und der Beurteilung der Genehmigungsfähigkeit durch den Strukturprozess unterbrochen wird, wobei zusätzlich das Abstimmungsbedürfnis mit dem Bewertungsprozess steigt (vgl. Lucks/Meckl 2002, 243). Die sich daraus ergebende Zusammenarbeit muss ausgehend vom Strategieprozess durch regelmäßige Meetings und darüber hinausgehend informelle Kontakte im Rahmen der Selbstabstimmung zwischen den Teammitgliedern sichergestellt werden, was durchaus bis zur Teamfusion reichen kann. Die informelle Abstimmung zwischen den Teammitgliedern sollte zudem durch die *Koordinationsfunktion der Ziele*, die in den ersten drei Aktivitäten entwickelt wurden, als Orientierungspunkte erleichtert werden. Die Reihe von gemeinsamen Meetings und die informelle Abstimmung sollten durch ein Kick-Off-Meeting zum gegenseitigen Kennenlernen initiiert werden.

Frühzeitig sollten Informationsflussdiagramme und Berichtssysteme für das Projekt konzipiert und etabliert werden, während die Erstellung eines Masterplans und die Unterstützung der Kommunikation durch informations- und kommunikationstechnische Einrichtungen vom Umfang des Projekt abhängig gemacht werden sollte (vgl. Lucks/Meckl 2002, 244). Die Einführung von multipersonalen Einrichtungen kann vorteilhaft sein, wenn es um die Erarbeitung von Vorverträgen geht, bei der Strategen und Strukturentwickler im direkten Dialog ihre gegenseitigen Positionen in Einklang bringen müssen, wobei eine dauerhafte Einrichtung von multipersonal besetzten Ausschüssen wohl erst nach Auswahl eines Übernahmekandidaten erfolgt (vgl. Lucks/Meckl 2002, 244). Kontakte zur bestehenden Organisation des Unternehmens sollten in der Vorfeldphase so organisiert sein, dass die gebotene Geheimhaltung des Projekts gewährleistet bleibt.

Koordination der Teilprozesse in der Transaktionsphase

In der Transaktionsphase sind die Verantwortlichen der IT-Integration zum ersten Mal in die Abstimmung zwischen den Teilprozessen involviert. Insbesondere bei den ersten Aktivitäten von der Due Diligence bis zur Detailbewertung erscheint eine sukzessive Abwicklung der M&A-Aktivitäten schwierig (vgl. Lucks/Meckl 2002, 244). Vielmehr müssen die Aktivitäten parallel bzw. iterierend durchgeführt werden, wobei unterschiedliche Teilprozesse als Treiber einzelner Aktivitäten auftreten, was zu zusätzlichem Abstimmungsbedarf führt.

Ein eindeutiges Bild ergibt sich erst wieder mit den internen Beschlüssen und der Vertragsunterzeichnung, wenn bei der Erstellung der Umsetzungsverträge und der kartellrechtlichen Prüfung unter Führung des Strukturprozesses wieder verstärkt sequenziell vorgegangen werden kann, was jedoch keine IT-Integrationsmaßnahmen mehr umfasst. Zusätzlich wird die gesamte Transaktionsphase stark durch externe Beteiligte, wie etwa Investmentbanken mit ihren eigenen Interessen, die zumeist in einem zügigen Abschluss der Transaktion liegen, beeinflusst, die es durch die Projektleitung mit den internen Kräften zu koordinieren und gegebenenfalls abzuwehren gilt (vgl. Müller-Stewens/Spickers 1993, 212).

Eindeutiger Treiber des M&A-Prozesses in der Transaktionsphase ist der Strukturprozess. Dennoch gewinnen mit den zunehmenden operativen Fragestellungen die Teilprozesse Information und Bewertung nun auch an Bedeutung für den M&A-Prozess. Damit wird das größte Ausmaß an fachlicher Vielfalt im M&A-Prozess erreicht, indem nun gleichzeitig strategische, planerische, transaktionsstruktur-bezogene, juristische und operative Aspekte innerhalb der einzelnen Aktivitäten beachtet werden müssen (vgl. Lucks/Meckl 2002, 245). Die proaktive Koordination dieser untereinander in der Treiberfunktion abwechselnden Teilprozesse gehört zu den bedeutendsten Herausforderungen innerhalb des M&A-Prozesses, der durch den Einsatz von mehreren Koordinationsinstrumenten zu begegnen ist.

Eine wesentliche Rolle spielt eine eindeutige *Orientierung durch Ziele* für die Fachbereiche und Teilprozesse, die in einer Zielhierarchie zu verdeutlichen und an die Projektbeteiligten zu kommunizieren sind. Hier sind die Verantwortlichen des IT-Integrationsprozesses koordinationstechnisch in einer empfangenden Position und müssen aus den fachseitigen Zielen der M&A-Transaktion die daraus entstehenden Implikationen für die Festlegung des Integrationsgrads der IT-Ressourcen ableiten. Eine rechtzeitige Abstimmung der Einzelziele mit einer Prüfung auf wechselseitige Konsistenz, Sicherstellung der strategischen Grunderfordernisse und Wahrung der Fachkonsistenz ist darum oberstes Gebot (vgl. Lucks/Meckl 2002, 245-246).

Zwischen den Teilprozessen Strukturentwicklung, Information und Bewertung, die sich in der Treiberfunktion abwechseln, ist zudem eine intensive Kommunikation notwendig, zu der ebenfalls die Verantwortlichen des IT-Integrationsprozesses in dieser Phase einerseits beizutragen haben aber andererseits auch stark von ihr profitieren. So müssen die IT-Integrationsverantwortlichen einerseits den Teams des Informationsprozesses mitteilen, welche Informationen über das Erwerbsobjekt beschafft werden müssen, um für die IT-Ressourcen den anzustrebenden Integrationsgrad festlegen zu können. Andererseits müssen die eigenen Ergebnisse des IT-Integrationsprozesses an den Struktur- und den Bewertungsprozess weitergereicht werden. In die Kommunikation sind zusätzlich auch die Strategen zur Sicherung der

Zielkonformität und die Personalveränderer, die in die Umsetzung der geplanten Maßnahmen involviert sind, mit einzubeziehen (vgl. Lucks/Meckl 2002, 246).

Für diese Art der Abstimmung sind flexible und spontane Kommunikationsmöglichkeiten notwendig, die über *informations- und kommunikationstechnologische Instrumente* einen dialoghaften Informationsaustausch gewährleisten. Zudem sollten zwischen den Teams organisatorische Koordinationsinstrumente wie gemeinsame Sitzungen oder Linkung Pins bzw. Ausschüsse etabliert werden, wobei als Kooperationsform eine Annäherung an das Modell der Teamfusion notwendig wird (vgl. Lucks/Meckl 2002, 246). Spezielle Schnittstellenmanager und geeignet konzipierte *Anreiz- und Entlohnungsschemata* sollten im Hinblick auf die Bedeutung der Interaktion zwischen den Teilprozessen eine Blockbildung verhindern und die Zusammenarbeit anregen. Als Klammer sollten bestimme Regeln für die Kommunikation zwischen den Teilprozessen aufgesetzt und durch den Einsatz strukturierter *Berichtssysteme* unterstützt werden.

In keiner Phase prallen unterschiedliche Meinungen und Vorstellungen in und zwischen den beteiligten Teams so stark aufeinander wie in der Transaktionsphase bei der Festlegung der grundlegenden Komponenten der Deal-Struktur, zu der auch die Entscheidung über den Integrationsgrad der künftigen IT-Infrastruktur zu zählen ist (vgl. Lucks/Meckl 2002, 246). Hier scheint es bisweilen sinnvoll, neutrale Dritte bei der Bewertung der Alternativen einzusetzen, oder hierarchische *Konfliktlösungsmechanismen* bei der letztendlichen Entscheidung über den IT-Integrationsgrad einzuführen. Diese hierarchische Entscheidungsfindung kann bereits vorab über eine entsprechende Priorisierung dieser Teilaufgabe im Prozess verankert werden.

Letztlich sollte die Abstimmung zwischen den Prozessen durch das Setzen geeigneter, die wichtigsten Koordinationszeitpunkte abdeckenden, Meilensteine gesichert werden, zu denen in gemeinsamen Sitzungen die Fortschritte der einzelnen Teilprozesse zu präsentieren sind und frühzeitig Unstimmigkeiten aufgedeckt sowie neue Informationen geteilt werden können, die gegebenenfalls zu einer Iteration im Prozess führen.

Koordination der Teilprozesse in der Integrationsphase

Bislang war der Prozess eher top-down orientiert, wobei die Strategieplanung in der Zentrale den dominierenden Einfluss besaß. In der Integrationsphase bilden nun aber die operativen Umsetzungsmaßnahmen den inhaltlichen Schwerpunkt, was Auswirkungen auf die Aufgabenverteilung besitzt. So verlagern sich die Aufgaben zunehmend von den Projekt- und Integrationsteams auf die Mitarbeiter der Linienorganisation (vgl. Penzel/Pietig 2000, 65). Dies gilt in ganz besonderem Maße für die IT-Integrationsaufgaben, wenn nach der Entscheidung über die zukünftige IT-Infrastruktur eine Vielzahl von IT-Mitarbeitern in die diversen Nachentwicklungs- und Migrationsprojekte eingebunden werden müssen.

Darüber hinaus beeinflussen zwei weitere Aspekte die Koordination der Teilprozesse in der Umsetzungsphase wesentlich. Zum Einen differenziert sich die Zeitperspektive der Planung weiter aus, wobei neben der konzeptionellen langfristigen Planung und der kurzfristigen Festlegungen für die ersten 100 Tage nun auch die mittelfristige Perspektive in die Planung einzubeziehen ist. Zum Anderen basierte die bisherige Integrationsplanung hauptsächlich auf Annahmen und Absichten, da Daten vor dem Closing nur beschränkt zugänglich waren (vgl. Lucks/Meckl 2002, 247). Der freie Zugang zu Informationen über das Erwerbsobjekt führt nun gegebenenfalls zu Korrekturen der ursprünglichen Annahmen und einer erforderlichen Neujustierung der Detailpläne. Vor allem dies verhindert eine sequenzielle Abarbeitung der einzelnen IT-Integrationsaktivitäten in der Integrationsphase, die somit laufend durch Iterationen geprägt ist.

Mit Blick auf die Dominanz der einzelnen M&A-Teilprozesse ist, obwohl der Strukturprozess im Rahmen der Organisatorischen/Rechtlichen Umsetzung und der Folgerestrukturierungen der Treiber ist, eindeutig eine Schwerpunktverlagerung von diesem zum Personalveränderungsprozess zu erkennen (vgl. Lucks/Meckl 2002, 247). Allerdings rückt gegen Ende der IT-Integrationsprozess mit der Informationstechnischen Umsetzung ebenfalls zeitweilig in eine stärker treibende Funktion. Obwohl dieser Treiberwechsel die Verknüpfung der Teilprozesse erleichtert, ist zu bedenken, dass alle drei Teilprozesse stark interdependent sind. Für die IT-Integration wird damit zudem nun das größte Ausmaß an fachlicher Vielfalt erreicht, so dass für den IT-Integrationsprozess zu dieser Zeit der größte Koordinationsaufwand mit den weiteren Teilprozessen anfällt. Auf Gesamtprozessebene muss die Koordination der beiden Kernprozesse mit den übrigen Teilprozessen bzw. dessen Task Forces demgegenüber nicht so intensiv wie in der Transaktionsphase erfolgen (vgl. Lucks/Meckl 2002, 248).

Angesichts dieser Konstellation sollte die *Projektleitung* des M&A-Projekts früh Meilensteine und Integrationsverantwortlichkeiten für sämtliche Integrationsbereiche und insbesondere für die IT-Integration festlegen. Dabei ist die Einrichtung der *Integrationsmatrix* als die zentrale organisatorische Struktur, die den Teilprozessen übergeordnet ist, das wesentliche Koordinationselement während der Umsetzungsaktivitäten der Integrationsphase (vgl. Lucks/Meckl 2002, 248). Dazu sind die verschiedenen Task Forces aufzusetzen und deren Aufgabenverteilung regelmäßig zu überprüfen und anzupassen. Nach der Erstellung des Post-Closing-Integration-Plan konzentriert sich folglich die Koordination auf die Abstimmung in der Integrationsmatrix, und die Verknüpfung der Teilprozesse wird durch die Koordination der Zusammenarbeit der Task Forces erreicht (vgl. Lucks/Meckl 2002, 248).

Aufgrund der starken Interdependenzen zwischen Struktur- und Personalveränderungsprozess zu Beginn der Integrationsphase ist zwischen den Mitgliedern dieser beiden Prozesse eine erhöhte Interaktion und enge personelle Zusammenarbeit durch Annäherung an die *Teamfusion* vorteilhaft, was durch ein *Kick-off-Meeting* nach dem Closing zu initiieren ist, in dem die Aufgabenverteilung nochmals klar zu stellen ist, und die Meilensteine festzulegen sind (vgl. Lucks/Meckl 2002, 248). Mit dem Anwachsen der treibenden Funktion des IT-Integrationsprozesses sollten ähnliche Kick-off-Meetings jedoch auch zwischen Mitgliedern der drei Teilprozesse Struktur, Personalveränderung und IT-Integration durchgeführt werden.

Diese Anfangstreffen sollten jedoch vor allem zur Förderung einer anschließenden informellen *Selbstabstimmung* genutzt werden. Für die übrigen Integrationsbereiche genügt es, dass geregelte Zusammenkünfte in Form von gemeinschaftlichen Sitzungen zu Meilensteinterminen mit allen Teilprozessen durchgeführt werden (vgl. Lucks/Meckl 2002, 248).

Eine besondere Bedeutung besitzt schließlich das *Controlling* der Umsetzungsmaßnahmen für die Koordination der Teilprozesse, das neben der inhaltlichen und zeitlichen Überprüfung der Maßnahmenabarbeitung zusätzlich auch durch die Bereitstellung von computergestützen Projektmanagement-Tools unterstützend sein kann, in das sich die qualitativen und quantitativen Daten der Teilbereiche der Integration in einem einheitlichen Format integrieren lassen, wodurch eine Gesamtbetrachtung des M&A-Projekts erleichtert wird.

7.4 Verknüpfung der Teilprozesse zum M&A-Prozess

Die IT-Integration ist in dieser Arbeit durch die Berücksichtigung als Teilprozess ein angemessener Bestandteil des M&A-Prozesses geworden. Diesbezüglich wurden in Abschnitt 6 die IT-Integrationsmaßnahmen erläutert und in Abschnitt 7.3 dargestellt, an welchen Punkten die IT-Integrationsverantwortlichen die Koordination der M&A-Teilprozesse zu unterstützen haben. Diese Erläuterungen haben gezeigt, dass eine intensive Koordination zwischen den Teilprozessen eine wesentliche Voraussetzung dafür ist, dass eine prozessorientierte Organisation zum Erfolg einer M&A-Transaktion führt. Abschließend sollen die wesentlichen Erfolgsfaktoren für die Verknüpfung der Teilprozesse zusammengefasst werden, damit ein umfassendes Bild über den M&A-Prozess entsteht, in den die IT-Integration organisatorisch eingebettet ist.

Zum Einen ist eine enge Kooperation zwischen den Teams der Prozessorganisation erfolgskritisch. Nur so lassen sich durch die zeitweise parallele Aufgabendurchführung anstatt einer sequenziellen Abarbeitung nicht nur ein Zeitgewinn realisieren, sondern durch die direkte gegenseitige Information auch die Qualität der Entscheidungen und Ergebnisse deutlich verbessern.

Ein weiterer problematischer Aspekt ist die Weitergabe der „Führerschaft" vom Strategieplanungs- über den Struktur- bis zum Personalveränderungsprozess im Lauf der Transaktion. Schließlich erfährt anschließend der IT-Integrationsprozess eine zunehmend treibende Funktion. Jeder Bereich hat seine eigenen Vorstellungen davon, was gemacht werden sollte, und was nicht durchsetzbar ist. Dabei treten auch machtpolitische und persönliche Überlegungen und Ressentiments einer effektiven Weitergabe des bisher Erreichten entgegen. Die Projektleitung sollte hier den Zeitpunkt der Übergabe der Treiberfunktion technokratisch festlegen. Auf der Oberfläche sind damit die Zuständigkeiten genau festgelegt.

Dieses Vorgehen birgt allerdings nach wie vor die Gefahr eines Informationsverlusts beim Übergang. Dieser kann jedoch durch die interprozessuale Einbindung von Teammitgliedern begrenzt werden. So sollten Vertreter des Strukturteams in der Vorfeldphase an Aktivitäten des Strategieplanungsprozesses teilnehmen. Zusätzlich sollten spiegelbildlich Vertreter des Strategieplanungsprozesses in die Task Forces der Transaktions- und Umsetzungsphase integriert werden.

Generell ist es zudem nützlich, eine eigenständige M&A-Organisation aus ausschließlich auf M&A ausgerichteten Spezialisten zu etablieren, die den einzelnen Teilprozessen aufgrund ihrer Qualifikation zugeordnet werden (vgl. Lucks/Meckl 2002, 250). Dies führt erstens aufgrund der Unabhängigkeit von gegebenenfalls bestehenden unternehmenspolitischen Positionen zu einem leichteren gesamtoptimalen Ausgleich und zweitens zu einem verbesserten Informationstransfer, da die Mitglieder der M&A-Abteilung sich und ihr fachliches Know-How gegenseitig kennen und einschätzen können (vgl. Lucks/Meckl 2002, 250).

Von entscheidender Bedeutung ist zudem die Qualität und die M&A-Erfahrung der involvierten Mitarbeiter. Besondere Relevanz für die Koordinationsaufgaben der Projektleitung erhält der Faktor Erfahrung hinsichtlich einer effizienten Prozessführung, wobei es vorteilhaft ist, wenn deren Mitglieder Erfahrung in allen Teilprozessen von M&A haben und auf diese Weise Abstimmungsprobleme frühzeitig erkennen oder präventiv verhindern (vgl. Lucks/Meckl 2002, 250). Zudem sollten die Koordinationstätigkeiten einer M&A-Abteilung durch ein eigenständiges Mandat der Geschäftsleitung unterstützt werden.

Für die M&A-Projektleitung ist es weiterhin von besonderer Relevanz, die unterschiedlichen Charaktere und Interessenlagen in den einzelnen Projektphasen zu erkennen und zu berücksichtigen (vgl. Lucks/Meckl 2002, 251). Zudem ist es für sie erfolgskritisch, die gesamte Bandbreite der unterschiedlichen Entscheidungsmöglichkeiten wahrzunehmen, um eine optimale Entscheidung treffen zu können. Zu solchen Entscheidungen zählt auch die Frage, welche Aufgaben und Entscheidungen sie delegieren kann. Dies ist wesentlich von der Qualifikation der Beteiligten abhängig.

Bislang wurde die Organisation der Beziehungen zum Kaufobjekt im Rahmen eines M&A-Projekts weitgehend ausgespart. Dieses Thema wird aber spätestens in der

Integrationsphase akut. Hier bewährt sich die Integrationsmatrix, indem Mitarbeiter des gekauften Unternehmens in die Organisation zur Umsetzung der Integration auf der Ebene der Task Forces einbezogen werden. Dies kompliziert allerdings die M&A-Projektsteuerung, da vormals identifizierte Maßnahmen und Ziele durch die neuen Mitarbeiter gegebenenfalls in Frage gestellt werden und neu diskutiert werden müssen. Diesen zeitraubenden Aktivitäten ist durch ein Controlling und im Endeffekt durch das Eingreifen der Projekt- und Geschäftsleitung zu begegnen.

Für den IT-Integrationsprozess ist hier zudem die Verbindung zu den IT-Systemen des Erwerbsobjekts relevant. Selbst wenn sich für eine Abschaltung der IT-Systeme des Erwerbsobjekts entschieden wurde, sind diese Altanwendungen so lange weiter zu pflegen, bis die Neuanwendungen übergeben wurden. Deswegen müssen die Mitarbeiter des Erwerbsobjekts ihre Altanwendungen so lange weiterpflegen, bis das System endgültig abgeschaltet wird. Der Zeitpunkt der Abschaltung und Übergabe bzw. Übernahme ist für sämtliche zu integrierenden Anwendungen innerhalb einer Matrix aus abgebenden und aufnehmenden Einheiten zu koordinieren (vgl. Penzel/Fuchs 1998, 26).

8 Organisatorische Einbindung der IT-Integration bei M&A

8.1 Die „optimale Wertschöpfungstiefe" der IT-Integration bei M&A

Nach den prozessorientierten Darstellungen der vergangenen Abschnitte, werden abschließend im vorliegenden 8. Kapitel aufbauorganisatorische Fragestellungen zur Einbindung der IT-Integration bei M&A betrachtet. Dazu soll einleitend die Problemstellung untersucht werden, welche der im Rahmen einer IT-Integration bei M&A zu erbringenden Teilleistungen vom Unternehmen intern und welche besser von unternehmensexternen Experten wie beispielsweise Unternehmensberatungen oder IT-Dienstleistern abgearbeitet werden sollten.

Prinzipiell sind dabei all jene Leistungen extern zu beziehen, die auf diese Weise kostengünstiger als eine Eigenerstellung abzuwickeln sind. Eine rein kostenorientierte Betrachtung würde bei M&A allerdings aufgrund der jeweiligen Spezifität und strategischen Bedeutung einzelner Leistungen für das Unternehmen zu kurz greifen (vgl. dazu Lucks/Meckl 2002, 269). Zum Einen können im Unternehmen Spezifika vorliegen, die ein externer Anbieter gegebenenfalls mit standardisierten M&A- und IT-Leistungen nur unzureichend berücksichtigen kann (vgl. zum Einfluss der Spezifität im Detail den Transaktionskostenansatz z.B. bei Ebers/Gotsch 1999; Fink/Schneidereit/Voß 2001, 88).

Zum Anderen liegen im Rahmen der IT-Integration gegebenenfalls Leistungen vor, die bei Eigenerstellung im Unternehmen zu Lerneffekten und Erkenntnissen mit hoher Relevanz für das Unternehmen führen, weshalb diesen Leistungen im Sinne einer Kernkompetenz hohe strategische Bedeutung zuzuordnen ist, die nicht durch einen Fremdbezug aus der Hand gegeben werden sollte. Damit wird deutlich, dass mit steigender Spezifität und steigender strategischer Bedeutung in der Regel eine interne Abwicklung von Teilleistungen bei M&A an Vorteilhaftigkeit gewinnt.

Dementsprechend sind diejenigen Teilleistungen der IT-Integration bei M&A, die aus Kostengründen ausgelagert werden sollten, zusätzlich einer Prüfung nach Spezifität und strategischer Bedeutung zu unterziehen. Eine Empfehlung über die optimale Wertschöpfungstiefe kann dann anhand einer Einordnung der betrachteten Leistung in das in Abbildung 56 dargestellte Entscheidungsportfolio abgeleitet werden, dessen

Dimensionen aus den beiden angesprochenen Größen gebildet werden (vgl. Lucks/Meckl 2002, 271-275).

Abbildung 56:Make-or-Buy-Portfolio für M&A-Transaktionen (vgl. Lucks/Meckl 2002, 272)

Die sich im Feld „Buy“ befindlichen Leistungen sind durch eine gleichermaßen geringe Spezifität und strategische Bedeutung gekennzeichnet. Da solche Leistungen also für die Schaffung und den Erhalt von Kernkompetenzen nicht von Bedeutung und gleichzeitig aufgrund ihrer geringen Spezifität gut standardisierbar sind, können sie durch erzielbare Volumenvorteile wohl kostengünstiger durch Externe erbracht werden (vgl. Lucks/Meckl 2002, 271). Dem Feld „Make“ zurechenbare Leistungen sind besonders relevant für die Bildung von Kernkompetenzen im Unternehmen und zudem derart spezifisch, dass eine Auslagerung weder sinnvoll noch problemfrei möglich ist.

In den beiden weiteren Feldern ist die Argumentation nicht so eindeutig. Bei Leistungen, die einerseits durch eine geringe strategische Bedeutung, andererseits aber durch eine hohe Spezifität geprägt sind, muss es das Ziel sein, eine kostengünstige Variante zu finden, die im Vergleich zur Eigenerstellung eine gleiche Qualität liefert. Dies ist jedoch kaum möglich, da die Spezifität kostensenkende Volumeneffekte verhindert, und eine Auslagerung opportunistisches Verhalten des Anbieters fördert (vgl. Lucks/Meckl 2002, 272). Falls sich im Einzelfall dennoch für eine Fremdvergabe entschieden wird, sollten als Ausweg möglichst langfristige Vertragspartner ausgewählt werden, die in der Lage sind, qualitativ akzeptable Leistungen auszuführen.

Letztlich sind Leistungen mit hoher strategischer Bedeutung aber geringer Spezifität so geprägt, dass aus kostenorientierter Perspektive eine Fremdvergabe sinnvoller erscheint. Dadurch würde jedoch strategisches Potenzial aus der Hand gegeben, so dass sich letztendlich eine Eigenabwicklung in Kooperation mit einem externen Spezialisten anbietet, dessen Spezialisierungs- und Erfahrungsvorteile zu nutzen sind. Um konkrete In- und Outsourcing-Entscheidungen für die Teilleistungen der IT-Integration treffen zu können, werden im Folgenden die Aktivitäten phasenorientiert hinsichtlich ihrer Eignung zur Fremdvergabe oder Eigenerstellung anhand der beschriebenen Matrix beurteilt und exemplarisch zugeteilt.

Für die IT-Integrationsaktivitäten ergibt sich vor diesem Hintergrund folgendes Bild. Die *Due Diligence* ist eine Leistung, die zwar spezifische Informationen sammelt, dies aber nach einem einheitlichen Ablaufschema durchführt, so dass diese Aktivität auch für den IT-Bereich nicht als spezifisch anzusehen ist (vgl. Abschnitt 6.2). Zudem stellt diese Leistung für sich genommen keinen Wettbewerbsvorteil dar.

Der *Pre-Closing-Integration-Plan* ist demgegenüber aufgrund seiner Richtungsweisung sowohl für das gesamte M&A-Projekt als auch den Teilbereich der IT-Integration als strategisch bedeutsam einzustufen. Zudem ist er unternehmensspezifisch auszurichten, so dass die IT-Integrationsaktivitäten des Pre-Closing-Integration-Plan intern abzuwickeln sind, wobei zu prüfen ist, in wie weit die Kooperation mit einem externen Spezialisten bei der Vorbereitung der an dieser Stelle implementierten Festlegung des anzustrebenden IT-Integrationsgrads hilfreich ist, deren Methodik standardisierbar ist (vgl. auch Abschnitt 6.3).

Eine Sourcing-Entscheidung bezüglich der IT-Integrationsmaßnahmen im Rahmen der *Detailbewertung* ist aufgrund des sehr geringen Beitrags der IT-Integration, der lediglich die Bereitstellung bewertungsrelevanter Daten aus dem IT-Bereich umfasst, nicht sinnvoll (vgl. Abschnitt 6.4).

Die Integrationsphase ist durch die konkrete operative Umsetzung der geplanten M&A-Ziele gekennzeichnet. Der *Post-Closing-Integration-Plan* ist eine strategisch relevante Aufgabe, die zudem hoch-spezifisch ist, wobei jedoch aufgrund der hohen

Arbeitsbelastung in dieser Aktivität externe Kapazitäten zur Unterstützung eingeschaltet werden sollten (vgl. Lucks/Meckl 2002, 275). Das genaue Ausmaß an Spezifität und strategischer Relevanz der IT-Integrationsmaßnahmen wird nun allerdings durch die IT-Infrastruktur und insbesondere die Ziel-Anwendungsarchitektur bestimmt. Ist diese größtenteils unternehmensindividuell ohne Einsatz von extern bezogener Standardsoftware herzustellen, ist von einer hohen Spezifität der IT-Integrationsmaßnahmen in der Integrationsphase auszugehen, während eine durch den Einsatz von Standardsoftware charakterisierte IT-Infrastruktur leichter unter der Realisierung von Volumeneffekten durch Externe erstellt werden kann.

Eng verknüpft mit der Spezifität ist die strategische Bedeutung der IT-Infrastruktur für das Unternehmen, wobei eine unternehmensspezifisch erstellte Anwendungsarchitektur üblicherweise eine bessere Abdeckung von Unternehmensprozessen ermöglicht und daher auch zu Erkenntnissen und Erfahrungsgewinnen im Bereich der Prozessoptimierung führt. Die Bestimmung der strategischen Rolle der IT-Infrastruktur im Unternehmen kann dabei beispielsweise wie in Abbildung 57 dargestellt anhand der Einschätzung ihres gegenwärtigen und ihres zukünftigen Leistungspotenzials nach dem M&A-Projekt erfolgen.

Nach dieser Matrix besitzt eine dem Feld „Unterstützung“ zugeordnete IT-Infrastruktur aufgrund ihres geringen gegenwärtigen und zukünftigen Leistungspotenzials nur eine geringe strategische Bedeutung. In Unternehmen, in denen die IT-Infrastruktur aufgrund ihres gegenwärtig und künftig hohen Leistungspotenzials als „Waffe“ zur Erreichung der Unternehmensziele gilt, liegt eine hohe strategische Bedeutung vor. Eine mittlere strategische Bedeutung besitzen IT-Infrastrukturen, die entweder dem Feld „Fabrik“ oder dem Feld „Durchbruch“ zugeordnet werden können.

Im Vergleich zur „Fabrik“ sind jedoch IT-Integrationsmaßnahmen in einer dem Feld „Durchbruch“ zugeordneten IT-Infrastruktur als strategisch bedeutender einzustufen, weil hier davon ausgegangen wird, dass die gegenwärtigen Maßnahmen zu einer starken Zunahme des Leistungspotenzials der IT-Infrastruktur in der Zukunft führen. Unabhängig von der Spezifität und strategischen Bedeutung der IT-Infrastruktur sollte geprüft werden, in wie weit die Bewertung der Auswahlalternativen zur anzustrebenden IT-Infrastruktur, wie sie das entscheidungstheotische Modell an dieser Stelle vorsieht, aufgrund der standardisierbaren Bewertungsmethodik besser durch

Externe zu erbringen ist, wobei es wohl üblicherweise vorteilhaft ist, dieselben Externen einzusetzen, die bereits die Auswahlentscheidung im Pre-Closing-Integration-Plan vorbereitet haben (zur Bewertung der Auswahlalternativen vgl. Abschnitt 6.5.1.2).

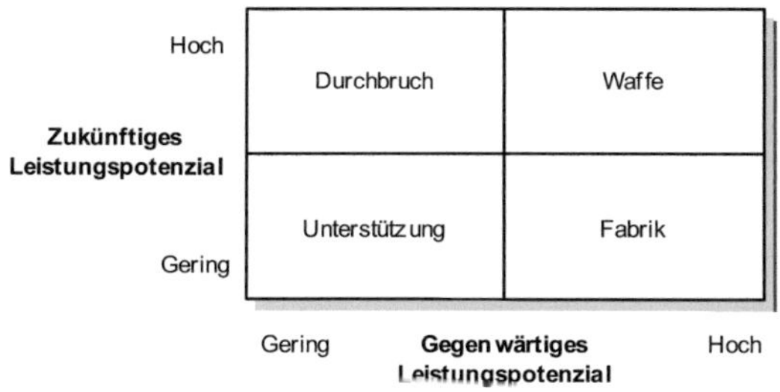

Abbildung 57: Strategische Bedeutung der IT-Infrastruktur (vgl. Heinrich 2002, 93)

Die folgenden Aktivitäten sind generell operativer Natur, was aber nicht darüber hinweg täuschen soll, dass die Umsetzungskompetenz für integrative Maßnahmen strategisch gesehen einen wichtigen Wettbewerbsvorteil darstellt und wie oben erläutert zudem stark unternehmensspezifisch ist (vgl. Lucks/Meckl 2002, 275). Jedoch ist die Methodik der Umsetzung gut standardisierbar, so dass etwa Aufgaben aus dem Bereich des Projektmanagements der Umsetzung der IT-Integration auch bei hoher IT-seitiger Spezifität und strategischer Bedeutung gut standardisierbar sind und von Beratern angeboten werden. Zusätzlich kann es aufgrund des anfallenden Umsetzungsaufwands notwendig sein, externe Anwendungsentwickler zur Datenmigration und Implementierung der für die Nachentwicklung vorliegenden Fachkonzepte einzusetzen (vgl. dazu Abschnitt 6.8). Schließlich kann im Rahmen der Ziel-Verfolgung wieder von einer geringeren Spezifität ausgegangen werden.

Wenngleich eine exakte Quantifizierung des Ausmaßes an Spezifität und strategischer Bedeutung nicht möglich ist, kann mit dem beschriebenen Vorgehen das Spektrum von Aktivitäten, deren Abwicklungsfähigkeit selbst behalten werden sollte, abgesteckt werden, wobei aufgrund der Heterogenität von M&A-Projekten eine transaktionsindividuelle Prüfung notwendig ist. Aufgrund der thematischen Nähe soll abschließend in diesem Abschnitt noch eine weitere Problemstellung angerissen werden, die über die Ausgliederung einzelner M&A-Aktivitäten hinausgeht, jedoch nach analogen Gesichtspunkten zu betrachten ist.

So ist in den bisherigen Erläuterungen zur IT-Integration bei M&A-Projekten ein Aspekt bislang ausgeblendet worden. Unternehmen können eine M&A-Transaktion auch dafür nutzen, die gesamte IT-Infrastruktur beider beteiligten Unternehmen durch Outsourcing zu standardisieren. Outsourcing ist grundsätzlich für jede operative Funktion im Unternehmen denkbar (vgl. Szyperski/Schmitz/Kronen 1993, 229). Hier soll aber die partielle oder vollständige Auslagerung der IT-Infrastruktur an externe Partner gemeint sein (vgl. dazu Fink/Schneidereit/Voß 2001, 88).

Im Rahmen eines solchen IT-Outsourcing übernimmt ein externer Dienstleister die operative Planung und Kontrolle, die Systementwicklung und -integration sowie den Betrieb eines Teils oder der gesamten IT-Infrastruktur, während die Verantwortung für die Verzahnung mit der Unternehmensstrategie interne Aufgabe des Unternehmens bleibt (vgl. Szyperski/Schmitz/ Kronen 1993, 229). Falls sich im Rahmen eines M&A-Projekts für ein IT-Outsourcing entschieden wird, ergäben sich grundsätzlich andere Notwendigkeiten und Aktivitäten als die in den vorangegangenen Abschnitten geschilderten, so dass auf eine Darstellung dieser Alternative verzichtet wurde (vgl. zur Durchführung von Outsourcing-Projekten bspw. Szyperski/Schmitz/Kronen 1993, 229-240). Entsprechend der oben erläuterten Aspekte wäre eine Entscheidung für das IT-Outsourcing bei geringer Spezifität und geringer strategischer Relevanz der IT-Infrastruktur vorteilhaft, wenn dadurch Kosteneinsparungen realisiert werden können. In diesem Kontext sollen abschließend wesentliche Vor- und Nachteile des IT-Outsourcing aufgeführt werden (vgl. Heinrich 2002, 114):

- Vorteile: Konzentration auf das Kerngeschäft, schnellere Projektabwicklung, Verlagerung des Projektrisikos, höhere Flexibilität bezüglich Kapazität und Kosten, geringere Kosten, bessere Transparenz von Leistungen und Kosten, bessere Kalkulierbarkeit der Kosten, Erhöhung des Innovationsgrads, höhere Qualität durch bessere Personalqualifikation.

- Nachteile: Abhängigkeit vom Dienstleister, geringe Identifikation des Dienstleisters mit dem Outsourcer, steigender Koordinationsaufwand und höhere Transaktionskosten, personelle Widerstände, Verlust an Technologie-Know How, größere Datenschutz- und Sicherheitsprobleme.

8.2 Zentralisierung vs. Dezentralisierung der IT-Integrationskompetenzen

8.2.1 Koordinierte Föderation als Strukturprinzip der M&A-Organisation

Nach der Frage, welche IT-Integrationsmaßnahmen besser intern und welche extern abgearbeitet werden sollten, wird nun im vorliegen Abschnitt die Frage erörtert, wie die IT-Integrationsmaßnahmen innerhalb der M&A-Organisation verteilt worden sollten. Die M&A-Organisation umfasst dabei sowohl zentrale, auf Dauer eingerichtete M&A-orientierte Fachabteilungen wie auch die für das konkrete Projekt temporär zu bildende Projektorganisation und deren Teams, die aus Fachstäben, Linienfunktionen (z.B. IT-Organisation) und Unternehmensleitung bestehen. Damit ist die Frage zu beantworten, welche IT-Integrationsmaßnahmen von der zentralen M&A-Organisation durchgeführt werden sollten, und welche dieser Maßnahmen von den innerhalb der M&A-Projektorganisation mit IT befassten Einheiten abgearbeitet werden sollten. Die zentrale Größe bei dieser Entscheidung ist die Vergabe von Entscheidungskompetenzen in Abhängigkeit vom Zentralisationsgrad der M&A-Organisation.

Für die M&A-Organisation scheint dabei üblicherweise ein mittlerer (De-)Zentralisationsgrad vorteilhaft, was dem in Abbildung 10 dargestellten Strukturprinzip der „Koordinierten Föderation“ entspricht (vgl. Lucks/Meckl 2002, 279). Dieser Zentralisationsgrad stellt einen Kompromiss zwischen starken Argumenten dar. So kann im M&A-Projekt eine Sicherstellung der Zielfinalität sämtlicher Aktivitäten am Besten durch einen hohen Zentralisationsgrad erreicht werden. Genauso hilft dieser hohe Zentralisationsgrad, die Entscheidungsqualität durch Lerneffekte und Wissensübertragung im Bereich des projektübergreifenden M&A-spezifischen Prozess-Know

Hows zu verbessern. Gegen eine komplette Zentralisierung sprechen jedoch Effizienzeinbußen bei der Entscheidungsfindung, die bei starker Zentralisierung durch die fachliche und regionale Distanz zu den Umsetzungseinheiten entstünde, wobei die dezentralen Einheiten üblicherweise die besseren Fachkenntnisse über die von der Transaktion betroffenen Bereiche haben.

Dementsprechend können die im M&A-Prozess benötigten IT-Fachkenntnisse üblicherweise nicht von der zentralen M&A-Organisation zur Verfügung gestellt werden, die dafür aber die M&A-Prozessführung beherrschen sollte. Damit wird deutlich, dass die Entscheidung, welche IT-Integrationsmaßnahmen bei der Zentrale und welche bei der IT-Organisation abzuleisten sind, wesentlich von den beiden Know How-Komponenten M&A- und IT-Know How bestimmt wird. Abbildung 58 verdeutlicht anhand einer Entscheidungsmatrix zur M&A-Organisation, wie sich die Verteilung der einzelnen Aktivitäten des M&A-Prozesses idealtypisch darstellt. Dabei sind die M&A-Aktivitäten, die Träger von IT-Integrationsmaßnahmen sind, in schwarz dargestellt und die übrigen Aktivitäten in grauer Farbe.

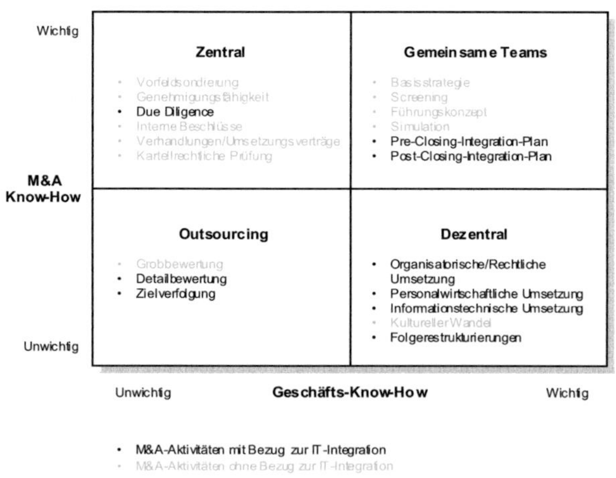

Abbildung 58: Entscheidungsmatrix zur M&A-Organisation (vgl. ähnlich Lucks/Meckl 2002, 280-281)

Aktivitäten, die dem Feld oben links zugeordnet sind, erfordern zwar hohes M&A-Know How, aber nur wenig fachseitiges Geschäfts-Know How und sollten daher zentral von der M&A-Organisation abgearbeitet werden. Für die IT-Integration zeigt sich hier, dass die IT Due Diligence zwar fachseitiges Wissen erhebt, die Erhebungsmethodik aber eindeutig M&A-spezifisches Know How darstellt, weshalb eine zentrale Abarbeitung dieser Maßnahme vorteilhaft ist, wobei zuvor der Informationsbedarf jedoch von den IT-Verantwortlichen mitzuteilen ist.

Sind beide Know How-Komponenten stark ausgeprägt, müssen die M&A-Spezialisten mit den geschäftsführenden Bereichen in Teams zusammenarbeiten. Dies ist mit dem Pre- und Post-Closing-Integration-Plan in den beiden wichtigsten Planungsschritten der IT-Integration vorteilhaft. Gleichzeitig führt diese Form der Abarbeitung zu erhöhtem Konfliktpotenzial zwischen beiden Bereichen, falls die Kompetenzbereiche nur unsauber getrennt wurden.

Für die Abarbeitung von Aktivitäten, die dem Feld unten rechts zugeordnet sind, wird hauptsächlich Geschäfts-Know How benötigt. Dies umfasst sämtliche für die IT-Integration relevanten Umsetzungsaktivitäten und vor allem die vielen Nachentwicklungs- und Datenmigrationsprojekte, die somit dezentral von der IT-Organisation bzw. der Personalabteilung abzuarbeiten sind (vgl. dazu die Abschnitte 6.5-8). Letztlich beinhaltet das Feld links unten Aktivitäten, zu deren Erledigung weder ein hohes Maß an M&A- noch an Geschäfts-Know How notwendig ist, so dass hier zu prüfen ist, ob diese Maßnahmen besser an Externe vergeben werden sollten.

Zusammenfassend ergibt sich folgendes Bild über die Aufgabenverteilung der IT-Integration. In der Transaktionsphase und zu Beginn der Integrationsphase müssen die zentral-organisierten M&A-Spezialisten und die aus der operativen IT-Organisation für die M&A-Projektorganisation rekrutierten IT-Spezialisten zusammenarbeiten, um die IT-Infrastrukturplanungen im Pre- und Post-Closing-Integration-Plan sowohl inhaltlich als auch formal mit den Anforderungen aus dem M&A-Prozess zu harmonisieren. Mit dem Beginn der Umsetzungsaktivitäten gewinnen jedoch die operativen Einheiten unter starker Ausweitung ihrer einzuschaltenden Kapazitäten an Gewicht. Die M&A-Spezialisten bleiben nur noch zur Sicherstellung der durchgängigen Verantwortung und damit der Zielfinalität der Maßnahmen aktiv.

8.2.2 Die Organisation der zentralen M&A-Einheiten

Der vorangegangene Abschnitt hat die Bedeutung herausgearbeitet, die sowohl der zentrale M&A-Bereich wie auch die aus der Linienorganisation zu bildende IT-Projektorganisation für den Erfolg einer IT-Integration bei M&A besitzen, wobei das in den jeweiligen Bereichen angesiedelte Know How erfolgsbestimmend wirkt. Aus diesem Grund sollen beide Bereiche bezüglich ihrer Organisation nun erläutert werden, wobei mit der Organisation der Zentrale bezüglich der M&A-Einheiten begonnen wird.

Die Organisation der zentralen M&A-Einheiten hängt zunächst wesentlich davon ab, wie die Aufgabenabgrenzung zu den internen am M&A-Prozess beteiligten Einheiten und zu externen Anbietern gezogen wurde (vgl. Abschnitt 8.1 und 8.2.1). Dementsprechend besitzt die Zentrale bei M&A Durchführungs- und/oder Dienstleistungskompetenz, wobei für beide Kompetenzbereiche ausreichend Kapazitäten zur Abwicklung einer M&A-Transaktion gesichert werden müssen (vgl. Lucks/Meckl 2002, 283). Aus organisatorischer Sicht ist zunächst die Strukturierung zu klären.

Bei der Strukturierung bieten sich grundsätzlich zwei Möglichkeiten an. Zum Einen kann die zentrale M&A-Kompetenz in einer eigenen M&A-Abteilung gebündelt werden. Zum Anderen ist es möglich, diese Kompetenzen in einer oder mehreren bestehenden Zentralabteilungen unterzubringen. Die Vorteile der Einrichtung einer eigenen M&A-Abteilung bestehen darin, dass über Lerneffekte ein echtes methodisches und konzeptionelles Kompetenzzentrum für die Abwicklung von M&A-Transaktionen entsteht. Das Problem dieser Lösung besteht in der Kapazitätsplanung. So ist einerseits kaum zu planen, welche Anzahl an Transaktionen in Zukunft durchgeführt wird.

Andererseits ist der Kapazitätsbedarf während eines Projekts nicht konstant. Aus diesen Gründen wäre eine eigenständige M&A-Abteilung mit zu hohen Kosten für die Kapazitätsbereithaltung verbunden, falls die Anzahl an M&A-Transaktionen des Unternehmens nur gering ist, so dass in diesem Fall die zentrale M&A-Kompetenz in einer oder mehreren Zentralabteilungen untergebracht werden sollte (vgl. Lucks/Meckl 2002, 284).

Unabhängig von der Strukturierung ist zusätzlich die Frage zu klären, unter welcher Verantwortung die M&A-Kompetenzen stehen. Hier bieten sich ebenfalls zwei grundsätzliche Möglichkeiten an. Einerseits kann M&A im Unternehmen einer Gesamtverantwortung unterstellt werden. Andererseits ist es möglich, eine Verteilung der Zuständigkeiten für M&A nach Einzelaktivitäten im M&A-Prozess vorzunehmen.

Bei der ersten Lösung untersteht die M&A-Abteilung einem Vorstand, bzw. die M&A-Spezialisten sind in Zentralbereichen untergebracht, die unter der Verantwortung eines Vorstands stehen. Dadurch wird eine durchgängige Verantwortung im M&A-Prozess erreicht, was zu eindeutigen Entscheidungen und verringertem Koordinationsbedarf führt. Der Nachteil besteht darin, dass wesentliche Kompetenzträger auf dieser Ebene nicht involviert werden, was zu Informationsdefiziten führen kann. Üblicherweise wird bei dieser Lösung der Finanzvorstand Leiter der M&A-Kompetenzen.

Bei der zweiten Lösung können Verantwortungsbereiche für die unterschiedlichen M&A-Schwerpunkte „Vorfeld“, „Transaktion“ und „Integration“ anhand der jeweiligen fachlichen Ausrichtung gebildet werden. Die stark durch die weitere strategische Ausrichtung des Unternehmens geprägte Vorfeldphase sollte dementsprechend unter der Verantwortung des Vorsitzenden der Unternehmensleitung stehen. Die eher finanztechnisch geprägte Transaktionsphase lässt eine Zuordnung zum Finanzchef vorteilhaft erscheinen, und die Verantwortung während der Integrationsphase sollte in den geschäftsführenden Bereichen liegen. Obwohl nicht allgemein gültig festzulegen ist, welche Art der hierarchischen Unterstellung vorteilhafter ist, sollte sich zumindest aus Prozess-Sicht für eine durchgängige Verantwortung ausgesprochen werden, weil dadurch die Gesamtzielorientierung über die einzelnen Phasen hinweg gegeben ist (vgl. Lucks/Meckl 2002, 285).

8.2.3 Die IT-Projektorganisation bei M&A

Bislang wurde die fest institutionalisierte M&A-Organisation beschrieben, deren Kompetenz in der Beherrschung des M&A-Prozesses liegt. Hiervon ist die lediglich temporär eingerichtete Projektorganisation zu unterscheiden, deren Aufgabe die Abwicklung einer individuellen M&A-Transaktion ist. Diese Projektorganisation wird üblicherweise während der Vorfeldphase gegründet und nach Abschluss der Integrationsphase wieder aufgelöst. Sie umfasst in den späteren Phasen des Projekts Mitarbeiter beider beteiligten Unternehmen und trägt entsprechend der Erläuterungen zum optimalen (De-)Zentralisationsgrad bei M&A aus Abschnitt 8.2.1 insbesondere auch die dezentral vorzuhaltenden fachlichen IT-Kompetenzen. Abbildung 59 zeigt eine solche idealtypische M&A-Projektorganisation.

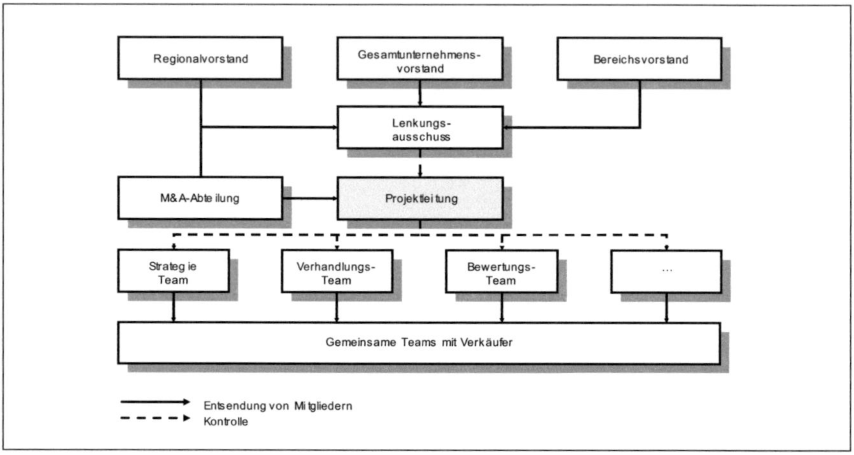

Abbildung 59: Organisationsaufbau eines M&A-Projekts in der Vorfeld- und Transaktionsphase (vgl. Lucks/Meckl 2002, 285)

An oberster Stelle wird ein Lenkungsausschuss eingerichtet, der mit den Vorständen des Käuferunternehmens besetzt ist. In diesem Gremium werden die Entscheidungen zur Durchführung, Ausrichtung und Ressourcensteuerung einer Transaktion getroffen (vgl. auch Quack 2001). Die Projektleitung ist der Kopf der M&A-Projektorganisation. Als Projektleiter ist entweder ein Mitglied der M&A-Abteilung oder bei besonders wichtigen Projekten ein Vorstand zu berufen, der für die Dauer des Projekts von seinen übrigen Verantwortlichkeiten gegebenenfalls entbunden werden sollte, um in Konfliktsituationen seine Neutralität zu gewährleisten. Der Projektleiter ist gegenüber der restlichen Projektorganisation weisungsbefugt und berichtet seinerseits an den Lenkungsausschuss. Der Projektleitung kann gegebenenfalls ein Stab zugeordnet werden, der koordinative und administrative Aufgaben sowie das Projektcontrolling übernimmt.

Die weitere Projektorganisation ist phasenabhängig zu sehen (vgl. Lucks/Meckl 2002, 286). Die in Abbildung 59 exemplarisch dargestellte Organisation bezieht sich auf die Vorfeld- und Transaktionsphase. Die jeweiligen Teams werden entsprechend der Einzelaktivitäten des M&A-Prozesses gebildet, so dass zu diesem Zeitpunkt keine eigenständige IT-Projektorganisation bei M&A besteht, sondern innerhalb der entsprechenden Teams IT-Verantwortliche einzubinden sind. Ist der Prozess schon so weit fortgeschritten, dass gemeinsame Teams mit dem zu erwerbenden Unternehmen gebildet werden, so werden aus den einzelnen Teams Mitglieder in diese gemeinsamen Gruppen entsandt (vgl. Lucks/Meckl 2002, 286).

Diese Organisation ändert sich in der Integrationsphase, wobei es sich nun empfiehlt die in Abbildung 35 dargestellte Integrationsmatrix als Projektorganisation einzurichten, wobei zur Sicherstellung der personellen Kontinuität zumindest einige der bisherigen Projektmitarbeiter in die Matrixorganisation gehen sollten. Innerhalb der Matrixorganisation kommt es spätestens mit dem Beginn der Umsetzungsmaßnahmen zu einer massiven Ausweitung der personellen Besetzung der IT-Task Force. Daher ist innerhalb der IT-Task Force eine auf die IT-Integration fokussierte Projektorganisation aufzusetzen, die einerseits effizient den Koordinationsbedarf innerhalb der Matrixorganisation decken kann und andererseits die effiziente Abarbeitung der IT-Umsetzungsmaßnahmen erlaubt.

Wie in Abbildung 60 dargestellt, erscheint aufgrund dieser Anforderungen eine weitere Ausdifferenzierung der IT-Task Force in der Integrationsmatrix notwendig. Dem Koordinationsbedarf wird dabei dadurch Rechnung getragen, dass die IT-Projektorganisation die M&A-Integrationsmatrix in ihre einzelnen Teilbereiche aufnimmt. Die Effizienz der Abarbeitung der Umsetzungsmaßnahmen wird organisatorisch dadurch gesichert, dass analog zum entscheidungstheoretischen Modell die Komplexität durch eine Aufteilung des Gesamtprojekts nach Maßgabe der wesentlichen IT-Ressourcenkategorien vorgenommen wurde. Innerhalb der Verknüpfungspunkte der Matrix sind schließlich die verschiedenen IT-Einzelprojekte aufgehängt.

Der umfangreichste und komplexeste Koordinationsbedarf mit den übrigen Task Forces der Matrix fällt dabei wohl bei den auf die funktionsorientierten Anwendungssysteme fokussierten Teams „Nachentwicklung funktionsorientierte Anwendungssysteme“, „Datenmigration“ und „Anwenderschulung“ an. Demgegenüber bleibt das

Team „Konsolidierung zentrale Hardware" von fachseitigen Koordinationsanforderungen relativ unberührt, solange es in diesem Bereich nicht zu einer Unterbrechung der Service Levels kommt, so dass nach erfolgter Umsetzung den Anwendern in den Fachbereichen im Wesentlichen die neuen Server-Daten und Netzwerkverbindungen in den stationären Rechnern einzurichten sind.

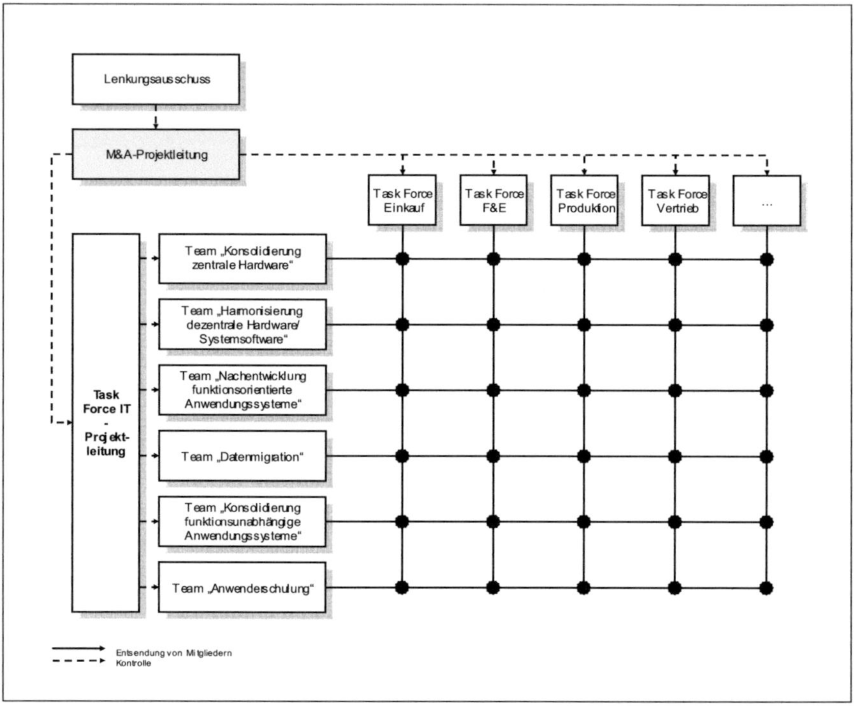

Abbildung 60: Exemplarische Projektorganisation der Task Force IT in der Integrationsphase

Damit ist die Erörterung, wie die für die IT-Integration notwendigen Kompetenzen in den jeweiligen Prozessphasen in der M&A-Projektorganisation organisatorisch verankert sind, beendet. Abschließend soll noch auf die Frage eingegangen werden, welche Koordinationsmechanismen allgemein in einer solchen M&A-Projektorganisa-

tion und speziell in der IT-Task Force angewandt werden können (zu möglichen Koordinationsmechanismen vgl. Abschnitt 7.2).

Koordination innerhalb der M&A-Projektorganisation

Bezüglich der Koordination innerhalb der M&A-Projektorganisation ist zu beachten, dass hierarchisch orientierte Koordinationsmechanismen nur begrenzt einsetzbar sind (vgl. Lucks/Meckl 2002, 286). Dies liegt an der Prozessorientierung der M&A-Organisation, die quer durch aufbauorganisatorische Stellen läuft und damit die grundsätzlichen Hierarchiestrukturen und Weisungsbefugnisse durchbricht. Notwendig ist dementsprechend eine Teamlösung, in der auf unterschiedlichen Hierarchiestufen angesiedelte Beteiligte zusammenarbeiten. Die Teamlösung erscheint zudem auch im Hinblick auf weitere Anforderungen aus dem M&A-Prozess zielführend. So besteht eine wichtige Aufgabe der M&A-Organisation in der Koordination zwischen den M&A-spezifischen, permanenten Mitgliedern und den geschäftsspezifischen, temporären Mitgliedern der Organisation, was durch die Bildung zeitlich befristeter und vor allem funktionsübergreifender Teams erreicht wird. In der Integrationsmatrix taucht der Aspekt der funktionsübergreifenden Teams wieder auf, wobei nun die Koordination zwischen den geschäftsspezifischen Mitgliedern in den Vordergrund rückt.

Bei der Zuordnung der Projektteams ist insbesondere dort, wo es zu Zielkonflikten zwischen Eigeninteressen von Top-Managern und dem Unternehmensziel kommen kann, die Trennung zwischen Teamfunktion und Management-Funktion zu berücksichtigen, um opportunistisches Verhalten aus Machtinteresse von Managern zu vermeiden (vgl. Lucks/Meckl 2002, 287).

Neben dem Verhältnis zwischen Team- und Management-Funktionen ist zur Vermeidung opportunistischen Verhaltens zusätzlich für ein Gleichgewicht zwischen Management und Fachleuten zu sorgen. So zeigt die Erfahrung, dass bei der Unternehmensbewertung und den Kaufpreisverhandlungen häufig über das sachlich gerechtfertigte Limit hinausgegangen wird, indem aus Durchsetzungsinteressen des Managements Risiken und Planungsüberschüsse zu optimistisch angesetzt werden (vgl. Lucks/Meckl 2002, 287). Dieses Problemfeld kann durch verbindliche Normen und Grenzwerte (z.B. Vorgabe verbindlicher Diskontierungssätze), allgemein verbindliche Prozesse und fachliche Verantwortlichkeiten für die Prozess-Stufen oder die Festlegung von Promotorenrollen eingegrenzt werden.

Bei den Promotoren lassen sich drei Rollen unterscheiden. Machtpromotoren sind Personen, die durch ihre Position in der Aufbauorganisation einen hierarchisch formalen Einfluss und ausreichend Sanktionspotenzial besitzen, mit dem sie aktiv und intensiv den M&A-Prozess fördern. Im M&A-Projekt wird diese Rolle üblicherweise vom Top-Management ausgeübt. Fachpromotoren fördern den M&A-Prozess durch Fachwissen und besitzen demgegenüber kaum hierarchische Macht (vgl. Witte 1998, 16-17). Im M&A-Prozess wird diese Rolle von den Mitgliedern der Projektorganisation ausgeübt. Zwischen dem Macht- und den Fachpromotoren steht als Verbindungsglied und Informationsknotenpunkt der Prozesspromotor, der zwischen den Beteiligten Bezüge zu jeweils anderen fachlichen Aspekten des M&A-Prozesses vermitteln kann (vgl. Hauschildt/Chakrabarti 1998, 79-80). Diese Aufgabe wird von der M&A-Projektleitung übernommen.

Die Teamarbeit bildet im Rahmen des M&A-Projekts einen wesentlichen Erfolgsfaktor und erfordert die Beachtung einiger formaler Regelungen wie wöchentliche Treffen mit dem Projektleiter oder die Einhaltung des Prinzips der Schriftlichkeit (vgl. Lucks/Meckl 2002, 288). So können beispielsweise To-Do-Listen mit Festlegung von Verantwortlichkeiten geführt werden. Von jedem Team sollte für das Projekt-Controlling der aktuelle Projektstatus in angepasster Form zusammengefasst werden.

Spezifika der Koordination innerhalb der Task Force IT

Während im normalen Geschäftsbetrieb bereits die Koordination zwischen einem Fachbereich und der IT-Organisation als komplex gilt, treffen bei der IT-Integratiom bei M&A im Rahmen der Zusammenführung einzelner Prozesse zwei Fachbereiche und zwei IT-Organisationen aufeinander (vgl. Penzel/Fuchs 1998, 26). Dabei besteht die Gefahr, dass die IT-Seite aufgrund ihres detaillierteren Aufgabenverständnisses die Koordination dominiert (vgl. Berensmann/Spang 1998, 41). Daher müssen die Fachbereiche von Beginn an durch die Einrichtung fester organisatorischer Strukturen in die Projektverantwortung eingebunden werden, um so die Anwendungsfähigkeit und notwendige Akzeptanz auf Anwenderseite sicherzustellen.

Das Modell der Doppelspitze sieht diesbezüglich vor, dass jedes IT-Projekt parallel von einem IT-Projektleiter und einem fachseitigen Projektleiter verantwortet wird (vgl. Quack 2001). Beide Beteiligte tragen für alle Ergebnisse gemeinsam die Verantwortung und erhalten im Erfolgsfall die gleiche Belohnung und bei Fehlschlägen die identische Maßregelung (vgl. Berensmann/Spang 1998, 41).

Im Rahmen der Abarbeitung der Einzelprojekte der IT-Integration sollten für inhaltlich klar abgrenzbare Bereiche (z.B. Geschäftsfelder) jeweils so genannte Projektsteuerer oder „Supra-Projektleiter“ eingesetzt werden (vgl. Berensmann/Spang 1998, 40). Bei ihnen liegt insbesondere die Erarbeitung von Rahmenvorgaben für die einzelnen Geschäftsfeldteams und die Koordination der Teilprojekte bei übergreifenden Sachfragen im Sinne eines strukturellen Koordinationsmechanismus (vgl. Penzel/Fuchs 1998, 27-28). Als Projektsteuerer sind aufgrund ihrer konkreten Erfahrungen und guten Kenntnisse der inoffiziellen Wege in den Unternehmen besonders langjährige IT-Mitarbeiter geeignet, die für den Zeitraum des Integrationsprojekts zu mehr als 50 Prozent von ihren Linienaufgaben freigestellt werden müssen (vgl. Berensmann/Spang 1998, 41).

Berichtssysteme sind spätestens in der Integrationsphase für die IT-Integration ebenfalls unerlässlich, da sie die Koordination von unter Umständen bis zu 100 parallel arbeitenden Teams durch ihre stringente Strukturierung ermöglichen. Damit verbunden ist ein begleitendes Controlling von Quantität, Qualität, Kosten und Zeit. Die Input-Größen Kosten und Zeit für Plan und Ist sind dabei einfach messbar (vgl. Abschnitt 6.8.5). Die Output-Größen Quantität und Qualität sind schwieriger zu erfassen. Für die Qualität bietet sich u.a. die systematische und detaillierte Erfassung von Ausfallstatistiken während des IT-Integrationsprozesses an (vgl. Penzel/Fuchs 1998, 30). Eine grobe und dennoch geeignete Kennzahl für die Quantität ist die Anzahl der anforderungsgerecht abgeschlossenen Projekte (vgl. Penzel/Fuchs 1998, 30).

Durch eine IT-Integration müssen viele Menschen im Unternehmen umlernen, da neue Strukturen und Systeme neue Arbeitsabläufe bedingen (vgl. Abschnitt 6.7). Schulungsprogramme liefern hier Lösungen zum objektiven Teil des Veränderungsprozesses, beantworten aber nicht die subjektive Frage vieler Mitarbeiter, ob sie die Veränderungen bewältigen können (vgl. Penzel/Fuchs 1998, 29). Erfolgswirksam ist hier eine umfassende persönliche Kommunikation. Allgemeine Rundschreiben schaffen bei Menschen, die sich existenziell bedroht fühlen, keine Sicherheit. Workshops, die nacheinander sämtliche Mitarbeiter umfassen, bieten die Möglichkeit zu Gruppengesprächen, denen sich individuelle Gespräche anschließen können, die sowohl Raum für Sachthemen als auch persönliche Ängste und Zukunftsoptionen bieten. Daneben können auch finanzielle Anreiz- und Entlohnungssysteme Wirkung zeigen. Dies gilt insbesondere zur Mitarbeitermotivation bei betrieblich sensiblen Integrationsaufgaben wie der Sicherstellung der täglichen Produktion während des Integrationsprozesses (vgl. Penzel/Fuchs 1998, 30).

Unterschiedliche Meinungen und Vorstellungen über die IT-Integration treffen üblicherweise nie so stark aufeinander wie bei der Entscheidung zur Ziel-Anwendungsarchitektur. Aus diesem Grund sind die zum Einsatz kommenden technokratischen Koordinationsinstrumente durch Konfliktlösungsmechanismen wie Schlichter oder hierarchische Entscheidungen zu unterstützen, wobei eine hierarchische Entscheidung in besonderen Konfliktfällen noch über die Projektleitung hinaus bis hin zum Lenkungsausschuss weitergereicht werden kann (vgl. Penzel/Fuchs 1998, 26).

9 Schlussbetrachtung

In den vorangegangenen Kapiteln wurde ein idealtypisches Schema zur Abwicklung einer IT-Integration bei M&A-Projekten entwickelt. Auf diese Weise sollte anwendungsorientiertes Wissen generiert und ein Beitrag zur Entscheidungsunterstützung von fachseitig abgestimmtem IT-Integrationsmanagement geleistet werden. Zunächst war dazu – in Ermangelung entsprechender Grundlagen durch bisherige Forschungsarbeiten – ein problemadäquates Instrumentarium zu entwickeln.

Für die Modellentwicklung wurde als organisatorisches Konzeptionsmuster ein bestehendes, wissenschaftlich fundiertes Prozessmodell zur Durchführung von M&A-Transaktionen herangezogen, das insbesondere in Bezug auf Effizienzgesichtspunkte und Komplexitätshandhabung grundlegend für das zu entwickelnde IT-Integrationsmodell ist.

Anschließend wurden die wesentlichen Entscheidungssituationen zur Ausgestaltung einer zukünftig gemeinsamen IT-Infrastruktur betrachtet. Als zweites Instrumentarium wurde hier ein entscheidungstheoretisches Modell für die IT-Integration entwickelt, das über einen Vergleich der Vorteilhaftigkeit der bestehenden Integrationsalternativen, transaktionsindividuell die Identifikation der weiterzuführenden bzw. aufzugebenden IT-Ressourcen ermöglicht.

Im dritten Schritt wurden die beiden so geschaffenen Grundlagen zusammengeführt. Zur Modellentwicklung wurde eine zeitliche und sachliche Identifikation der wesentlichen Anknüpfungspunkte der IT-Integrationsmaßnahmen an das M&A-Prozessmodell vorgenommen und in einem eigens definierten M&A-Teilprozess zusammengefasst. Dadurch wurde insbesondere auch die Berücksichtigung der notwendigen Koordination zwischen den Integrationsaktivitäten des IT-Bereichs und dem M&A-Gesamtprojekt im zu entwickelnden Modell leichter möglich.

Mit diesen Ergebnissen stehen dem Modell bereits die organisatorische Klammer, das notwendige M&A-Know How und ein Vorgehen zur hinreichenden Situationsspezifizierung der Integrationsmaßnahmen zur Verfügung. Zusätzlich ist eine IT-Integration aber auch durch eine Vielzahl technischer Sachzwänge geprägt, die viele der Integrationsmaßnahmen inhaltlich und in ihrer zeitlichen Anordnung determinieren. Aus diesem Grund wurde im Rahmen der Modellbeschreibung auf empirische und normative Literaturquellen zur Erläuterung von Einzelaspekten der IT-Integration zurückgegriffen. Die wesentlichen Ergebnisse der Arbeit sollen nun folgend zusammengefasst werden.

Die Zusammenfassung der IT-Integrationsaktivitäten in einem hierarchisch in den M&A-Prozess eingeordneten Teilprozess vermindert die Komplexität der IT-Integration bei M&A-Projekten:

Aufgrund der Vielfältigkeit und Komplexität der IT-Integration bei M&A-Projekten schafft eine Zuordnung der informationstechnischen Einzelaktivitäten zu einem einzelnen Teilprozess des M&A-Gesamtprozesses die Möglichkeit, die fachlich und inhaltlich homogenen Aufgaben zusammenzufassen.

Die Übertragung der zentralen IT-Integrationsaufgaben an die Spezialisten des IT-Integrationsprozesses sichert zudem die Professionalität der Aufgabenerfüllung.

Die Einzelaufgaben der IT-Integration haben sich zumindest bezüglich ihrer Ergebnisse kompatibel zum spezifischen Instrumentarium der Einzelaktivitäten des M&A-Prozesses zu verhalten:

Die M&A-Einzelaktivitäten werden den Kern- und Unterstützungsprozessen als Haupt- oder Randaktivitäten so zugeordnet, dass jede Einzelaktivität Hauptaktivität eines Teilprozesses ist. Zur Abarbeitung der Aufgaben liegt ein M&A-spezifisches Instrumentarium vor. Als Teilbereich des M&A-Projekts sind die Einzelaktivitäten des IT-Integrationsprozesses derart zu gestalten, dass sie, wenn notwendig, als Input der übergeordneten M&A-Aktivitäten verwandt werden können.

Den Interdependenzen der Einzelaufgaben zwischen den Teilprozessen und dem Abstimmungsbedarf zwischen IT- und Fachbereichen muss durch den Einsatz von Koordinationsinstrumenten begegnet werden:

Zum Einen besteht zwischen den Teilprozessen eine Reihe von inhaltlichen Interdependenzen. Zum Anderen bedarf es für die IT-Integration eines koordinierten Vorgehens mit den Fachbereichen als Leistungsnehmer der IT-Funktion. Durch hierarchische und selbstorganisatorische Koordinationsinstrumente werden die unterschiedlichen Einzelaufgaben und die Vielzahl der Beteiligten untereinander verknüpft. Das Ziel liegt in der Sicherstellung eines zeit- und kostenoptimalen Ablaufs der IT-

Integration und damit letztlich des M&A-Projekts sowie der Initiierung von Lern- und Erfahrungseffekten.

Bei der organisatorischen Abwicklung der IT-Integration bei M&A ist eine eigene, dem zentralen M&A-Projektmanagement untergeordnete IT-Projektorganisation erforderlich:

Aufgrund des hohen Grads an spezifischem Know How ist eine Bündelung der unternehmensweiten M&A-Aktivitäten im Rahmen einer eigenen Aufbauorganisation sinnvoll. Demgegenüber kann das spezifische, zumeist technische Know How für eine IT-Integration in der bestehenden IT-Organisation gehalten werden, aus der heraus die Mitarbeiter des IT-Integrationsprojekts bereitzustellen sind.

Die Prozess-Sicht ermöglicht ein effizientes Management der IT-Integration bei M&A-Transaktionen:

Zusammenfassend betrachtet schafft die logische und chronologische Zuordnung und Abarbeitung der IT-Integrationsaktivitäten in eine Prozess-Struktur Transparenz und kann als Referenzschema für das Management der IT-Integration bei M&A-Transaktionen verwendet werden. Eine zwingende Voraussetzung besteht allerdings darin, dass das übergeordnete M&A-Projekt selbst nach der entsprechenden Prozess-Struktur organisiert ist. Die vorgegebene Prozess-Struktur wirkt dabei Verzögerungen entgegen, stellt die Koordination der Einzelaktivitäten sicher und gewährleistet durch Iterationsschleifen Korrektur- und Lernpotenziale (vgl. Lucks/Meckl 2002, 304).

Diese Ergebnisse bieten der Praxis somit als Referenzrahmen zur erfolgreichen Gestaltung einer IT-Integration bei M&A-Transaktionen eine Orientierungshilfe und Hinweise zur besseren Bewältigung von Fragestellungen der Durchführung einer mit dem M&A-Prozess abgestimmten IT-Integration. Damit liefert die Arbeit einen Beitrag zur Schließung der Lücke zwischen der praktischen Relevanz und dem wissenschaftlichen Kenntnisstand zur IT-Integration bei M&A. Wie bei jeder wissenschaftlichen Arbeit waren jedoch aufgrund der gewählten Betrachtungsschwerpunkte bestimmte Inhalte auszuklammern. Daraus ergeben sich Ansatzpunkte für die weitere Forschung:

- Das Modell zur Durchführung einer IT-Integration ist konzeptionell tief in das zu Grunde liegende M&A-Prozessmodell eingebettet, so dass eine Verwendbarkeit innerhalb anderer Organisationsformen zur Durchführung von M&A-Projekten nur eingeschränkt gegeben ist. Somit bleiben als offene Forschungspunkte die Verbindung der IT-Integration mit alternativen Organisationsmodellen wie dem Funktions- oder dem Matrix-Modell.

- Im Modell ist zudem einschränkend zu berücksichtigen, dass die Ergebnisse und die dahinter stehenden Gestaltungsvorschläge idealtypisch abgeleitet sind. Somit bleibt als Frage, wie auf den Einzelfall abgestimmte, weitergehende inhaltliche Modifikationen vorgenommen werden, die im Sinne einer zunehmenden Detaillierung über die Situationsspezifizierung des entscheidungstheoretischen Modells dieser Arbeit noch hinausgehen. Beispielsweise ist zu fragen, nach welchen Maßstäben die Gewichtung festzulegen ist, mit der einzelne Einflussfaktoren der IT-Integration in der Entscheidungsfindung im Einzelfall zu berücksichtigen sind (vgl. zur Problemstellung Abschnitt 6.3.1). Ein anderes Beispiel ist hier die Frage, wie die Kapazität an IT-Kräften im Einzelfall festgelegt werden sollte, mit der die betreffenden Teilprozesse auszustatten sind, ob zum Beispiel der Informationsprozess mit eigenen IT-orientierten Mitarbeitern ausgestattet wird, oder ob das jemand „nebenher“ macht. Hier besteht dementsprechend eine Reihe von Ansatzpunkten für eine detaillierte Betrachtung.

- Als weitere, aber permanent bestehende Problemstellung steht die Frage im Raum, wie sich technologische Fortschritte auf die Integrationsfähigkeit von IT-Ressourcen auswirken und wie dies den Integrationsprozess und die Wertschaffungskraft beeinflusst.

- Diese Arbeit bezog sich auf die Durchführung einer einzelnen M&A-Transaktion. Ein weiterer Ansatzpunkt der Forschung sollte in der Frage liegen, wie das in einer individuellen M&A-Transaktion erworbene IT-Integrations-Know How im Sinne eines Wissensmanagements für die Durchführung anschließender Transaktionen nutzbar erfasst, gespeichert und aufbereitet werden kann, um die Erfolgswahrscheinlichkeit späterer M&A-Transaktionen weiter zu erhöhen.

- Letztlich wurde in dieser Arbeit konsequent die Perspektive des erwebenden Unternehmens eingenommen. Zusätzlich ist zu fragen, welche Konsequenzen sich aus der Veräußerung von Unternehmensteilen für das verkaufende Unternehmen im Sinn einer Desintegration der IT-Infrastruktur ergeben.

Literaturverzeichnis

Accenture: Expertise in Datenmigration. In: Abfrage aus Accenture Knowledge Database (KX), 2005.

Aiello, R. J./Watkins, M. D.: The fine art of friendly acquisitions. In: Harvard Business Review, Heft 11/12, 2000, S. 101-107.

Appel, W.: Strategisches Informationsmanagement: Die Erfolgsfaktoren interner und externer Kommunikation. Bern 1998.

Baldi, S.: Grundlagen der Wirtschaftsinformatik. 2. Auflage, München/Wien 1999.

Ball, M.: For better for worse. Merging partners discuss blending systems style'. In: Computerworld, Heft 22, 1988, S. 12-16.

Bamberg, G./Coenenberg, A. G.: Betriebswirtschaftliche Entscheidungslehre. 10. Auflage, München 2000.

Bartholomäus, A. C.: M&A-Management in mittelständischen Unternehmen. In: M&A Review, Heft 10, 1997, S. 434-436.

Bartlett, C./Ghoshal, S.: Managing across Borders: The transnational solution. Boston, Mass., 1989.

Bästlein, H. M.: Zur Feindlichkeit öffentlicher Übernahmeangebote. Frankfurt 1997.

Bayer, W.: Aktionärsklagen de lege lata und de lege ferenda. In: Neue juristische Wochenzeitschrift, Heft 36, 2000, S. 2609-2619.

Bea, F. X./Göbel, E.: Organisation: Theorie und Gestaltung. Stuttgart 1999.

Beck, P./Fischer-Winkelmann, P.: Die Ziele bestimmen die Bewertungsmethoden. In: Blick durch die Wirtschaft, 09.01.1996, S.7.

Becker, C.: Ökonomische Analyse neoklassischer Verträge: Funktionen und Wirkungsweise von Schiedsrichtern und Schlichtern in komplexen Transaktionsbeziehungen. In: Zeitschrift für betriebswirtschaftliche Forschung, Heft 2, 2001, S. 39-54.

Becker, J./Kugeler, M./Rosemann, M.: Prozeßmanagement. Berlin 2000.

Becker, M.: Personalentwicklung: Bildung, Förderung und Organisationsentwicklung in Theorie und Praxis. 3. Auflage, Stuttgart 2002.

Bender, Kai/Ammann, Carlos/Meitner, Helmut: Beherrschung von IT-Kosten in Post-Merger-Situationen. In: Information Management & Consulting, Heft 15, 2000.

Berens, W./Brauner, J.: Due Diligence bei Unternehmensakquisitionen. Stuttgart 1998.

Berens, W./Hoffjan, A./Strauch, J.: Planung und Durchführung der Due Diligence. In: W. Berens/J. Brauner.: Due Diligence bei Unternehmensakquisitionen. Stuttgart 1998, S. 113-158.

Berensmann, Dirk/ Spang, Stefan: IT-Integration nach Unternehmenszusammenschlüssen – eine Herausforderung auch an das Topmanagement. In: Information Management & Consulting, Heft 13/4, 1998.

Bergemann, N./Sourisseaux, A. L.: Interkulturelles Management. 2. Auflage, Heidelberg 1996.

Biethahn, J./Mucksch, H./Ruf, W.: Ganzheitliches Informationsmanagement. Band 2, 3. Auflage, München/Wien 2000.

Bohl, D.L.: Tying the corporate knot: an American Management Association research report on the effects of mergers and acquisitions. New York 1989.

Bohr, K./Saliger, E.: Konzeptionen betriebswirtschaftlicher Planung und ihre gegenseitigen Beziehungen. In: Zeitschrift für betriebswirtschaftliche Forschung, 1983, S. 963-985.

Born, K.: Überleitung von der Discounted Cash Flow-Methode zur Ertragswertmethode bei der Unternehmensbewertung. In: Die Betriebswirtschaft, Heft 38, 1996, S. 1885-1889.

Brockhoff, K.: Schnittstellen-Management: Abstimmungsprobleme zwischen Marketing und Forschung und Entwicklung. Stuttgart 1989.

Brockhoff, K/Hauschildt, J.: Schnittstellen-Management: Koordination ohne Hierarchie. In: Zeitschrift für Führung + Organisation, Heft 6, 1993, S. 398-403.

Brüning, I./Pedain, C./Deasley, P.: Managing Business Processes and Information Technology in Mergers: An interdependency focused approach to merger integration. In: M&A Review, Heft 3, 2002.

Buck-Lew, M. et al.: Corporate Acquisitions in the 1990s: Paying Attention to Information Technology. In: Journal of General Management, Jahrgang 18, Heft 2, 1992, S. 69-87.

Buck-Lew, M. et al.: Applications – Accounting for information technology in corporate acquisitions. In: Information & Management, Heft 22, 1992a, S. 363-369.

Buhl, H. U.: Hans Gert Penzel – Interviewt von Hans Ulrich Buhl. In: Wirtschaftsinformatik 41, 1999, S. 162-164.

Carey, D.: Lessons from Master Acquirers: A CEO roundtable on Making Mergers succeed. In: Harvard Business Review, Heft 3, 2000, S. 145-154.

Champy, J.: Advice to merger makers. In: http://www.computerworld.com/cwi/, erstellt: 29.11.1999, abgefragt: 06.03.2002.

Chandler, A. D.: Strategy and Structure: in the History of the American Industrial Enterprise 1966. Cambridge (Mass.)/London 1962.

Clever, H.: Post-Merger-Management. Stuttgart 1993.

Coenenberg, A./Jakoby, S.: Akquisition und Unternehmensbewertung. In: Betriebswirtschaft für Führungskräfte, Band 30, hrsg. v. W. Busse von Colbe et al., Stuttgart 2000, S. 177-206.

Collis, D. J./Montgomery, C. A.: So können Konzerne Ressourcen optimal ausschöpfen. In: Harvard Business Manager, Heft 6, 1998, S. 26-37.

Cope, J.: „One plus one equals one". In: http://www.Computerworld.com/cwi/, erstellt: 8.5.2000, abgefragt: 06.03.2002.

Couturier, G. W./Kumbat, T. A.: Information Technology costing methodology development after a corporate merger. In: Industrial Management & Data Systems, Heft 100/1, 2000, S. 10-16

Dicken, A. J.: Erfolg von Unternehmensfusionen aus aktueller Sicht. In: Betriebswirtschaftliche Forschung und Praxis, Heft 4, 2000, S. 358-372.

Dietl, H.: Institutionelle Koordination spezialisierungsbedingter wirtschaftlicher Abhängigkeiten. In: Zeitschrift für betriebswirtschaftliche Forschung, Heft 6, 1995, S. 569-585.

Drukarczyk, J.: Unternehmensbewertung. 3. Auflage, München 2001.

Drumm, H. J.: Personalwirtschaft. 4. Auflage, Berlin 2000.

Drumm, H. J.: Probleme der Erfassung und Messung von Unternehmenskultur. In: Organisationskultur: Phänomen, Philosophie, Technologie, 2. Auflage, hrsg. v. E. Dülfer, Stuttgart 1991, S. 163-171.

Ebers, M./Gotsch, W.: Institutionenökonomische Theorien der Organisation. In: Organisationstheorien, 3. Auflage, hrsg. v. A. Kieser, Stuttgart, Berlin, Köln 1999, S. 199-251.

Eccles, R. G./Lanes K. L./Wilson, T. C.: Akquisitionen: Häufig viel zu teuer bezahlt. In: Harvard Business Manager, Heft 2, 2000.

Eckhouse, J.: Behind the numbers: To navigate an M&A payoff. In: http://www. InformationWeek.com/bizint/, erstellt: 09.11.2001, abgefragt: 19.02.2002.

Eilers, S.: Steuerliche Strukturierung der Transaktionen. In: Handbuch Mergers & Acquisitions: Planung, Durchführung, Integration, hrsg. v. G. Picot, Stuttgart 2000, S. 53-88.

Fank, M.: Einführung in das Informationsmanagement – Grundlagen – Methoden – Konzepte. 2. Auflage, München/Wien 2001.

Fichman, R.G./Moses, S.A.: An incremental process for software implementation. In: Sloan Management Review, Winter 1999, S. 39-52.

Fink, A./Schneidereit, G./Voß, S.: Grundlagen der Wirtschaftsinformatik. Heidelberg, 2001.

Fisher, R./Ury, W./Patton, B.: Das Harvard-Konzept. Frankfurt/New York 2000.

Freimuth, J.: Zwischen allen Stühlen? Das Management von Schnittstellen. In: Zeitschrift für Führung + Organisation, Heft 4, 1986, S. 235-242.

Gabriel, R. et al.: Computergestützte Informations- und Kommunikationssysteme in der Unternehmung – Technologien, Anwendungen, Gestaltungskonzepte. 2. Auflage, Berlin et al. 2002.

Gaitanides, M.: Prozeßorganisation – Entwicklung, Ansätze und Programme prozeßorientierter Organisationsgestaltung. München 1983.

Gaitanides, M. et al.: Prozeßmanagement: Konzepte, Umsetzungen und Erfahrungen des Reengineering. München 1994.

Geiger, K. M.: Eins plus eins ist eins – E-Business-Technologien zeigen den Ausweg bei Integrationsprojekten. In: E-Conomy, Verlagsbeilage zur Frankfurter Allgemeinen Zeitung, 03.06.2002, S. B6.

Gemünden, H. G.: Zielbildung. In: Handbuch Unternehmensführung, hrsg. v. H. Corsten und M. Reiß, Wiesbaden 1995, S. 251-266.

Gemüden, H. G./Högl, M.: Teamarbeit in innovativen Projekten: Eine kritische Bestandsaufnahme der empirischen Forschung. In: Management von Teams, hrsg. v. H. G. Gemüden und M. Högl, Wiesbaden 2000, S. 1-32.

Gerds, J.: Post Merger Integration – Eine empirische Untersuchung zum Integrationsmanagement. Wiesbaden 2000.

Gerken, W.: Systemanalyse – Entwurf und Auswahl von DV-Anwendersystemen. Bonn 1988.

Gerpott, T. J.: Integrationsgestaltung und Erfolg von Unternehmensakquisitionen. Stuttgart 1993.

Ghoshal, S./Noriah, N.: Horses for Courses: Organizational Forms for multinational Corporation. In: Harvard Business Manager, Heft 2, 1993, S. 23-35.

Giacomazzi, F. et al.: Information systems integration in Mergers and Acquisitions: A normative model. In: Information & Management, Heft 32, 1997, S. 289-302.

Gut-Villa, C.: Human Ressource Management bei Mergers & Acquisitions. Bern u.a. 1997.

Hammer, M.: Das prozesszentrierte Unternehmen – Die Arbeitswelt nach dem Reengineering. Frankfurt/ New York, 1997.

Hammer, M./Champy, J.: Business Reengineering – Die Radikalkur für das Unternehmen. Frankfurt/ New York 1994.

Hammer, M./Champy, J.: Reengineering the corporation – a manifest for business revolution. New York 1993.

Handschuh, M./Buchta, D.: Schnelle und erfolgreiche Umsetzung der IT-Post-Merger-Integration. In: Information Management & Consulting, Heft 15, 2000.

Hansen, H./Neumann, G.: Wirtschaftsinformatik I. 8. Auflage, Stuttgart 2001.

Hansmann, H./Neumann, S.: Prozeßorientierte Einführung von ERP-Systemen. In: Becker, J./Kugeler, M./Rosemann, M.: Prozeßmanagement – Ein Leitfaden zur prozeßorientierten Organisationsgestaltung, 3. Auflage, Berlin et. al. 2002, S. 327-372.

Harding, D./Rouse, T.: Human Due Diligence. In: Harvard Business Review, April 2007, Reprint R0704J

Harrington, H. J.: Business process improvement – the breakthrough strategy for total quality, productivity, and competitiveness. New York 1991.

Harvey, D.: Marriage guidance for IT mergers. In: Director, Heft 6, 1990, S. 132-133.

Haspelagh, P. C./Jemison, D. B.: Managing acquisitions: Creating value through corporate renewal. New York u. a. 1991.

Hauschildt, J.: Innovationsmanagement. München 1993.

Hauschildt, J./Chakrabati, A.: Arbeitsteilung im Innovationsmanagement. In: Promotoren: Champions der Innovation, hrsg. v. J. Hauschildt und H.G. Gemüden, Wiesbaden 1998, S. 67-88.

Heilmann, M. L.: Geschäftsprozeß-Controlling. In: Schriftenreihe des Instituts für Rechnungslegung und Controlling, Band 2, Bern 1996.

Heinrich, L. J.: Systemplanung – Planung und Realisierung von Informatik-Projekten. 6. Auflage, München/Wien 1994.

Heinrich, L. J.: Informationsmanagement – Planung, Überwachung und Steuerung der Informationsinfrastruktur. 7. Auflage, München/Wien 2002.

Hennes, M.: Das ungleiche Führungsduo. In: Handelsblatt, 17.08.2000, S. 24.

Hesselink, I.: Den Mut haben, Kompromisse so spät wie möglich zu schließen. In: http://www1.Computerwoche.de/index.cfm?pageid=267&type=ArtikelDetail&id=138124..., erstellt: 26.11.1999, abgefragt: 19.02.2002.

Hilb, M.: Human Ressources bei globalen Fusionen. In: Personalwirtschaft, Heft 9, 2000, S. 45-48.

Hoffman, T.: Mergers lesson: IT targets often elusive. In: http://www.computerworld.com/cwi/, erstellt: 7.9.1998, abgefragt: 06.03.2002.

Hofstede, G.: Cultures and Organizations: Software of the Minds. London u. a. 1991.

Holzwart, G.: IT und die Mergermania: Für Demokratie ist hier kein Platz. In: Computerwoche, Heft 27, 2000, S. 56.

Hubbard, N.: Acquisition: strategy and implementation. Basingstoke 1999.

Hungenberg, H.: Strategisches Management in Unternehmen – Ziele – Prozesse-Verfahren. 2. Auflage, Wiesbaden 2001.

Jansen, S. A.: Mergers & Acquisitions – Unternehmensakquisitionen und –kooperationen. 4. Auflage, Wiesbaden 2001.

Jenny, B.: Projektmanagement in der Wirtschaftsinformatik. 5. Auflage, Zürich 2001.

Johnson, M. P.: Compatible information systems a key to merger success. In: Healthcare Financial Management, Heft 43, 1989, S. 56-61.

Johnston, K. D./Yetton, P. W.: Integrating information technology divisions in a bank merger – Fit, compatibility and models of change. In: Journal of Strategic Information Systems, Heft 5, 1996, S. 189-211.

Kaplan, R. S./Norton, D. P.: The balanced scorecard: Translating Strategy into Action. Boston 1996.

Kargl, H.: Controlling im DV-Bereich. 2. Auflage, München/Wien 1994.

Kelch, J.: Zusammenwachsen wurde von IT- und speziellen Fusions-Managern gesteuert. In: http://www1.Computerwoche.de/index.cfm?pageid=267&type=Artikel Detail&id =138122..., erstellt: 26.11.1999, abgefragt: 19.02.2002.

Kengelbach, J.: Unternehmensbewertung bei internationalen Transaktionen. Frankfurt am Main u.a. 2000.

Kern, E./Knauth, P.: Ein System zur Lenkung von teilautonomen Gruppen: Betriebswirtschaftliche und sozialwissenschaftliche Auswirkungen in der Praxis. In: Management von Teams, hrsg. v. H.G. Gemünden und M. Högl, Wiesbaden 2000, S. 97-128.

Kieser, A./Kubicek, H.: Organisation. 3. Auflage, Berlin u. a. 1992.

Klein, S.: Interorganisationssysteme und Unternehmensnetzwerke: Wechselwirkungen zwischen organisatorischer und informationstechnischer Entwicklung. Wiesbaden 1996.

Koch, T.: Post-Merger-Management. In: Handbuch Mergers & Acquisitions: Planung, Durchführung, Integration, hrsg. v. G. Picot, Stuttgart 2000, S. 335-358.

Köhler, S.: Steuerliche Überlegungen bei der Finanzierung von internationalen Unternehmenskäufen. In: Besteuerung des internationalen Unternehmenskaufs, hrsg. v. L. Fischer, Köln 1999, S. 51-84.

Kogut, B./Kulatilaka, N.: Options Thinking and Platform investments: Investing in Opportunity. In: California Management Review, Heft Winter 1994, S. 52-71.

Kohlöffel, K. M.: Strategisches Management – Alle Chancen nutzen – Neue Geschäfte erschließen. München u. a. 2000.

Komus, A./Reiter, O.: Risiken und Chancen bei der Zusammenführung von IT-Strukturen. In: Information Management & Consulting, Heft 15, 2000.

Kosiol, E.: Organisation der Unternehmung. Wiesbaden 1962.

Kromer, G.: Integration der Informationsverarbeitung in Mergers & Acquisitions – Eine empirische Untersuchung. Lohmar/ Köln 2001.

Krüger, W.: Organisation der Unternehmung. Stuttgart 1993.

Kubilus, N. J.: Mergers & Acquisitions – Their Impact on the IS Department. In: Journal of Information Systems Management, Spring, 1991.

Kühn, R./Fuhrer, U./Jenner, T.: Reale Optionen. In: Die Unternehmung, Heft 1, 2000, S. 43-56.

Lauritzen, S.: IT-Integration nach Mergers & Acquisitions In: Information Management & Consulting, Heft 15, 2000.

Laux, H.: Entscheidungstheorie. 4. Auflage, Berlin et al. 1998.

Lehmann, H.: Organisationskybernetik. In: Handwörterbuch der Organisation, hrsg. v. E. Grochla, Stuttgart 1980, S. 1518-1582.

Lehmann, J./Scheuse, T.: Organisatorische Herausforderungen bei strategischen Allianzen und Fusionen. In: Information Management & Consulting, Heft 15, 2000.

Leitner, U./Ladage, N.: Den Merger als Katalysator nutzen. In: Zeitschrift für Führung und Organisation, Heft 6, 1999, Seite 342.

Ließmann, H./Kaufmann, T./Schmitzer, B.: Bussysteme als Schlüssel zur betriebswirtschaftlichen Kopplung von Anwendungssystemen. In: Wirtschaftsinformatik, Heft 41, 1999, S. 12-19.

Likert, R.: The human organization: It's management and value. New York 1967.

Lucks, K./Meckl, R.: Internationale Mergers & Acquisitions – Der prozeßorientierte Ansatz. Jena/München, 2001.

Maier, R.: Qualität von Datenmodellen. Wiesbaden 1996.

Main, T. J./Short, J. E.: Managing the Merger: Building Partnership Through IT Planning at the new Baxter. In: Management Information Systems Quaterly, Heft Dezember 1989, S. 469-484.

McAfee, A.: Mastering the three worlds off information technology. In: Harvard Business Review, November 2006, Reprint R0611J

McKiernan, P./Merali, Y.: Integrating Information Systems after a Merger. In: LRP, Jahrgang 28, Heft 4, 1995, S. 54-62.

Meier, A./Spang, S.: Merger Readiness als Erfolgsfaktor in der New Economy. In: Information Management & Consulting, Heft 15, 2000.

Meckl, R.: Organizing and leading M&A projects. In: International Journal of Project Management, 22, 2004, S. 455-462

Meckl, R.: Controlling in internationalen Unternehmen. München 2000.

Meckl, R.: Schnittstellenmanagement bei Unternehmenskooperationen. In: io Management, Heft 10, 1996, S. 84-87.

Meckl, R.: Schnittstellenmanagement bei unternehmensübergreifender Zusammenarbeit. In: Regensburger Diskussionsbeiträge zur Wirtschaftswissenschaft, Heft 268, Regensburg 1995.

Meckl, R.: Unternehmenskooperationen im EG-Binnenmarkt. Wiesbaden 1993.

Merali, Y./McKiernan, P.: The strategic positioning of information systems in post-acquisition management. In: Journal of Strategic Information Systems, Heft 2, 1993, S. 105-124.

Mertens, P.: Integrierte Informationsverarbeitung 1 – Administrations- und Dispositionssysteme in der Industrie. 11. Auflage, Wiesbaden 1997.

Mertens, P. et al.: Grundzüge der Wirtschaftsinformatik. 7. Auflage, Berlin 2001.

Müller, E.: Chaos im Computer. In: managermagazin, Heft 7, 2002, S. 84-91.

Müller, R.: Fusionen: IT-Integration ist die halbe Miete. In: http://www1.computerwoche.de/index.cfm?pageid=267&type=ArtikelDetail&id=138809..., erstellt: 04.02.2000, abgefragt: 19.02.2002.

Müller, R.: Nach der Fusion: Höchste Priorität hat die Wahl der Ziel-Systemplattform. In: http://www1.Computerwoche.de/index.cfm?pageid=267&type=ArtikelDetail&id=138121..., erstellt 26.11.1999, abgefragt: 19.02.2002.

Müller-Stewens, G./Spickers, J.: Akquisitionsmanagement als Organisation des Wandels. In: Managementforschung 3, hrsg. v. W. H. Staehle und J. Sydow, Berlin, New York 1993, S. 203-270.

N.N.: Die Angst vor dem Advance-Kunden – Dresdner-Bankberater rätseln, wie sie mit ihnen umgehen sollen. In: Frankfurter Allgemeine Zeitung, 04.11.2003, S. 21.

N.N.: Deutsche Bank hält zu Transaktionsbank. In: Frankfuter Allgemeine Zeitung, 26.03.2002, S. 23.

N.N.: IT-Systeme sind der größte Hemmschuh bei Fusionen. In: http://www1.Computerwoche.de/index.cfm?pageid=267&type=ArtikelDetail&id=145393..., erstellt: 17.11.2000, abgefragt: 19.02.2002.

Nölting, A.: Nabelschau. In: managermagazin, Heft 10, 1998, S. 120-130.

Nolan, R./Warren Mc Farlan, F.: Information technology and the board of directors. In: Harvard Business Review, October 2005, Reprint R0510F

Nolop, B.: Rules to acquire by, in Harvard Business Review, September 2007, Reprint R0709J

Österle, H./Saxer, R./Hüttenhain, T.: Organisatorisches Monitoring in der Gestaltung von Geschäftsprozessen. In: Wirtschaftsinformatik 36, Heft 5, 1994, S. 465-477.

Ortmann, G./Sydow, J.: Grenzmanagement in Unternehmensnetzwerken: Theoretische Zugänge. In: Die Betriebswirtschaft, Heft 2, 1999, S. 205-220.

Osterloh, J.: Deutscher Markt für Unternehmenskontrolle auf Hochtouren. In: M&A Review, Heft 9, 1998.

Osterloh, M./Frost, J.: Prozeßmanagement als Kernkompetenz. 3. Auflage, Wiesbaden 2000.

Osterloh, M./Frost, J.: Business Reengineering: Modeerscheinung oder „Business Revolution"? In: Zeitschrift Führung und Organisation, Heft 6, 1994, S. 356-363.

Papathanassis, A.: Post-Merger Integration and the Management of Information and Communication Systems – An analytical framework and ist application in tourism. Wiesbaden 2004.

Paprottka, S.: Unternehmenszusammenschlüsse – Synergiepotenziale und ihre Umsetzungsmöglichkeiten durch Integration. Wiesbaden 1996.

Penzel, H. G.: Post Merger Management in Banken – und die Konsequenzen für das IT-Management. In: Wirtschaftsinformatik 41, 1999, S. 105-115.

Penzel, H. G./Fuchs, W: Banken-EDV-Hochzeit - Größte Integration im deutschen Bankensektor erfolgreich abgeschlossen. In: Geldinstitute, Heft 28, 1997, S. 12-21.

Penzel, H. G./Fuchs, W.: Banken-EDV-Hochzeit – Größte EDV-Integration im deutschen Banksektor erfolgreich abgeschlossen. In: Geldinstitute, Heft 29, 1998, S. 26-33.

Penzel, H.G./Pietig, C.: Merger-Guide: Handbuch für die Integration von Banken. Wiesbaden 2000.

Perin, S.: Synergien bei Unternehmensakquisitionen – Empirische Untersuchung von Finanz-, Markt- und Leistungssynergien, Wiesbaden 1996.

Picot, G.: Wirtschaftsrechtliche Parameter des Akquisitionsmanagements. In: Management von Akquisitionen, hrsg. v. G. Picot, A. Nordmeyer und P. Pribilla, Stuttgart 2000a, S. 121-130.

Picot, G.: Rechtliche Parameter der Integrations- bzw. Implementierungsmaßnahmen, insbesondere der Restrukturierungsmaßnahmen. In: Handbuch Mergers & Acquisitions: Planung, Durchführung, Integration, hrsg. v. A. Picot, Stuttgart 2000b, S. 359-376.

Picot, G.: Wirtschaftsrechtliche Aspekte der Durchführung von Mergers & Acquisitions. In: Handbuch Mergers & Acquisitions: Planung, Durchführung, Integration, hrsg. v. A. Picot, Stuttgart 2000c, S. 91-218.

Porter, M. E.: Der Wettbewerb auf globalen Märkten: Ein Rahmenkonzept. In: Globaler Wettbewerb: Strategien der neuen Internationalisierung, hrsg. v. M. E. Porter, Wiesbaden 1989, S. 17-68.

Prahalad, C. K./Hamel, G.: The core Competence of the Corporation. In: Harvard Business Review, Heft 5/6, 1990, S. 79-91.

Pribilla, P.: Personelle und kulturelle Integration. In: Handbuch Mergers & Acquisitions: Planung, Durchführung, Integration, hrsg. v. G. Picot, Stuttgart 2000, S. 377-418.

Quack, K.: Konsolidieren, standardisieren, einschränken, in: http://www1.Computerwoche.de/index.cfm?pageId=267&type=ArtikelDetail&id=148735..., erstellt: 23.03.2001, abgefragt: 19.02.2002.

Quirke, S.: Communicating Corporate Change. New York 1996.

Ranger, S.: IT managers left in the dark on mergers. In: http://www.computing.co.uk/Print/1122025, erstellt: 26.05.2001, abgefragt: 03.12.2003.

Reed, W. C.: Coping with merger-mania: IT's new role. In: Health Management Technology, Heft Mai 1998, S. 38-41.

Reed, S. F./Lajoux, A.: The Art of M&A – A Mergers & Acquisition Buyout Guide. 3. Auflage, New York u.a. 1998.

Rehäuser, J.: Prozeßorientiertes Benchmarking im Informationsmanagement, Wiesbaden 1999.

Richter, F.: Die Finanzierungsprämissen des Entity-Ansatzes vor dem Hintergrund des APV-Ansatzes zur Bestimmung von Unternehmenswerten. In: Zeitschrift für betriebswirtschaftliche Forschung, Heft 12, 1996, S. 1076-1097.

Riemann, W. O.: Wirtschaftinformatik – Anwendungsorientierte Einführung. 3. Auflage, München/Wien 2001.

Rigall, J./Hornke, M.: Post Merger Integration: Synergiehebel Informationstechnologie. In: M&A Review, November 2007, S. 496-502.

Rigall, J./Röper, B.: Post Merger Integration zwischen Mythos und Realität. In: M&A Review, Februar 2007, S. 57-62.

Robbins, S. S./Stylianou, A. C.: Post-Merger systems integration: the impact on IS capabilities. In: Information & Management, Heft 36, 1999, S. 205-212.

Römer, M.: Strategisches IT-Management in internationalen Unternehmungen. Wiesbaden 1997.

Rufa, M./Kubela, T.: Erfolgsfaktor: Datenqualität vor, während und nach Merger-Prozessen. In: http://www1.computerwoche.de/index.cfm?pageid=267&type=Artikel Detail&id=1 38115 ..., erstellt: 26.11.1999, abgefragt: 19.02.2002.

Salecker, J.: Der Kommunikationsauftrag von Unternehmen bei Mergers & Acquisitions. Bern 1995.

Sautter, M.: Strategische Analyse von Unternehmensakquisitionen. Frankfurt am Main 1989.

Schaper-Rinkel, W.: Akquisitionen und strategische Allianzen – Alternative externe Wachstumswege. Wiesbaden 1998.

Scheer, A. W.: Wirtschaftsinformatik – Referenzmodelle für industrielle Geschäftsprozesse (Studienausgabe). 2. Auflage, Berlin 1998.

Scheer, A. W.: ARIS – Modellierungsmethoden, Metamodelle, Anwendungen. 3. Auflage, Berlin et al. 1998a.

Scheer, A. W.: Vitamin C für Unternehmen – Collaborative Business, in: Frankfurter Allgemeine Zeitung, 04.03.2002, S. 25.

Schellmann, H.: Informationsmanagement – Theoretischer Anspruch und betriebliche Realität. Wiesbaden 1997.

Schmid, W.: Nach der Fusion zur Bayernoil IT-Teilprojekte in der Pipeline. In: http://www1.Computerwoche.de/index.cfm?pageid=267&type=ArtikelDetail&id=138270..., erstellt: 03.12.1999, abgefragt: 19.02.2002.

Schmidt, M./Lehner, U.: Akquisitionsmanagement: Integration von Rechnungswesen und Controlling. In: Management von Akquisitionen, hrsg. v. A. Picot, A. Nordmeyer und P. Pribilla, Stuttgart 1999, S. 181-194.

Scholz, J.: Wert und Bewertung internationaler Akquisitionen. Wiesbaden 2000.

Schreyögg, G.: Unternehmenskultur in multinationalen Unternehmen. In: Betriebswirtschaftliche Forschung und Praxis, Heft 5, 1990, S. 379-390.

Schüllermann, M.: Showdown der IT-Plattformen – Konsolidierungsprobleme en masse. In: http://www1.Computerwoche.de/index.cfm?pageid=267&type=ArtikelDetail&id=135026..., erstellt: 13.08.1999, abgefragt: 19.02.2002.

Sirower, M. L.: The synergy Trap. New York 1997.

Smalley Bowen, T: Plugging IT into the merger equation. In: http://stagging.infoworld.com/articles/, erstellt: 21.4.2000, abgefragt: 19.02.2002.

Spickers, J.: Unternehmenskauf und Organisation – Gestaltungs- und Erklärungsdimensionen eines ganzheitlich systemorientierten Akquisitionsmanagements. Bern, Stuttgart, Wien 1995.

Spill, J.: Herrschaftswissen – Die richtigen Fragen bei der Due Diligence. In: Unternehmensbeteiligungen, Verlagsbeilage zur Frankfurter Allgemeinen Zeitung, 04.07.2002, S. B6.

Stahlknecht, P./Hasenkamp, U.: Einführung in die Wirtschaftsinformatik. 10. Auflage, Berlin et. al. 2002.

Steffens, F.: Business Process Reengineering mit der OrgIs-Methode am Beispiel eines mittelständischen Unternehmens der Fertigungsindustrie. Marburg 1998.

Stein, C. W.: Transaktionskostenorientiertes Controlling der Organisation und Personalführung. Wiesbaden 1998.

Steinbuch, P. A.: Betriebliche Informatik. 7. Auflage. Ludwigshafen (Rhein) 1998.

Steinmann, H./Schreyögg, G.: Management – Grundlagen der Unternehmensführung. 5. Auflage, Wiesbaden 2000.

Steinöcker, R.: Mergers & Acquisitions: Strategische Planung von Firmenübernahmen – Konzeption – Transaktion – Controlling. Düsseldorf 1998.

Stylianou, A. C./Jeffries, C. J./Robbins, S. S.: Corporate mergers and the problems of IS integration. In: Information & Management, Heft 31, 1996, S. 203-213.

Sukut, S.: Unternehmensbewertung für internationale Akquisitionen. Wiesbaden 1992.

Szyperski, N./Schmitz, P./Kronen, J.: Outsourcing: Profil und Markt einer Dienstleistung für Unternehmen auf dem weg zur strategischen Zentrierung. In: Wirtschaftsinformatik, Heft 35, S. 228-240, 1993.

Töpfer, A.: Geschäftsprozesse: analysiert & optimiert. Neuwied, Kriftel, Berlin 1996.

Tonscheidt-Göstl, D./Stolzenburg, J. H.: Fusions-Fallen. In: Personalwirtschaft, Heft 11, S. 36-43, 1998.

Trauth, F.: Nach der Fusion: Die Toppositionen richtig besetzen. In: Harvard Business Manager, Heft 4, 2000, S. 77-88.

Ulrich H.: Delegation. In: E. Grochla: Handwörterbuch der Organisation, Stuttgart 1980. S. 433-437.

Wächter, H.: Personalwirtschaftliche Voraussetzungen und Folgen von Unternehmenszusammenschlüssen. In: Betriebswirtschaftliche Forschung und Praxis, Heft 2, 1990, S. 114-128.

Weber, J.: Einführung in das Controlling. 8. Auflage, Stuttgart 1999.

Weber, J./Schäffer, U.: Balanced Scorecard & Controlling: Implementierung; Nutzen für Manager und Controller; Erfahrungen in deutschen Unternehmen. Wiesbaden 1999.

Weber, Y./Pliskin, N.: The effects of information systems integration and organizational culture on a firm's effectiveness. In: Information & Management, Heft 30, 1996, S. 81-90.

Welge, M. K./Holtbrügge, D.: Internationales Management. 2. Auflage, Landsberg/Lech 2001.

Wermeyer, F.: Marketing und Produktion – Schnittstellenmanagement aus unternehmensstrategischer Sicht. Wiesbaden 1994.

Weyerich, H.: Anwendungsintegration: Oft reicht klassischer Datentransport. In: http://www1.Computerwoche.de/index.cfm?pageid=267&type=ArtikelDetail&id=142003..., erstellt: 16.06.2000, abgefragt: 19.02.2002.

Windfuhr, M.: Fusion – Neuorganisation der Unternehmen und der Informationsverarbeitung bei der Friedr. Krupp AG Hoesch-Krupp. In: Wirtschaftsinformatik 35, Heft 6, 1993, S. 516-521.

Winkler, G.: Koordination in strategischen Netzwerken. Wiesbaden 1999.

Witte, E.: Das Promotoren-Modell. In: Promotoren: Champions der Innovation, hrsg. v. J. Hauschildt und H. G. Gemüden, Wiesbaden 1998, S. 9-41.

Wurst, K./Högl, M.: Führungsaktivitäten in Teams: Ein theoretischer Ansatz zur Konzeptionalisierung. In: Management von Teams, hrsg. v. H. G. Gemünden und M. Högl, Wiesbaden 2000, S. 157-185.

Zerbe, S./Krcmar, H.: Neue Organisationsformen durch IuK-Technologien – Eine Analyse verteilter Teamarbeit. In: Kooperation im Wettbewerb, hrsg. v. J. Engelhard und E. Sinz, Wiesbaden 1999, S. 187-207.

Ziegler, M.: Synergieeffekte bei Unternehmenskäufen – Identifikation im Beschaffungs- und Produktionsbereich von Industriebetrieben, Wiesbaden 1997.

Zilahi-Szabó, M. G.: Lehrbuch Wirtschaftsinformatik. 2. Auflage, München/Wien 1998.

Zimmermann, R.: Interne und externe Kommunikation. In: Handbuch Mergers & Acquisitions: Planung, Durchführung, Integration, hrsg. v. G. Picot, Stuttgart 2000, S. 419-452.